几何学（第2版）

（7—9年级）

[俄罗斯] И.Ф.沙雷金　编著

周春荔　译

U0211724

哈尔滨工业大学出版社
HARBIN INSTITUTE OF TECHNOLOGY PRESS

黑版贸审字 08－2020－121 号

内容简介

本书为俄罗斯7—9年级使用的几何教科书的中译版本.本书包含了俄罗斯7—9年级数学教学大纲的内容,涵盖了代数、初等的数学分析和几何,书中特别注意几何问题的解决方法,并执行了俄罗斯7—9年级数学教材中各种定义的不同解释.全书对几何学的定义及定理介绍的非常细致且全面,每节后都附有课题、作业、问题3部分内容,书中的题目均划分了难易程度,可使学生根据自身情况来练习题目,这样可以使得学生更加快速地掌握相关知识点.

本书适合大中师生及数学爱好者阅读和收藏.

图书在版编目(CIP)数据

几何学:第2版.7—9年级/(俄罗斯)沙雷金编著;
周春荔译.—哈尔滨:哈尔滨工业大学出版社,2023.8
ISBN 978－7－5767－0615－4

Ⅰ.①几… Ⅱ.①沙… ②周… Ⅲ.①几何学
Ⅳ.①O18

中国国家版本馆 CIP 数据核字(2023)第 030312 号

JIHEXUE:DI 2 BAN.7—9 NIANJI

策划编辑　刘培杰　张永芹
责任编辑　关虹玲
封面设计　孙茵艾
出版发行　哈尔滨工业大学出版社
社　　址　哈尔滨市南岗区复华四道街 10 号　邮编 150006
传　　真　0451－86414749
网　　址　http://hitpress.hit.edu.cn
印　　刷　黑龙江艺德印刷有限责任公司
开　　本　787 mm×1 092 mm　1/16　印张 24.75　字数 426 千字
版　　次　2023 年 8 月第 1 版　2023 年 8 月第 1 次印刷
书　　号　ISBN 978－7－5767－0615－4
定　　价　68.00 元

前　　言

数学与学校中所学的其他科目有什么不同呢？当然,任何一个小学生都可以通过指出许多重要的差异来回答这个问题,而我还想指出两个特殊性.

第一个特殊性是,数学是我们在整个学校生活中都会遇到的一个科目.从一年级到最后一年都有数学课,这就使得数学与学校中其他科目不同,除了体育教育.

第二个特殊性是,从一开始,数学就被分成两个部分——代数和几何,在不同的课程和不同的教科书中学习这些部分,有时甚至由不同的老师来讲授.

是什么让几何学从数学的其他部分脱颖而出呢？

首先,几何学可能是数学中最古老的一门学科.此外,"数学"一词本身出现得比较晚,所以古代和中世纪从事我们所知的数学工作的科学家都自称几何学家.一些几何定理是世界文化中最古老的数学文化遗产之一,它们是最古老的图书馆.请记住,当你学习几何学时,如果你喜欢并对历史感兴趣,那么你应该对几何学相当了解.

其次,不是所有的学生都对数学抱有极大的热爱,有些人不擅长算术,有些人不擅长百分比,还有些人没有任何数学能力.我想让他们放心:几何学并不完全是数学.不管怎么说,这根本不是你到目前为止所要处理的那种数学问题.几何学是一门为喜欢想象和绘画的人所准备的学科.几何学——这个学科,谁喜欢梦想,将想象视为小的图画,谁就会发觉并给出结论.

几何学是一门异常重要和有趣的学科,任何人都能在其中找到自己喜欢的一角.

一位哲人说过:"精神的最高表现是理性,理性的最高表现形式是几何学.三角形是几何学的细胞,它像宇宙那样取之不尽;圆是几何学的灵魂,通晓圆不仅能通晓几何学的灵魂,而且能召回自己的灵魂."

本书中的习题部分,字母(н)表明问题是初级的,解决这些问题将会为你解决更复杂的问题做好准备;字母(в)是重要的习题,这些习题必须得到解决,并需要很好地掌握解题方法或它所传达的事实;字母(п)意味着问题是有益的;字母

· 1 ·

（т）意味着问题是具有一定难度的．这些字母所代表的问题是为那些想更好地掌握几何理论和学习解决困难问题的人而准备的．

在本书中，"＊"号代表选修内容，"❋"号代表电子应用中的内容．

目　　录

7 年级

8 年级

7 年级

第1章　几何学的基本概念

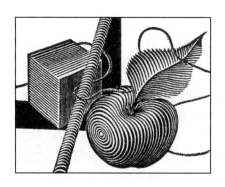

　　我们准备着手学习的科目叫作几何学,但若说你迄今为止对它一无所知,这是不正确的,因为你不止一次地遇到过三角形和棱锥、正方形和立方体、圆和球.虽不是那么多,但你是知道关于这些体和图形的某些知识的,可以很好地想象,正如看它们的样子,并且理解它们与几何学的关系.

　　我们着手对几何学的研究,意味着在本书中将系统地叙述几何学.而这又意味着我们将逐步建立几何学的理论,根据数学规律依次证明所有的论断,由已知的论断推导出它们.

　　那么,几何学是什么呢? 几何学的英文"geometria"一词由"geo"和"metria"两部分组成,它是由希腊语演变过来的,原意是土地测量,后被中国明朝的徐光启翻译成"几何学".

　　然而几何学早就已经超出了这个从字面上理解的狭窄的范畴.如果我们查阅任何一本百科全书,那么我们会发现在很多文章中一定会读到:几何学是研究空间形式和它们的关系的一门数学学科.而这意味着什么呢? 什么是"空间形式"和"它们的关系"呢?

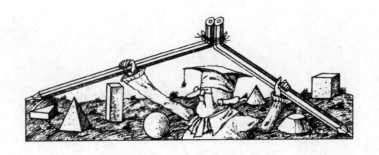

1.1 几 何 体

❋ 最重要的空间形式是几何体,而空间关系的形式之一是几何体的相互位置.

20 世纪最伟大的数学家之一庞加莱(Poincaré)说过:"在自然界中没有刚体,就没有几何学."

我们每个人都能够容易地列举出在世界范围内遇到的各种体的例子,如住人的房子、圆石、工厂的烟囱、一滴松脂(黑沥青),等等.

要说几何体,我们着重指出的是,我们对几何体的物理性质不感兴趣,即质量、颜色、材料等,我们考察和研究的只是它的形式和大小的规模.可以说,我们考察的是几何体占据的相应的空间部分.

如果瞧一瞧我们周围可以作为几何体的对象,那么,可以说房子和砖块具有一样的形状,即它们都是长方体,并且它们的区别只是规模的大小而已;工厂的烟囱通常都是圆柱形的,而足球是球形的.

当然,真实的砖块只是近似地看作长方体.做充分精确地测量能够发现我们得到的结果的偏差并不大,如果砖块实际上是个长方体的话.是的,我们测量的精度有限,同时我们认为作为长方体的大小规模是绝对精确给出的.但是对于实际需要来说所有这些偏差并不重要,所以可将砖块方便地视为长方体.

现在考察一下我们的地球,经常有人说它是球形的,虽然这对于许多实际情况和教学目的来讲是方便的,但是从几何学的观点来看这并不完全正确.在 17 世纪进行的测量指出了,地球体的形状是个顺着它的一条直径(地轴)而被压扁了的球.

❋ 几何体有三个维度.我们约定称它们为长、宽和高(或厚度).是的,我们生活的空间本身就是三维的.三维的存在是几何体特征的判定.对此你明白了吗?

❋ 对任何一个长方体都不难指出它的长、宽和高(图1.1).真的,哪个是长、宽、高依赖于协商的结果,这取决于长方体关于地面、桌面等的状态. 经常将长作为最大的维度,而高是最小的那个.所有这些都不是最重要的,最重要的是维度恰好是三个.

✳ 那么,对于圆锥或者某种不规则的体呢? 要知道这里不能像对长方体那样指出三个维度.那在这里什么是长和宽,什么又是高呢? 在一般情况下存在体的三个维度的论断,只是假设它的内部可以容纳不是很大的维度,但是它的三个维度都不为零.

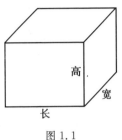

图 1.1

✳ 现在要解一些课题,完成作业并且解答问题(从现在开始,在每节或者每章的结尾,将给出"课题,作业,问题"这三种形式的练习题).

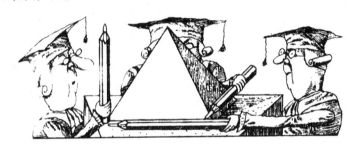

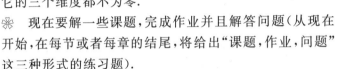 课题,作业,问题

✳ **1.** 我们现在来考察这样几个对象:书,罐头盒,铅笔,小灯泡 …….你知道哪些几何体的形状与列举的对象最相适应? 又有哪些已知的几何体与它们对应且方便地考察它们呢? 口头回答即可.

2. 回想某些几何体的名称,按形状来说它们对应怎样的实体?

3. 画出你知道的几何体:立方体、不同的锥体、圆柱体、圆锥、球,等等.尽量使描绘出的体看得出来体积.在你看来对于体的描绘最不方便的是什么?

4. 想一个你感兴趣的体,并描述给其他同学,使其他人明白,你所描绘的体是什么.

5. 仔细观察图 1.2.写出,怎样放置在它们中描绘的体.哪些体的名称你是知道的? 描绘的体中哪个是不可能存在的? 为什么? 设想且描绘某个有兴趣的体,其中包括不可能的.

6. 想象一个软木塞,它可以堵住图 1.3 中任意的一个孔.

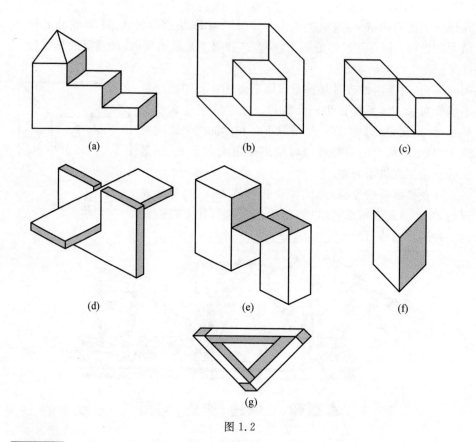

图 1.2

7. 　　思考下面这个古老的谜题,有时称它为"埃及金字塔".有 20 个相同的球,将它们这样粘在一起,如图 1.4 所示,如何用图中的 4 组来组成三棱锥呢?

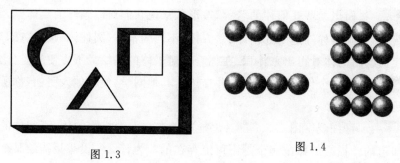

图 1.3　　　　　　　　　　图 1.4

1.2　面

❋　所有几何体都具有面,它是这个体的限界(外壳).

几何体的面分全部空间为两部分,即这个体的内部和外部. 体内的任一点要想落到外部去,都必须穿透体的面(图 1.5)

球体的限界叫作球面(图 1.6).

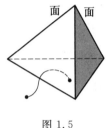

面　面

球面

图 1.5　　　　　　　　　图 1.6

我们知道所有物体的面并没有专用名称. 然而,不是所有的面都是某个体的限界. 这里,面与体的主要区别是,面只有两个维度:长和宽. 换言之,任何的体,不管它怎样的小,都不能使它完全属于面.

当然,在现实生活中,以及在自然界中我们还没有遇到不具有厚度的对象,所以面的概念是抽象的,是数学的抽象(抽象是从"意味着离开"的拉丁语翻译过来的. 抽象的概念意味着某个非物质的幻想,只在我们的想象中存在,如美、心灵、思维、速度等,还有许多其他这样的概念,都是由抽象得出的).

说纸片或肥皂膜是面,我们所指的是,它们的厚度同另外两个维度比较是可以被忽略的. 在生活中经常会出现这样的情形. 例如,我们说"9×12 的相片",或"2 m×3 m 的一块布匹". 在谈话中并没有指出第三个维度 —— 相片或布匹的厚度,虽然在个别情况下体现出这个量的意义是重要的. 实际上,我们认为它们是面,并且其特征具有两个维度 —— 长和宽.

❋　世界上的面是多种多样的. 在图 1.7 中就绘出了一些有趣的数学曲面. 请你注意观察图 1.7(e) ～ 1.7(g). 一见到它们就知道,其具有不可能的性质 —— 它们是单侧的．这表明沿着这些面运动,且任何地方都不通过边缘,则可以返回到同一个点,并且在(关于这个点的)另一侧,确信这是独立的．图 1.7(f) 绘出的面叫作莫比乌斯(Möbius)带,这个名称是根据发现它的人的名字而命名的.19世纪德国数学家莫比乌斯,要说他发现了什么,只不过是他看到带子是错误地缝在一起．但在莫比乌斯以前谁都没有注意到这种面具有的惊人的性质．

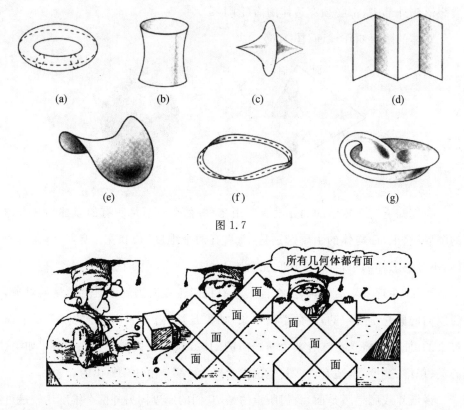

(a)　　　　　(b)　　　　　(c)　　　　　(d)

(e)　　　　　(f)　　　　　(g)

图 1.7

所有几何体都有面……

※　从所有的面中分出一个平面,它的性质我们将在后面进一步学习.

平面,我们想象它在所有方向上都是无限的．在世界范围内不难找到平的面的许多例子,例如,溜冰场的面,窗户的玻璃,桌子或地板,足球场的场地等．它们实际上可以看作是平的面,即平面的一部分.

▲■●　课题,作业,问题

8.　粘和纸的面,限界出立方体,三棱锥,三棱柱(图 1.8).

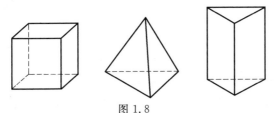

图 1.8

9.　剪开立方体的面且展开在平面上,得到图 1.9.由它们怎样得到立方体的面?

10.　独立地想出立方体的有趣的展开图.

11(H).　如图 1.10 所示,沿图中立方体面上的线段 OD,OA,OK,OM,ON,OC 和 MB 剪开且展开在平面上.绘制出所得到的展开图.

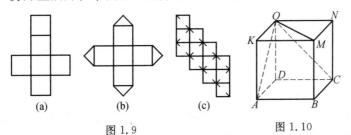

(a)　　　(b)　　　(c)

图 1.9　　　　　　　　图 1.10

12(H).　为了由图 1.11 所示的立方体得到图 1.12 所示的平面展开图,必须沿着立方体的哪些棱剪开?

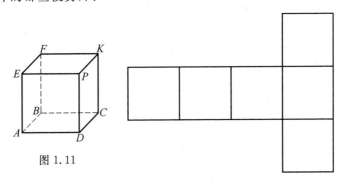

图 1.11

图 1.12

13. 设有棱长都相等的三棱锥的面,按图1.13所指出的方式(沿着线段 BA ,CA ,KA 和 KD)剪开并且展开在平面上,则可得到什么图形.提出其他三棱锥的有趣的平面展开图.

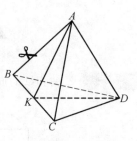

图 1.13

14(H). 由所有角都是锐角的三角形纸片叠成四面体,即三棱锥.

15. 折叠一张正方形纸片,得到三棱锥的面.

16(H). 图1.14中的哪个多边形能够认为是正四面体(所有界面是同样的等边三角形的三棱锥)的平面展开图?为什么?

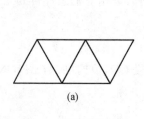

(a)

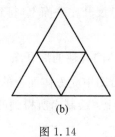

(b)

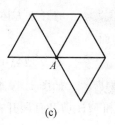

(c)

图 1.14

17. 如果将莫比乌斯带沿图1.7(f)中的虚线剪开将得到什么图形?莫比乌斯带是否能够通过剪一次变成两部分?

18. 画家为自己的画准备画框.他认为得到的画框是矩形的.应该怎样检验这个形状呢?确定对边相等就够了吗?如果对边相等再加上对角线相等呢?现在能够确认,画框是个矩形了吗?

19. 如何用一张纸制作圆柱体的面?圆锥体的面呢?

20(H). 如果圆柱的底面半径为 5 cm,高为 10 cm,请画出该圆柱的平面展开图.

21. 已知:长方体,棱柱,圆柱,圆锥,球.试想,这些体中的哪些面剪开后能够展平放在平面上?

22. 装有水的桶、盆等容器,怎样检验容器的底是平面的?

1.3 线

❋ 当两个面相交时就得到线.

面的边界通常是线（当然，假设面是有边界的）.

❋ 切西瓜时，我们在它的面上得到像圆的线，它是由西瓜面与平面相交而成的.

当斜切圆柱面时我们得到的长圆形叫作椭圆. 如果先切割纸做的圆柱面，后剪开这个纸面且展开，那么将得到波浪形的线，它叫作正弦曲线.

注意，当球面同平面相交（图 1.15）或者两个球面相交时（图 1.16）可形成圆（当然这些面也可能彼此这样接触，具有唯一的公共点或完全不具有公共点）.

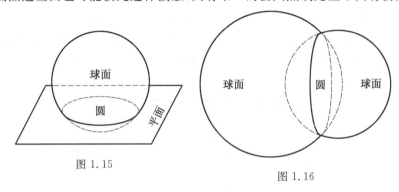

图 1.15

图 1.16

❋ 线不具有厚度和宽度，它只有一个维度 —— 长.

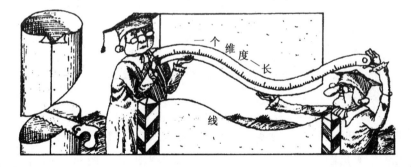

正如面一样，线也是抽象的概念. 在实际生活中我们会遇到许多线，确切地说，是适当地认为是线. 对象或另外的东西，如果它只有一个维度显然其他的舍弃了，那么我们便认为是线. 例如，丝线，毛发，道路，分开平面区域的公路，国界线，等等. 我们说"毛发长""道路长""20 米的绳子"等，限制了对象的特征只有一个维度.

当两个平面相交时就形成了直线（图 1.17）.

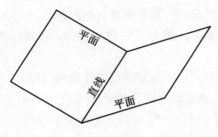

图 1.17

❊ 在几何学中(不仅在几何学中)直线起着绝对重要的作用.光线是直线,拉紧的线也是直线,自由落体沿着直线运动,在不受任何外力作用下的物体将做直线运动.在这里简单地描述出你在物理课中所熟悉的牛顿第一定律.

▲■● 课题,作业,问题

23(H). 图 1.18 是某个几何体的主视图和俯视图,请指出在每种情况下几何体的名称.

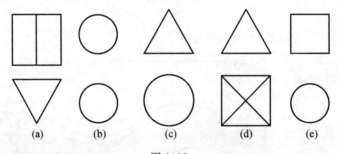

图 1.18

24. 请问怎样的几何体的面可以通过直线或直线的一部分?

25(H). 画出图 1.19 中几何体的三视图(主视图、俯视图和左视图).

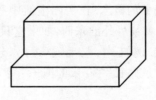

图 1.19

26（H）.　图 1.20 所示的是哪个几何体的平面展开图？

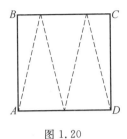

图 1.20

27.　用直线联结两个点：(1) 在纸片上；(2) 在教室的地板上；(3) 在开阔的地上．建议在 (2) 中用实际方法作直线，在 (3) 中找到这样的方法，借助它能在开阔的地上标出一条直线上的某些点．

28.　有一段铁丝，怎样检验它是直线上的一段呢？

29.　怎样检验你的尺子是一把直尺呢？

30.　为什么纸片弯曲时所形成的线是直线？

31（H）.　借助于丝线或铁丝在由薄片制成的几何体的模型中作出两种线：平面上的线和空间的线（图 1.21）．

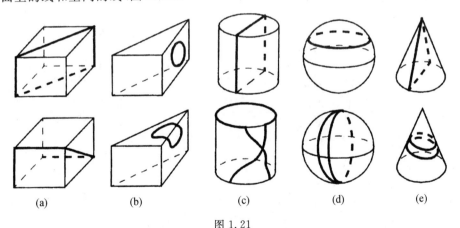

(a)　　　(b)　　　(c)　　　(d)　　　(e)

图 1.21

32.　将一段铁丝弯曲成某些线的形状．图 1.22 是某个图形的三视图．请问这段铁丝弯成了什么形状？

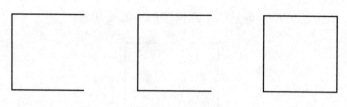

图 1.22

1.4　点

✳　古希腊的几何学家欧几里得(Euclid)说过,"点 —— 它不具有部分." 我们可以补充,点没有大小.

　　同考察范围相比,所有很小的对象我们都认为是点(图 1.23). 例如,点是针扎在纸上留下的小孔,是地面上的甲虫,是地图上的城市,是太阳系中天空的星或行星.

✳　当两条线相交时可能形成不止一个点. 任何几何体、面、线,任何几何图形都由点组成,或者,正如数学家所说,想象为点的集合. 在今后,单个的点我们通常用大写的拉丁字母 $A, B, C, \cdots$ 来表示(图 1.24).

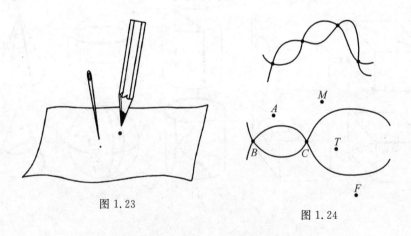

图 1.23

图 1.24

▲■●　**课题,作业,问题**

✳　33.　两个几何体能够恰有一个公共点吗? 两个公共点呢? 请举出

· 14 ·

例子.

34(H). 在房间安放三把椅子,使得每面墙都有一把椅子.

35(H). 将 10 块糖摆放为 5 排,要求每排有 4 块糖.

36(H). 将 12 块糖摆放为 6 排,要求每排有 4 块糖.

37(H). 在 6×6 的正方形中放置 18 枚硬币,使得每行有 3 枚硬币.

38. 在一大块灌木丛生的场地边缘有四棵大树.怎样找到连接两两相对的大树的直线在场地上相交的位置呢?

1.5　由点到体

❋　现从体开始考察,我们了解到面、线、点这些几何形式在自然界是不存在的,这只是数学中的抽象表达.

现在,我们找到了"另外的头".我们从点开始(图 1.25),认为点是空间的某个位置,它不具有大小.

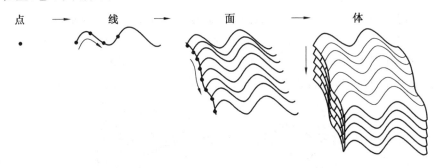

图 1.25

当点运动时将生成线 —— 点运动的轨迹.恰好,在 1.3 节中描述直线概念的时候提到了沿直线运动的例子.

❋　当我们借助直尺画直线时,那么将再一次得到,这条直线是由运动的点 —— 铅笔尖画出的.在借助圆规画圆时也得到同样的轨迹.

我们现在将移动在空间中的整个的线.此时在运动过程中线本身能够改变形式,即变形.在这样的运动中所占据的区域,将是面.

于是,可以借助直线的运动得到平面.可想象为刨子的刃在刨平木板.旋转灯塔的光线也可以观察到是平面或者是圆锥面.圆围绕它的直径旋转的结果可以得到球面.

面在空间中移动可以得到体的全部的点. 球的内部可以用共同中心的球面来充满(当然,必须再添加一个点 —— 球心);移动正方形可以充满立方体,等等.

结论　我们引入第一个结果:

✳　几何体 —— 空间的部分:具有三个维度,我们约定它们叫作长、宽和高(或者厚度).

面 —— 几何体的限界:具有两个维度 —— 长和宽.

线是由相交的两个面形成的,具有一个维度 —— 长.

点是由两条线相交形成的,没有维度.

另一方面:

✳　点 —— 它不具有部分,没有大小.

线由点的运动得到,具有一个维度 —— 长.

面由线运动时充满或占据的区域得到,具有两个维度 —— 长和宽.

体被面所填满,具有三个维度 —— 长、宽和高(或者厚度).

体、面、线、点是基本的几何形式.

✳　我们可利用几何形式的概念,规定:如果几何体是由面限界的空间部分,那么几何图形是由线限界的面上的部分.它是像面一样的图形,具有两个维度.

现在我们再引入另一个很重要的概念 —— 几何相等的概念.

两个几何体,面,线或图形称为相等,如果它们能够彼此重合(图 1.26).

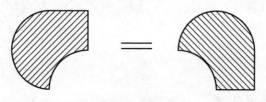

图 1.26

几何图形的相等将用习惯的记号"＝"来表记.

必须清楚地了解,虽然几何相等的概念也像数的相等一样,但是它们在许多地方是不同的.两个几何图形或几何体或几何对象的相等意味着它们的形状和大小是一致的.

注释　在数学文献中通常利用术语合同表示对应,重合.合同的图形是能够彼此重合的图形.这样一来,我们引进的几何相等的概念就同数学中合同的概念是一致的.

▲■● 　课题,作业,问题

39. 　请找一个专门的练习本,将它命名为"几何学词典".在练习本上写出你在这一章学过的几何概念和术语,给出它们的解释说明,并绘出图形.请认真书写,因为它将记录你在所有时期所学习的几何知识.

40. 　"几何学"一词意味着什么? 为什么要从事研习几何科学?

41. 　请说出基本的几何形式.什么是几何体、面、线、点?

42(H). 　对于煤气管道来说:(1)设计图;(2)搬来管道绝缘层的工人们;(3)铺设管道的起重机,哪个是煤气管道?

�֍　**43.** 　图 1.27① 中所绘出的图形和体相等吗?

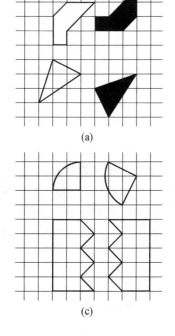

(a)

(b)

(c)

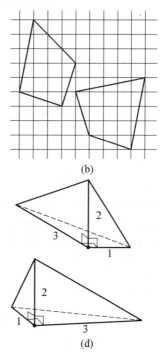

(d)

图 1.27

---

① 　注意,图 1.27(d) 中没有标注直角,而是角落弧.

44(H). 请问图 1.28① 中所示的都是哪些体的展开图?

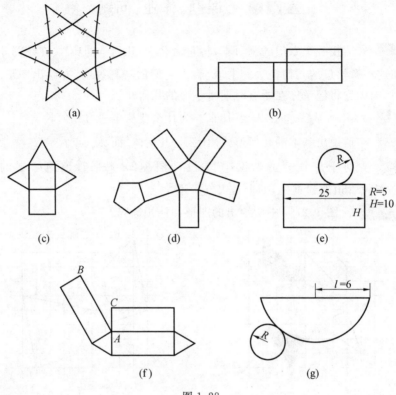

图 1.28

45(H). 女主人在牧场中饲养母山羊,牧场中两木桩 A 和 B 间用一个带环的绳索相连且它们之间相距 4 m,环可以自由地沿着绳子移动.绳上的环用来系山羊.此绳长为 2 m.请绘出所形成的牧场并计算它的面积.

46(H). 当圆锥面与平面相交时能得到怎样的线?请绘出不同的情况,如果你知道得到的线的名称,请说出它们的名称来.

1.6　怎样学习几何学?

我们已经给出了几何学作为一门科学的作用,现在我们可以着手研究它了.但是,在我们开始之前,还有一个重要的问题需要谈一谈,那就是我们要如何研

---

① 注意,图中相等的线段用相等个数的标记表示.

究几何学？每个真正的科学都有一个研究方法，例如，物理研究，即使是最抽象的，最终也会被实验所证实或否定；在化学和生物学中也有实验，尽管生物学家往往只限于观察动物和它们的行为；地质学家在徒步和探险中研究地球的结构；语文学家花了很多时间在图书馆；历史学家花了很多时间在挖掘工作上.

　　与所有这些科学家不同的是，一般的数学家，特别是几何学家的发现很难用实验来证明或反驳他们所说的，毕竟我们不可能通过所有的自然数来检查，例如，伟大的费马大定理①对它们是否成立！无论我们用整数做多少次实验，我们都不能排除下次出错的可能性. 要重新排列所有的三角形或棱锥就更难了（更不用说我们能画的所有图画都只是真实数学对象的粗略近似）. 而在数学中，还能有什么实验呢？除了精神上的. 因此，为了使我们能够断言某件事情，我们需要一个证明！

　　然而，数学，甚至更确切地说，几何学，是地球上最古老的科学之一. 许多世纪以来，它几乎是学校唯一教授的"民事"科目. 而且，无论是当时，还是现在，从来没有人怀疑过它的结论的有效性（如果它们被正确证明的话）. 如此自信的原因是什么？当时的几何学是以什么为基础的（现在也是）？而证明一个定理又是什么意思呢？

　　人们通常认为，几何学与在学校学习的其他科目的主要区别是，它全部能建构在不多的被选取采用的不加证明的论断，即公理的基础之上. 许多人认为，公理是欧几里得在他的名著《几何原本》—— 现存的第一本几何教科书中首次引入的，因此几何学是真正的"公理理论"（我们将在 9 年级以后再解释如何理解这一点）. 让我们试着了解一下什么是公理、证明以及一些语句是如何从其他语句中推导出来的，而且我们还将努力向读者解释对我们的教科书有什么期待，有什么不期待.

　　让我们从一个简单的例子开始. 假设我们信任的人 —— 老师，朋友，我们的爸爸、妈妈，或者一个电视节目主持人告诉我们老虎是属于有蹄类哺乳动物群，然后我们从一个同样可靠的来源得知，有蹄类动物是食草动物. 我想下面的结论对你来说似乎很显然："老虎是食草动物！"另外，如果我们的第一个资料来源说的不是老虎而是牛，那么我们会以完全相同的方式得出结论："牛是食草动物."虽然第一个结论是错误的，第二个结论无疑是正确的，但你们没有一个人

---

　　①　这个定理说的是：对于任何 $n > 2$ 的整数，不存在正整数（正字是译者加的）a, b, c，使得 $a^n + b^n = c^n$.

会争辩说,任何一个结论都是以完全合法的方式得出的!那么,这有什么意义呢?很简单:如果我们不怀疑前两个陈述(假设),那么我们就必须承认所得出的结论的真实性,因为它在逻辑上是由前两个陈述得出的.

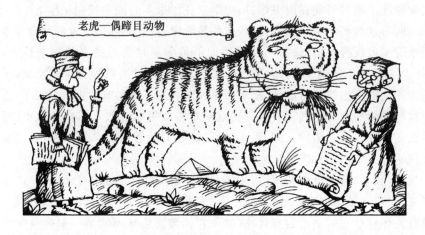

老虎—偶蹄目动物

如何从这些或那些前提中得出正确的结论,以及为什么它们会是正确的,涉及另外一门重要的科学 —— 逻辑,甚至在数学之前就有了逻辑.至少"逻辑"这个词比"数学"这个词要出现得更早,但"几何"这个词却没有.像大多数具有古老历史的科学一样,逻辑学诞生于古希腊,此后一直在发展,没有严重中断.苏格拉底和柏拉图、亚里士多德和阿维森纳以及其他许多古代和中世纪的科学家,更不用说现代的科学家,都研究过逻辑.可以说,逻辑是一门关于如何得出结论的科学,这种活动的方法和规律是什么?

我们并不详细讨论用逻辑学回答上述问题的方式,我们只想说,你的几何学

课程并不需要任何复杂的逻辑技巧（你将使用的最复杂的逻辑结构是一个"相反"的证明）. 你的所有结论都将类似于刚才描述的例子，只是为了获得结果，你必须做的不是一个或两个这样的步骤，而是几个，有时是很多个. 为了使人们更容易接受和理解所产生的声明，这些步骤将被划分为独立的阶段，方便制定和证明. 这些声明被称为定理、公理或简单命题.

不要以为发明这样的推理链是一件简单易行的事情！即使是非常有天赋的数学家也不会立即找到必要的推理. 关键是，往往一个相同的初始事实参数可以用来制造大量完全不同的，一眼就看出彼此之间没有任何联系的结论，而且可能没有人能够一下子说出这些结论中的哪一个最终会导出正确的结果！数学家 — 理论家，科学家 — 数学家的职业并不容易，但非常有趣. 毕竟，研究数学问题类似于用演绎法解决侦探故事，只不过"罪犯"的角色是由科学未知的事实扮演的，而我们有已知的句子和定理. 如果你还不清楚什么是证明，不要担心，我们将在第 4.5 节中更详细地谈论定理以及如何证明它们.

顺便说一下，几何学课程不仅仅基于逻辑构造，还有图形的视觉表现，图画，以及所谓的"几何学直觉". 即使我们能够从图画中猜出正确的答案，也不意味着它不需要被证明. 不幸的是，它们是不完美的，我们可能是错误的. 我们在图画中看到的一切都应该进行解释，如果可能的话，也应该进行证明. 有人甚至说，"几何学是一种从错误的图画中进行正确推理的艺术." 但是，画一张明知错误的画是没有意义的，因为我们需要画作为一个线索，一个能唤醒我们直觉的方法. 那么画错提示的意义何在？

我们已经或多或少地解决了数学家如何从一个声明到另一个声明的问题. 但他们的结论是以什么为基础的呢？为了得出结论，我们必须以我们已经知道的东西为基础. 很明显，当我们已经证明了某件事情，我们就可以在以后使用这些结果. 但在开始时，当我们还没有设法证明什么时，我们用什么呢？

现在来到了我们讨论的主要目标：作为所有其他声明基础的第一个声明，并没有证明任何东西！我们可以看到，这些声明并没有证明什么. 它们被认为是"明显的真实"，不需要证实. 在我们这个时代，这种声明通常被称为公理（古希腊语，αζτωμα）. 尽管许多人认为这个词最早是由几何学家使用的，但情况可能并非如此. 无论如何，早在欧几里得之前，"公理"这个词就已经出现在亚里士多德那里了. 此外，欧几里得本人在其著名的《几何原本》中也没有使用它. 他首先谈到假设（希腊语 'al tyua ta），其次谈到一般概念，或俗语（希腊语 'howvoi 'évvoiau）. 在这两个概念中，第二个概念更接近古希腊对公理的理解. 正如亚里士多德和其他哲学家所说，"由于词语的含义本身就是真实的." 这种公理的一个例子是：如果你从相等中减去相等,那么你会得到相等. 在古希腊学者给出概念的意义上,定理是"描述某种构造的可能性"的陈述. 关于公理和定理之间的区别,欧几里得后来的注释者之一,生活在公元前 3 年的著名哲学家普罗克勒斯·迪阿多克斯也是这样回答的.

一般的概念和定理都没有被古代学者证明. 毕竟,一个一般的概念对每个人来说都是显而易见的,但一个假设是不可能被证明的! 例如,欧几里得的一个公设是,从每一个点到每一个点都可以画一条直线. 很难想象有人能在实践中验证这样的说法:世界上有太多的点,更不用说一个真正的几何点是无法描绘的. 当然,这一论断并不是从"这个词的本义"中得出的. 显然,欧几里得本人很清楚这两种现象的区别. 他在提出公设之前写道:"假设",这不是没有道理的.

欧几里得总共有五个公设和九个更一般的概念. 从现代科学的角度来看,一般概念的一部分是抽象逻辑的规则,另一部分是假设. 有些公设是不必要的,因为它们是从基本出发的,其他重要的公设则是缺失的. 必须要说,第一个令人满意的几何学公理系统是在 19 世纪由著名的德国数学家大卫·希尔伯特构建的,它包含四十多个不同的断言. 我们不打算给出它,因为这将占用太多的空间,而且不太可能每个人都需要这样做.①

在此我们必须承认,现代科学并不清楚这个问题的确切答案. 一个可能的原因是,所选择的公理正确地反映了真实的事态,如果是这样,那么我们的所有结论都会在实践中适用. 这就是为什么你不会在教科书中看到"公理"这个词 —— 我们更喜欢谈论空间的属性,所以你要做的是研究空间. 我们邀请你参加一个关于几何图形及其属性的奇妙世界的旅程,希望你会发现它很吸引人.

---

① 关于这些的讨论,放在 9 年级末.

第 2 章　　平面的基本性质

　　本章基本上是几何学系统课程的开始. 一开始可能看起来不那么有趣,因为几乎没有任何新的事实,最主要的一点是,我们将试图按照严格的逻辑顺序介绍所有简单的和众所周知的几何事实,换句话说,使它们系统化.

　　我们将主要处理几何学中被称为纳米学的部分,它研究的是平面几何学、平面的性质和图形.

　　在这一章中,我们熟悉了平面测量学的一些初步概念,并讨论了平面最重要的属性,特别是线的属性、线的一部分以及它们之间的相互关系. 现在我们从最简单的一个开始 —— 直线的性质.

2.1　　直线几何学

　　直线的几何形状(图 2.1)是非常简单的. 直线的基本属性是已知的,也是可以理解的. 我们将只回顾并仔细制定这些属性和一些与直线有关的概念.

※　位于直线上的任何一点都会将这条直线分成两条子直线. 每条半线也被称为射线(图 2.2).

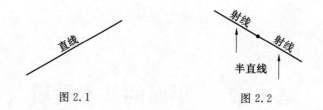

图 2.1　　　　　　　　　图 2.2

它由原点(射线的边界点)和方向给出(图 2.3).

因此,每一个点都把一条线分成两条射线,这两条射线有一个共同的起点和相反的方向.这些射线被称为补充射线.

如果在一条线上取任意三点,其中一点就在另外两点之间(图 2.4).

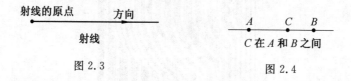

图 2.3　　　　　　　　　图 2.4

一条线上的任何两点都会构成一条线段.在线段两端之间的点是线段的内点.

线段是由其端点或边界点定义的.例如,线段 AB(图 2.5).

我们还将用 AB 来定义一条射线,这个符号中的第一个点(点 A)表示射线的起点,第二个点(点 B)是射线上的任何一点(图 2.6).

图 2.5　　　　　　　　　图 2.6

如果 C 是线段 AB 的内点,则说 C 属于线段 AB.这个事实经常用记号 $C \in AB$ 来表记,在相反的情况记为 $C \notin AB$.

同样我们经常说,直线 l 的线段 AB 属于 l 或者 AB 包含在 l 中.在这种情况下,利用 $AB \subset l$ 来表示,但要写上 $A \in l$.如果 AB 不包含在 l 中,那么表记为 $AB \not\subset l$.

对于属于射线的点和线段利用同样的表记.

如果具有长度单位,那么我们能够测量任何线段的长度.已知线段长度是什么以及我们如何测量线段被认为是已知的. 我们提出的只是某些简单的和显然的性质.

✿　线段的长度用正数表示. 显然这个数的量值依赖于长度单位的选取. 所以, 说到线段的长度, 必须指出它是在什么单位下测量的(图 2.7). 在我国(指俄罗斯 —— 译者注)利用米制度量系统. 在这个系统中作为长度单位利用的是厘米(cm), 米(m), 千米(km), 等等.

✿　两条线段相等, 如果它们具有相等的长度, 也就是用同一个单位测量它们的长度表示为相等的数.

✿　任何两条线段长度的比与选取的长度单位无关. 所以我们可以讨论两条线段的比(图 2.8). 例如, 如果两条线段的比等于 2, 那么这意味着, 在第一条线段上恰放置两条等于第二条线段的线段.

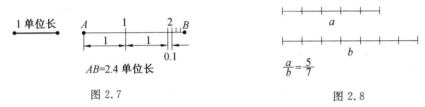

图 2.7

图 2.8

借助圆规我们可以在直线上的任何位置放置一条线段等于已知的线段.

在今后, 写法 AB 除了表示线段自身, 还表示它的长度.

如果点 B 在点 A 和 C 之间, 那么, 线段 AC 的长度等于线段 AB 和 BC 的长度之和.

这个性质可以写成(图 2.9)等式

$$AC = AB + BC$$

✿　我们说点 A 和 A' 关于点 O 对称, 或者, 在关于点 O 的中心对称下点 A 变作点 A', 换句话说, 如果 O 是线段 AA' 的中点. 在这种情况下, 点 O 称作点 A 和 A' 的对称中心(图 2.10).

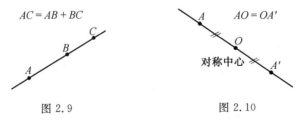

图 2.9

图 2.10

直线上任一点不仅分这条直线为相反方向的两条射线,同时还是它的对称中心,也就是说,对这条直线上无论怎样的点 M,在这直线上都能找到它关于点 O 的对称点 M'.

▲■● 课题,作业,问题

47(H). (a) 画直线 l.

(b) 在它上面标注点 M,K,P,使得点 K 在点 M 和 P 之间. 利用符号"$\in$"给出直线 l 的写法. 写出直线 l 的某些不同的表达式. 这样的表达式有几种?

(c) 在平面上标注出不在直线 l 上的点 F. 作出相应的写法.

(d) 引进射线 KF.

(e) 以点 K 为端点的所有线段的名称.

(f) 在图中有多少条线段?

(g) 以点 K 为起点的射线有几条?

(h) 在图中有多少条射线?

(i) 在图中得到的两两互补的射线的名称.

(j) 线段 MP 和 KF 属于直线 l 吗? 利用记号"$\subset$"和"$\not\subset$"作出相应的写法.

❋ 48. 能够分一条直线为两条线段和两条射线吗?

49. 在直线上给出点 A,B,C. 已知 $AB=1.5$,$AC=2.5$,$BC=4$. 三个点中哪一个在另外两个点之间?

50(H). 利用图 2.11,求:$AB,\dfrac{AC}{AB},\dfrac{CB}{AB},\dfrac{AC}{CB}$.

$$A \quad\quad 3.2\ cm \quad\quad C \quad 2.8\ cm \quad\quad B$$

图 2.11

51. 在直线上给出点 A 和 B. 那么在这条直线上能找到多少个点 M,使得:(a) $AM=BM$;(b) $2AM=BM$?

52(B). 线段 AB 的长等于 3,在线段内部取点 M,求线段 BM 的长,如果:

(a) $AM=2BM$;(e) $AM-BM=2$.

(b) $2AM=3BM$;(f) $3AM+2BM=7$.

(c) $AM:BM=1:5$;(g) $AM^2-BM^2=3$.

(d) $AM:BM=3:4$.

53(п). 如果点 M 是直线 AB 上不在线段 AB 内部的某个点,问题 52 中 (a)～(d) 的解答将怎样改变?

54(в). 线段 AB 的长等于 3,在线段上取点 P 和 K,使得 $AP=1.7$,$BK=1.8$,求线段 PK 的长.

55. 点 M 和 K 在长等于 6 cm 的线段 AB 上,$BM=2BK$,$AM=0.8AK$,求线段 MK 的长.

56. 在直线上存在点 A,B,C. 如果:(a)$AB=4.2$;$BC=5.7$;(b)$AB=2.8$;$BC=2.1$.那么线段 AC 的长为多少?

57(н). 点 E,F,K,P 在一条直线上,$EF=4$ cm,$EK=11$ cm,$KP=14$ cm,求 FP 的长.

58. 在直线上放置点 A,B,C,D. 求端点为 AB 和 CD 的中点的线段的长,如果:

(a)$AB=1.2$,$BC=1.7$,$CD=2.2$,$AD=5.1$.

(b)$AC=1.1$,$CB=1.3$,$BD=3.5$,$AD=5.9$.

(c)$AC=5$,$BD=7$.

59. 在直线上标注某些点.利用这些点能标注出多少条线段和多少条射线? 如果标注:(a)两个点 A 和 B;(b)三个点 A,B 和 C;(c)四个点 A,B,C 和 D;(d) 五个点 A,B,C,D 和 E.

60(н). 在直线上找出点 A,B,C,D. 如果:

(a)$AB=1.2$,$BC=1.4$,$CD=1.7$.

(b)$AB=2.1$,$BC=1.8$,$CD=2.3$.

(c)$AC=1.3$,$BC=2.4$,$BD=3$.

那么线段 AD 的长能取什么值?

61(в). 线段 AB 的长等于 4,在线段上取点 M 和 K,使得 $AM:MK:KB=1:2:3$(此写法意味着 $AM:MK=1:2$,而 $MK:KB=2:3$),求线段 MK 的长.

62(т). 如果在问题 61 中点 M 和 K 可以放置在直线 AB 上的任意位置,那么线段 MK 的长等于多少?

63. 在直线上标注长为 1.3 和 1.7 的两条线段,作线段,其长度等于:(a)3;(b)0.4;(c)0.9;(d)1.

64. 在直线上存在点 A,B,C,D,并且 $AB=1.2$,$BC=2.1$,$CD=0.8$. 如果已知射线 DA 包含点 B 但不包含点 C,求线段 CA 的长.

65. 线段 $AB = 1.5$,在射线 AB 上取点 C,而在射线 BA 上取点 D,使得 $AC = 0.7$,$BD = 2.1$. 求 CD 的长.

66(н). 给出两条线段,学生作出了它们的和与差. 老师擦掉了原来的两条线段,并提出根据作图恢复它们. 这可以怎样作?

67(н). 设点 M 是线段 AB 的中点(图 2.12). 找出这样的点 X,使得作出线段 AB 的部分满足:(a)$AX > BX$;(b)$AX \leqslant BX$.

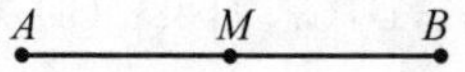

$$A \quad\quad\quad M \quad\quad\quad B$$

图 2.12

68(н). 直线 MN(图 2.13)上的点 X 分直线所成的部分满足:(a)$MX > NX$;(b)$MX < NX$.

$$M \quad\quad\quad\quad\quad N$$

图 2.13

69(н). 画出一条射线且在它上面由它的起点(点 O)放置单位线段. 在射线上作点 X,使得:(a)$OX \leqslant 2$;(b)$OX > 2$. 由此能得到怎样的几何图形?

70. 在直线上取三个点 A,B 和 C. 指出这条直线上所有这样的点 M,使 M 比 A 更靠近 B,且同时 M 比 C 更靠近 B. 考察点 A,B 和 C 的两种情况:B 在 A 和 C 之间;B 在线段 AC 之外.

71. 给出点 A 和 B,在线段 AB 上指出所有的点 M,使得:

(a) $\dfrac{AM}{BM} > 1$;(c) $\dfrac{AM}{BM} \leqslant \dfrac{1}{3}$;(e)$2 \leqslant \dfrac{AM}{BM} < 3$.

(b) $\dfrac{AM}{BM} \geqslant 2$;(d)$1 < \dfrac{AM}{BM} < 2$;(f) $\dfrac{1}{2} \leqslant \dfrac{AM}{BM} \leqslant 2$.

72(т). 如果考察的点在整个直线 AB 上,解问题 71.

73(т). 点 B 在线段 AC 上,$AB = 2$,$BC = 1$. 在直线 AB 上指出所有的点 M,使得 $AM + BM = CM$.

74(п). 两个点沿直线向同一方向运动,如果一个点移动 1,另一个点移动 3,那么这两个点所确定的线段的中点移动多少? 如果点的运动按相反的方向,那么答案又是什么?

75(т). 在直线上顺次放置着点 A,B,C 和 D,并且 $AB = BC = 1$,$CD = 2$. 点 M 在 BC 上且分线段 BC 和 AD 为同一个比值($BM : MC = AM : MD$),求这个比值.

76(т). 在直线上取点 A,B,C 和 D，指出在直线上点 M 的集合，使得 $AM+BM=CM+DM$，如果：(a) 点的次序是 A,B,C 和 D 且 $AB=1,BC=2,CD=3$；(b) 点的次序是 A,C,B 和 D 且 $AB=CD=4,BC=3$.

77(т). 在长为 3 的线段上放置有长为 1.7，1.6，1.5 的线段. 证明：包含所有这些线段的公共线段，它们的长不小于 0.1.

❀ **78(тп).** 蚂蚱沿道路跳跃 5 次，并且每跳的长从第二跳开始都是前一跳的 2 倍，而跳的方向是任意的. 证明：蚂蚱不能返回到出发点.

79(т). 能将七部电话彼此之间用导线连接，使得每部电话恰与另外三部电话相连接吗？

80(в). 在直线上给出点 A,B 和 C，并且 $AB=1,BC=2,AC=3$. 在直线上表示点 A,B 和 C，还有它们中任一点关于另外两点的对称点.（例如，A 关于 B 和 C 的对称点.）

81(п). 在直线上给出两个点 A 和 B，并且 $AB=1$. 设 M 是直线上的某个点，点 M_1 是 M 关于 A 的对称点，点 M_2 是 M_1 关于 B 的对称点. 画出点 M,M_1,M_2，如果：(a) M 是 AB 的中点；(b) $AM=3,BM=2$；(c) $AM=0.3,BM=1.3$.

对于所有情况求出线段 MM_2 的长.

82. 画出直线且在它上面标出点 A. 在直线上标出所有这样的点 X，满足条件：(a) 与点 A 的距离是 2 cm；(b) $AX\leqslant 2$ cm；(c) $AX\geqslant 3$ cm；(d) 3 cm $\leqslant AX\leqslant 4$ cm. 在怎样的情况下，点 X 的集合关于点 A 对称？

83(п). 点 M 关于点 A 对称映射，而得到的点关于点 B 对称映射. 这两次对称将 M 变作 M'. 证明：$MM'=2AB$.（表述“点 M 关于点 A 对称映射”意味着，M 变作点 M_1，使得 A 是 MM_1 的中点.）

84. 证明：如果位于一条直线上的线段 AB 和 CD 的中点重合，那么 $AC=BD$.

可借助数轴解问题 85 ～ 88.

85(в). 设直线是数轴. 在它上面画出点的集合，它们的坐标满足不等式：(a) $1\leqslant x\leqslant 2.5$；(b) $x<10$；(c) $-1<x\leqslant 1$；(d) $1.2<x<4.1$；(e) $x<3$. 那么在集合外面得到什么？

86(в). 在数轴上点 A 的坐标是 x_1，而点 B 的坐标是 x_2. 求 A 关于 B 的对称点 A' 的坐标，如果：(a) $x_1=0,x_2=3$；(b) $x_1=4.7,x_2=1$；(c) $x_1=-1,x_2=1.1$；(d) $x_1=3,x_2=-22.2$.

87(в). 求将点 $A(x_1)$ 变作点 $A'(x_2)$ 的对称中心点的坐标,如果:(a)$x_1 = 1.2, x_2 = -3$;(b)$x_1 = -17, x_2 = 113$;(c)$x_1 = 0.03, x_2 = -0.02$.

88(п). 如果:(a)$x_0 = 0, x_1 = 1, x_2 = 2$;(b)$x_0 = 1.2, x_1 = -1, x_2 = 1.5$;(c)$x_0 = -10, x_1 = -11, x_2 = 12$. 在变 $B(x_1)$ 为 $B'(x_2)$ 的对称下,点 $A(x_0)$ 变为什么点?

89(т). 树枝长为 2 m. 在树枝的始端有一个小爬虫. 在第一分钟它爬了 1 m,在第二分钟它爬了 $\frac{1}{2}$ m,在第 3 分钟它爬了 $\frac{1}{4}$ m,依此类推,它每次爬行都是前次爬行长度的一半. 问小爬虫什么时候可以到达树枝的顶端?

❋ **90(т).** 三座楼房 A, B 和 C 按指出的次序排列在一条直线上. 在这条直线上需要打一口井. 居住在这些楼房的每个家庭将每天从井中打水一次. 如果每座楼房居住一个家庭,那么井的位置应打在何处,才能使得打水走的总路程(各家庭打水走的路程总和)最小? 如果在楼 A 居住一个家庭,在楼 B 居住两个家庭,在楼 C 居住三个家庭,那么井的位置如何?

91(п). 在直线上放置 17 条线段,使得它们完全覆盖了长为 12 的线段. 证明:至少有一条线段的长大于 0.7.

92(т). 为了用带刻度的尺测量砖块的对角线,用下面的方式进行. 如图 2.14(a) 所示放置 3 块砖. 现在砖块对角线的长很容易测得. 那么怎样测量联结砖块的相对界面上的两个标出点间的线段的长呢?(图 2.14(b))

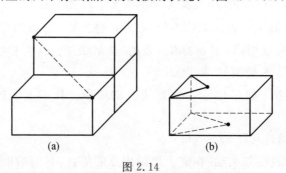

(a)   (b)

图 2.14

2.2 平面上直线的基本性质

平面作为几何形式是用确定的性质来规定的,首先是同直线有联系的性质,反过来,直线的许多重要性质同平面有联系.

❀　**性质 1(平面第一基本性质)**　通过平面上任意两个点可以引直线并且只能引一条.

通过点 A 和 B 的直线,我们称为直线 AB(图 2.15). 正如所见,有四种情况可以用 AB 表示:它可以表示线段,线段的长,射线和直线. 但在我们的讨论中这不会带来任何混乱,因为在每种情况下将简单地指出,所述的是什么.

在平面上的两个点 A 和 B 之间的距离等于线段 AB 的长. 由 A 到 B 的最短路线是联结这两个点的线段.

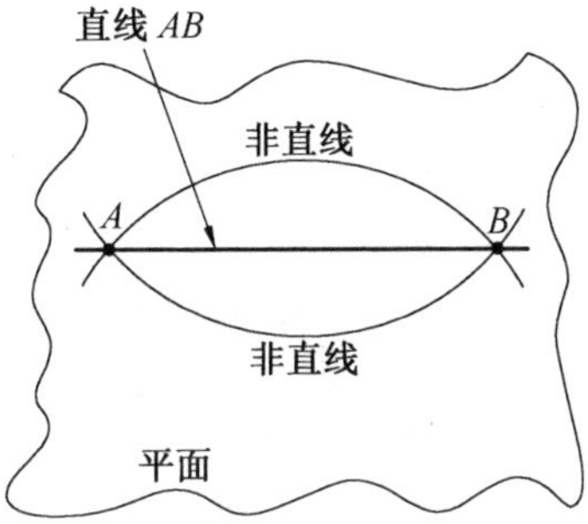

图 2.15

由性质 1 可以容易地得到重要的定理.(这里出现定理和证明的概念. 在 1.6 节已经提到它们. 后面我们还将详细地说明它们意味着什么. 若想尽快知道它们的意义,见 4.5 节.)

❀　**定理 2.1(关于两条直线交点的个数)**　平面上任何两条不同的直线,相交不多于一个点.

证明　这个定理的证明最简单. 如果我们假设两条直线公共点的个数多于1个(图2.16),那么根据性质1知直线应当重合. 而这与"两条不同的直线"的条件相矛盾.

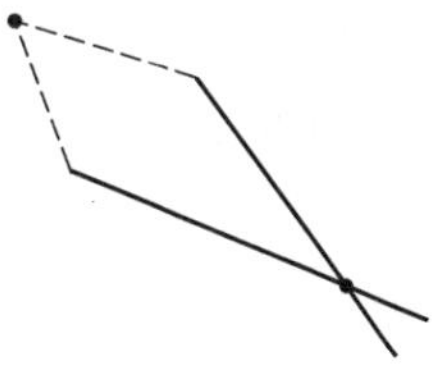

图 2.16

于是,根据定理 2.1 可以断言,属于同一平面的任意两条不同的直线,要么具有一个公共点,要么没有公共点.

一、平行的直线

❀　在平面上没有公共点的两条直线叫作平行线.

其实性质 1 和定理 2.1 不仅对于平面几何是正确的,而且它们对于空间也是正确的. 就是下面的性质具有对平面的特征.

❀　**性质 2(平面第二基本性质)**　平面上的任何直线分这个平面为两部分——两个半平面.

这个性质意味着什么?

设在平面上引某条直线,我们用字母 a 表示它.不在这条直线上的任意点 A,处在形成的两个半平面之一内. 此时,如果点 A 和 B 在不同的半平面上,那么线段 AB 与 a 相交.如果点 A 和 B 在同一个半平面上,那么线段 AB 不与 a 相交(图 2.17).上述内容也可以用另外的方式来表达.

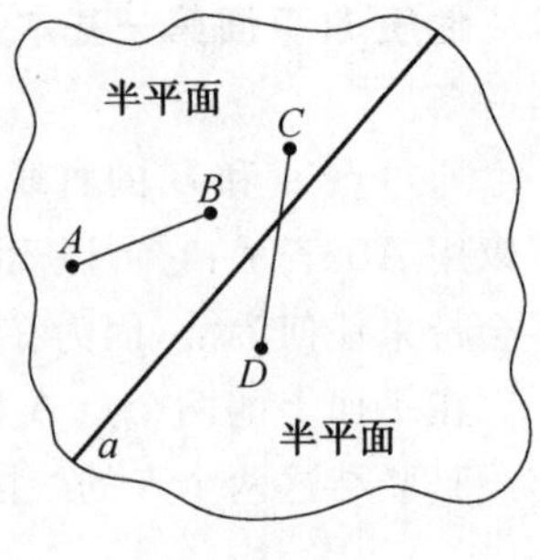

不在平面上的直线 a 上的两个点 A 和 B,位于不同或是同一个关于直线 a 的半平面上,依赖于线段 AB 与 a 相交或是不相交.

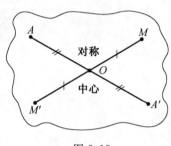

图 2.17

二、平面的中心对称和轴对称

与直线一样,平面上的任意点都是平面的对称中心.对此为了作点 A 关于点 O 的对称点,必须通过 A 和 O 引直线并在这条直线上按照已知的法则作与 A 关于点 O 的对称点 A'(图 2.18).

然而,除了中心对称,平面上还存在另一种对称形式——轴对称. 这也是规定的平面性质之一.

❋ **性质 3(平面第三基本性质)** 平面上的任意直线都是平面的对称轴.

图 2.18

这个性质意味着什么?

正如我们知道的,直线是两张平面的交线. 由此得出,当折叠作为平面模型的纸片时,形成直线. 这是显然的,若我们稍微展开纸张的折叠部分. 那时我们看到的折叠线是两张平面的交线.

如果点 A 和 A' 由于纸片的折叠而重合,那么我们就说点 A 和 A' 关于在纸片折叠时形成的直线 a 对称或者在关于直线 a 的对称下它们彼此变为对方(图 2.19(a)～(c)).

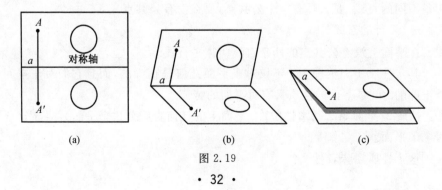

(a)   (b)   (c)

图 2.19

直线 a 本身所有的点此时成为不动的,也就是直线 a 与自身对称.

平面上的两个图形或线是关于直线 a 对称的,如果对于一个图形的每个点存在关于直线 a 对称的另一个图形的点.

显然,对称的图形是相等的.

如果在关于直线 a 的对称下图形没有改变,而仅某些点改变了位置,那么我们就说,直线 a 是这个图形的对称轴.

▲■● 课题,作业,问题

93(н). 考察底面是长方形(图 2.20)的棱锥及棱的直线.它们中哪些个:(a) 与直线 AB 相交;(b) 不与直线 AB 相交? 直线 AB 和 MD:(a) 是平行的吗? (b) 是相交的吗?

94(н). 两条直线通过点 D 和 E.可以说出这些直线是什么关系吗?

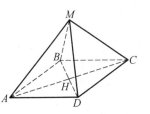

图 2.20

95(н). 点 C 在直线 AB 上.可以说说直线:(a)AC 和 AB;(b)AC 和 CB,是什么关系吗?

96(н). 在平面上给出:(a) 三个点;(b) 四个点.通过这些点能够画出多少条不同的直线? 考察点分布的不同情况并且作出对应的图形.

97(н). 现有四条直线,其中每两条直线都相交,且过每个交点只有两条直线.则这四条直线有多少个交点?

98(н). 画一个四边形,它的一组对边在平行的直线上.延长它不平行的一组对边,它们必定相交吗? 如果回答是肯定的,那么得到多少个交点?

99(н).　在图 2.21 中,直线 AB, CD, BC, AD 分平面为多少个部分?

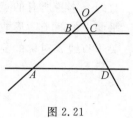

图 2.21

100(н).　(a) 一条直线;(b) 一条射线;(c) 两条射线;(d) 三条射线. 它们能分平面为多少个部分?

101.　两条直线能分平面为多少个部分?

102(н).　学生在直线上标注了两个点 A 和 B,然后在线段 AB 内标注了点 C. 此后他作出了线段 AC 和 CB 的中点,并分别标以 K 和 L 这两个点(图

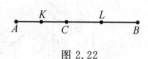

图 2.22

2.22).擦去图中的点:(a) 点 K, L, A;(b) 点 K, L, C;(c) 点 K, L. 能够复原图形吗?

103.　在平面上引不通过同一点且彼此不平行的三条直线.指出它们分平面为多少个部分? 指出每条直线分多少部分. 共形成多少条线段和射线(所考察的射线不含直线的交点)?

104(н).　用三条直线能分平面为多少个部分?

❊　105(п).　用四条直线能分平面为多少个部分? 列举所有情况. 已知:如果直线与平行线中的一条相交,那么它和第二条也相交.

106(п).　用直线怎样分平面为五个部分?

107(н).　在平面上标注四个点 A, B, C, D. 用直线 m 划分平面,使得一个半平面中有指出的两个点,而另一个半平面有另外两个点. 折线 $ABCD$ 能交直线 m 多少次?

108(н).　在平面上标注五个点 A, B, C, D, E. 用直线 l 划分平面,使得一个半平面中有指出的两个点,其余三个点在另一个半平面上. 折线 $ABCDE$ 能交直线 l 多少次?

❊　109(в).　兄弟俩出发在穿过马路的树林中找蘑菇.当兄弟俩在树林里散步时,他们不止一次地穿过马路,并且哥哥通过的次数比弟弟的少 3 次. 当走出树林时,兄弟俩是从道路的同一侧还是不同侧走出的? 你是如何考虑的?

110.　画出恰具有一条、两条、三条和四条对称轴的图形.

111(н).　怎样用一个直线的切口切断在平底煎锅上的两个正方形的面包,使每一个都为相等的两部分?

112(н).　在平面上的四条直线具有 n 个交点,其中 $0 \leqslant n \leqslant 6 (n \in \mathbf{N})$.指出这

些 n 值都是可能的吗?

113(п).　在关于直线 a 的对称下点 A 变为点 A'.证明:直线 a 平分线段 AA'.

114(п).　在关于直线 a 的对称下点 A 和 B 分别变为点 A' 和 B'.证明:直线 AB 和 $A'B'$ 相交于直线 a 上一点.(我们认为直线 AB 与直线 a 相交.)

115(п).　在平面上有 1 995 个标注的点.由于这些点中的每一个关于某条直线 a 的对称仍变作标注点中的某个点.证明:直线 a 至少通过一个标注的点.

❋ **116(п).**　用轴对称的概念解下列问题.根据图 2.23 中所示的图形规律给出它们下一个图形.

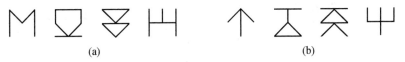

(a)　　　　　　　　　　(b)

图 2.23

❋ **117.**　在直线上我们能够给出中心对称.在平面上有两种形式的对称:中心对称和轴对称.那么在空间可能有怎样的对称形式呢?

2.3　平面的角

一、角的定义

❋　包含在平面上具有公共始点的两条射线之间的这个平面部分,我们称作角.在这个平面部分的点,叫作角的内点.

形成角的两条射线叫作角的边,而它们的公共点叫作角的顶点.

在平面上引进具有公共始点的两条射线形成的平面的两个部分中,给出的角的定义没有指出,哪部分属于角,哪部分不属于角.

通常我们议定由形成的两部分中"较小的"属于角.然而在某些情况下例外.在这些情况我们将清楚地说出,每一种情况下例外的原因都是可以理解的.

我们将用符号"∠"来表记角.符号 ∠AOB —— 表示的角以点 O 为顶点并且以射线 OA 和 OB 为边(图 2.24).在这个图中,A 和 B 是在角边上的点.

❋　若角的边位于一条直线上且是这条直线的互补射线,则这个角叫作平角.

角的最大扩展范围,即刻度范围.这个范围你们已经知道,所以关于它只做简略的提醒.

❋　测量角的度数最简单的工具是量角器.角的顶点 O 在量角器上且它的一条边向右沿量角器的直线边界重合,我们在角的第二条边同量角器上刻度的交点看到角的量值.

❋ 平角的量值等于180度,换句话说,1度(表记为 1°)的角是平角的 $\frac{1}{180}$(图 2.25).这意味着,如果我们像图 2.25那样彼此一个挨一个地放置180个每个是 1° 的角,那么我们将得到一个平角.

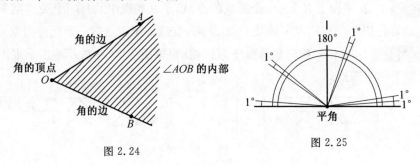

图 2.24   图 2.25

我们考察任意一个角.假设它的一边不动,而另一边绕顶点转动.我们认为,在开始的位置角的边是重合的,对应的角是 0°,而在边最后的位置形成平角,它的量值等于180°.在这种情况下,任何与给定度数相同的角度只会出现一次.

❋ 两个角称为邻补角,如果它们的一边公用,而另外两边是互补的射线.

由角度的定义推得,邻补角量值的和等于180°.在图 2.26中 $x° + y° = 180°$.

❋ 如果角度等于与之对应的角,那么这个角就是直的.第二大直角等于90°(图 2.27).

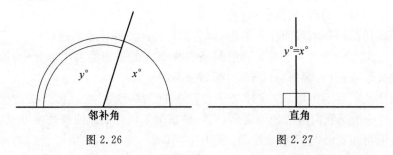

邻补角   直角

图 2.26   图 2.27

小于90°的角叫作锐角(图 2.28(a)),90°到180°之间的角叫作钝角(图 2.28(b));90°的角,正如我们已经知道的,叫作直角.

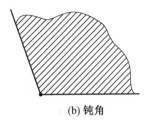

(a) 锐角　　　　　　　　　(b) 钝角

图 2.28

对顶角,直线之间的角.

✻　当两条直线相交时分平面为四个部分,产生四个角.这四个角可以分为两对.在每一对中包含的角没有公共边,这样的一对角我们叫作对顶角.

在图 2.29 中角 1 和角 3 是对顶角,而角 2 和角 4 也是对顶角.

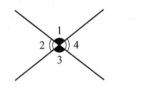

图 2.29

✻　**定理 2.2(关于对顶角)**　对顶角相等.

证明　我们证明,图 2.29 中角 1 和角 3 相等.这两个角都是角 2 的邻补角.它们每一个补到角 2 为 180°,而这意味着,角 1 和角 3 相等.　▼

✻　显然,在两条相交直线形成的四个角中,至少有一对对顶角不超过 90°.这样的角中每一个的量值我们取作两条直线之间的角的量值.换句话说,两条直线之间的角的度数等于它们相交形成的最小角的度数(图 2.30).

于是,在图 2.30 中,两条直线之间的角等于角 1(或者角 3).

二、垂直的直线

✻　如果两条直线相交形成的四个角都是直角,也就是等于 90°(图 2.31),那么这两条直线称为垂直的直线.如果直线 *AB* 与直线 *CD* 垂直,那么记作 *AB* ⊥ *CD*.

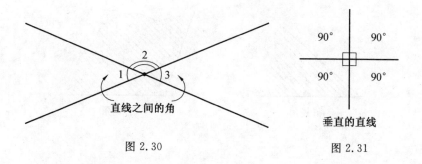

图 2.30

图 2.31

下面的定理是正确的.

❀ **定理 2.3(关于垂直直线的对称性)**   如果平面上的两条直线垂直,那么在关于它们其中之一的对称下第二条直线变作自身.

证明   由对称的定义得出,任何图形在对称下变作与它相等的图形.也就是说,角变为相等的角.通过 a 和 b 表示已知的两条直线,我们考察在它们相交形成的角中的任一个.这个角的边是直线上的射线 a_1 和 b_1(图 2.32).这个角等于 $90°$.由于关于直线 a 对称这个角变作与它相等的角.但是这个角的边留下的位置在直线 a(射线 a_1)上.也就是说,另一条边(射线 b_1)变作自己的延长线——同一条直线 b 上的另一条射线(射线 b_2),所以存在位于所给半平面上的唯一射线,同 a_1 形成相等的角. ▼

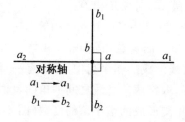

图 2.32

定理 2.3 意味着,在关于两条垂直的直线中任一条的对称下它们每一条都变作自身.

现在可以再证明一个重要的定理.

❀ **定理 2.4(关于垂线的唯一性)**   通过平面上任意一点引与已知直线垂直的直线是唯一的.

于是,给出平面上某条直线 a 和点 A.我们应当证明,通过点 A 能够引唯一的一条直线垂直于 a.

证明　我们考察两种情况.

情况 1：点 A 在直线 a 上（图 2.33）. 这种情况完全显然. 因为在对应直线 a 的两个半平面的每一个,只存在一条射线同在点 A 分直线 a 成的两个半直线形成直角. 这两条射线在垂直于直线 a 的一条直线上.

恰好,在证明定理 2.3 时我们凭借了这个事实.

情况 2：现在,我们考察点 A 在直线外的情况（图 2.34）. 用 A' 表示 A 关于 a 的对称点. 正如我们在定理 2.3 中已经知道的,垂直于 a 的直线关于 a 对称的结果是变作自身. 这意味着,如果它通过点 A,那么它也应当通过点 A'. 因此,这条直线是唯一的且与 AA' 重合. ▼

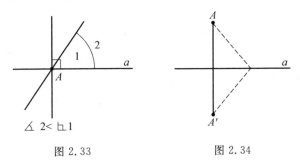

图 2.33　　　　　图 2.34

❋　由定理 2.4 得出,垂直于同一条直线的两条直线不能相交（因为在相反的情况下,通过它们的交点引两条直线,垂直于同一条直线）,而这意味着,它们是平行的（图 2.35）. 于是我们证明了,平行的直线实际上是存在的.

图 2.35

❋　定理 2.4 的证明也是通过已知直线外一点作已知直线的垂线的作图方法. 如果点 A 在直线 a 外,那么,首先作点 A 关于直线 a 的对称点 A'. 作直线 AA',我们通过点 A 作出了所需要的直线 a 的垂线.

三、角的平分线

✳ 联系角的概念,我们考察角平分线的概念.

始点在已知角的顶点,位于这个角的内部且分它为两个相等的角的射线,称为这个角的平分线.

由角平分线的定义得出,角平分线所在的直线是角的对称轴(图 2.36).

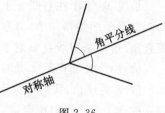

图 2.36

▲■● 课题,作业,问题

✳ **118.** 检验自己的眼力.在纸片上画一条射线,仅以直尺为工具作量值为 15°,30°,60°,75°,90°,105°,120°,135°,150°,165° 的角,使它们的一条边是这条射线.借助量角器检验你目测的作图.

119(H). 图 2.37 给出了许多角.确定它们中哪些是邻补角?并回答你的根据.

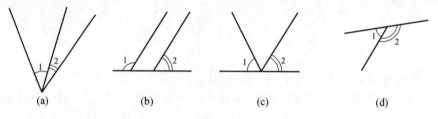

(a)   (b)   (c)   (d)

图 2.37

120(H). 求图 2.38 中用问号"?"标出的角的度数.

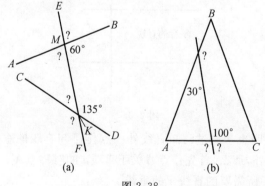

(a)   (b)

图 2.38

121(н). 在图 2.39 中通过点 B 的直线 MN 与 △ABC 的边 AC 相交,∠1 = ∠2 = 60°,那么 ∠3 和 ∠4 等于多少度?

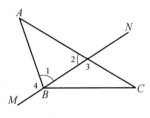

图 2.39

122(н). 画 ∠MOK,作它的邻补角,能作几个这样的邻补角?

123(н). 在图 2.40 中,∠1 = ∠2,而 ∠3 = ∠4. 证明:射线 EF 垂直于直线 LP,而射线 MF 垂直于 KF.

124(н). ∠LFE 和 ∠EFP 都是直角. 证明:点 L,F,P 在一条直线上.

125(н). 等于54°的角的平分线同它的一条边的延长线形成多少度的角?

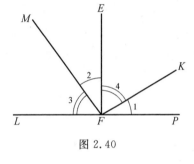

图 2.40

126(н). 两个角互为邻补角,这两个角的差等于其中较小的角. 求这两个角的度数.

127(н). 在图 2.41 中,∠KPD 和 ∠MKB 相等. 证明:∠AKP 和 ∠KPC 的和等于180°.

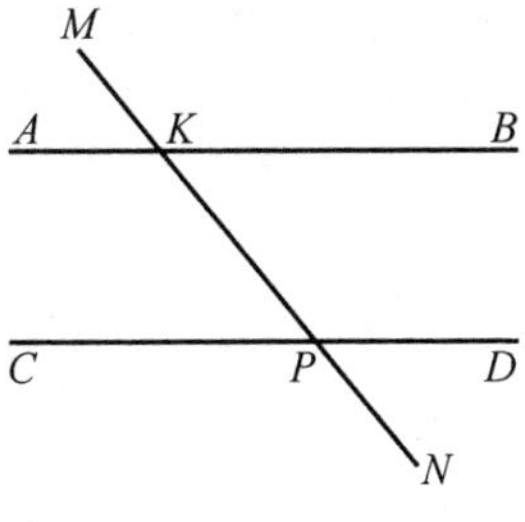

图 2.41

128(н). 求两条直线相交形成的四个角中每个角的度数,如果:(a) 它们中两个角的差等于52°;(b) 它们中两个角的度数比为 5∶4;(c) 三个角的和等于300°.

129(н). ∠AKM 是 ∠MKD 的 3 倍,而 ∠DKB 比 ∠AKM 大40°(图 2.42).求 ∠CKP 的度数.

130(н). 直线 AB 和 CD 相交于点 O. 求:
(a)∠AOC 和 ∠AOD 的角平分线之间的角的度数;(b)∠AOC 和 ∠DOB 的角平分线之间的角的度数.

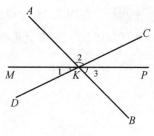

图 2.42

131(н). 证明:如果 ∠AOB 和 ∠COD 的角平分线不在一条直线上,那么这两个角不是对顶角.

132(н). 在图 2.42 中 ∠1 和 ∠3 的和等于151°,求 ∠2 的度数.

133(в). 已知一个角比它的邻补角大40°,求这个角的度数.

134(в). 已知一个角等于它的邻补角的五分之一,求这个角的度数.

135(н). 如果互为邻补角的两个角的度数之比为 5∶7. 求这两个角的度数,并作出这两个角.

136(н). 互为邻补角的两个角其中的一个比另一个小38°. 求这两个角的度数.

137(н). 求互为邻补角的两个角的平分线之间的角的度数.

138(н). 已知两个角的度数之比为 1∶3,而它们的邻补角度数之比为 4∶3. 求这些角的度数.

139(п). 两个角中第一个角同第二个角的邻补角的和等于200°. 求两个角中大角比小角大多少度?

140(н). 在图 2.43(a)～(d)中,每图标有一对角.确定它们中哪一对是对顶角.

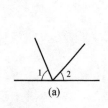   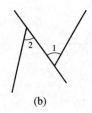   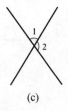   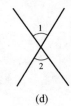

(a)   (b)   (c)   (d)

图 2.43

141(н). 若两条直线相交得到的两个对顶角的和等于180°. 则这两条直线是怎样的关系?

142(H). 已知两条直线相交形成的四个角中的两个之和等于200°,求这四个角的度数.

143(H). 在图 2.44 中,∠1 = ∠2. 证明:∠3 = ∠4,∠5 = ∠6.

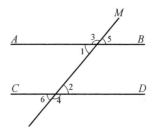

图 2.44

144(B). 在平面上引两条相交的直线,形成的四个角中的一个等于92°,则这两条直线间的角等于多少度?

145(B). 两条相交的直线具有多少条对称轴?

146. 如果 $\angle AOB = \alpha$,$\angle BOC = \beta$,其中:(a)$\alpha = 78°$,$\beta = 82°$;(b)$\alpha = 161°$,$\beta = 172°$.求 $\angle AOC$ 等于多少度?

147. 已知 $\angle AOB = \alpha$,$\angle BOC = \beta$ 且射线 OB 在 $\angle AOC$ 的内部.射线 OA' 和 OB' 与射线 OA 和 OB 分别关于 OC 对称. 如果:

(a)$\alpha = 42°$,$\beta = 28°$;(d)$\alpha = 62°$,$\beta = 63°$.

(b)$\alpha = 28°$,$\beta = 42°$;(e)$\alpha = 121°$,$\beta = 18°$.

(c)$\alpha = 63°$,$\beta = 62°$;(f)$\alpha = 18°$,$\beta = 121°$.

求 $\angle AOC$,$\angle AOB'$,$\angle AOA'$ 的度数.

148. 如果 $\angle AOB = \alpha$,$\angle BOC = \beta$,$\angle COD = \gamma$,其中:

(a)$\alpha = 34°$,$\beta = 33°$,$\gamma = 32°$.

(b)$\alpha = 78°$,$\beta = 89°$,$\gamma = 83°$.

(c)$\alpha = 132°$,$\beta = 161°$,$\gamma = 141°$.

那么 $\angle AOD$ 等于多少度?

149. 三条交于一点的直线分平面为六个角. 这些角中的两个分别等于28°和36°. 则其余的角各等于多少度? 每对直线间的角各等于多少度?

150. 四条交于一点的直线分平面为八个角. 这些角中的三个分别等于52°,94° 和16°. 则其余的角各等于多少度? 每对直线间的角各等于多少度?

151. 通过平面上的已知点最多能引几条射线,使得以它们为边的所有的角都是钝角?

152. 在平面上从一个始点最少可以引多少条射线,使得用相邻射线限定的所有的角都是锐角?(平面上任何点都应属于某个角.)

153. 在平面上引四条两两相交的直线. 它们的交点如图 2.45 所示. 我们考察 ∠ABC, ∠BCA, ∠CAB, ∠DBC, ∠DAC, ∠DBE, ∠DEC, ∠BED, ∠CEF, ∠CFE, ∠CFD. 这些角中, 哪些对应的是同一个角? 哪些是对顶角? 哪些是邻补角?

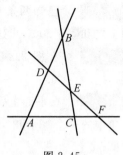

图 2.45

154(B). 通过度数为 α 的角的顶点引直线, 垂直于它的角平分线. 这条直线同角的边形成怎样的角?

155(B). 在平面上引两条相交的直线. 证明: 形成的四个角的平分线在两条垂直的直线上.

156. 已知 ∠AOB = 40°, 而 ∠BOC = 60°, 则 ∠AOB 和 ∠BOC 的平分线之间的角等于多少度?

157(П). 证明: 如果三条射线 OM, OA, OB 中的一个在两条另外的射线形成的角的内部, 那么 ∠MOA 和 ∠MOB 的平分线之间的角等于 ∠AOB 的一半.

158. 已知点 O 在 △ABC 的内部, ∠AOC = α, 求 ∠AOB 和 ∠BOC 的平分线之间的角.

159(B). 在平面上引两条直线相交于点 O 且交成 30° 的角. 设 A 是平面上的某个点, A_1 是 A 关于这两条直线中的一条的对称点, A_2 是 A 关于另一条直线的对称点, 则 ∠A_1OA_2 等于多少? (考察点 A 位置的不同情况.)

160(Н). 直线 AB 分平面为两个半平面. 由直线 AB 上的点 O 向不同的半平面引射线 OC 和 OD, 同时 ∠AOD 比 ∠AOC 大 60°. 如果 ∠COD = 146°, 求 ∠AOC 的度数?

161(Н). 已知, ∠BOP = 78°, ∠BOF = 100°, ∠KOP = 40°. 问 ∠KOF 等于多少度?

162(Н). 已知两条直线相交由形成的角中的一个构成另外两个角之差的 $\frac{2}{5}$, 求这些角中每个的度数.

163(Н). 在图 2.46 中, ∠DOK = $\frac{1}{3}$∠KOC, OK 是 ∠AOD 的平分线. 求 ∠BOD 的度数. 证明: AB ⊥ CD.

164(Н). 已知 ∠MON 和 ∠NOP 为邻补角, 它们的度数之比为 7:8, ∠NOA = 20°, 求 ∠MOA 的度数.

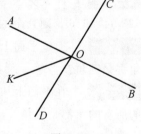

图 2.46

165(т).　在平面上引相交于点 O 的两条直线. 设 A 是平面上某个点, 点 A_1 和 A_2 是 A 关于这两条直线的对称点. 证明: $\angle A_1 O A_2$ 等于这两直线间的角的 2 倍.

166(пт).　在平面上引相交于点 O 的两条互相垂直的直线. 顺次地将点 A 关于这两条直线的一条反射, 然后将得到的点关于另一条反射, 得到点 A_1. 证明: 点 A 和 A_1 关于点 O 对称.

167(п).　利用上题的结果, 证明: 在中心对称下任何图形变作与它相等的图形.

168(п).　证明: 关于不在直线上的点对称, 直线变作与它平行的直线.

169(т).　在平面上引两条相交于点 A 的直线 a 和 b, 设 O 是平面上某个点. 直线 a_1 和 b_1 关于点 O 分别与 a 和 b 对称. 现在设 A_1 是直线 a_1 和 b_1 的交点, B 是直线 a 和 b_1 的交点, B_1 是直线 a_1 和 b 的交点. 证明: 线段 $A A_1$ 和 $B B_1$ 相交于点 O 且被点 O 所平分.

170(п).　已知直线 a 和它外面一点 A. 证明: 通过点 A 可以引直线与 a 平行.

171(т).　由点 O 在平面上彼此按顺时针方向引四条射线: OA, OB, OC 和 OD. 已知 $\angle AOB$ 和 $\angle COD$ 的和等于 $180°$. 证明: $\angle AOC$ 和 $\angle BOD$ 的平分线互相垂直.

172.　在纸上引两条相交的直线, 但无法得到它们的交点 (在这种情况下纸是裂开的). 请给出一种方法, 借助它可以量得这两条直线间的角的度数.

2.4　平面曲线, 多边形, 圆

一、平面曲线, 折线

❋　在纸片上用铅笔沿纸片不间断地可以画出的平面的线, 我们叫作平面曲线或者简单曲线.

❋　曲线可以是: 有限的和无限的, 封闭的和不封闭的, 自交的和不自交的.

　　所有这些名字都是不言自明的, 你很容易就能分辨出哪个曲线是哪个 (图 2.47).

❋　例如, 直线, 虽然这在少数国家听到, 是曲线的特殊情况, 并且是向两边无限延伸的. 而直线段是有限曲线的例子. 直线、线段都是不封闭的和不自交的曲线. 圆是有限曲线、封闭曲线、不自交曲线的例子.

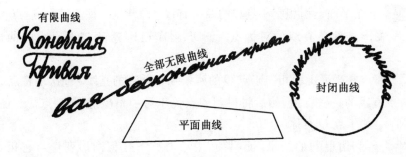

图 2.47

❋ 如果曲线由有限个数的直线段组成,那么它叫作折线(图2.48).

线段的端点是折线的顶点,线段自身叫作折线的线节或者折线的边.(相邻的边不应在一条直线上.)

❋ 自身不相交的任何封闭曲线界定一个平面图形且分平面为两部分 —— 关于这个图形的内部和外部(图2.49).

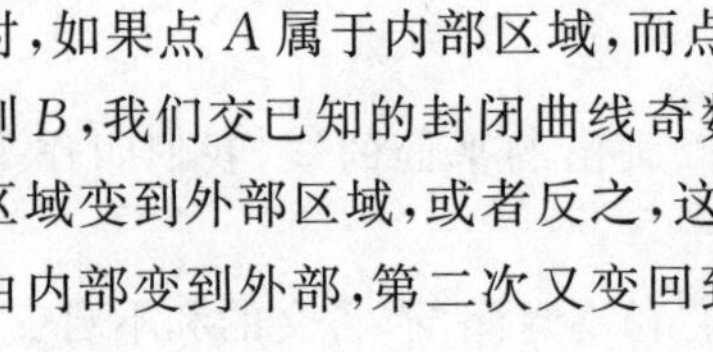

图 2.48

图 2.49

此时,如果点 A 属于内部区域,而点 B 属于外部区域,那么由点 A 沿任意曲线移动到 B,我们交已知的封闭曲线奇数次.这很显然,因为每一次相交我们都由内部区域变到外部区域,或者反之,这些变动是依次互相交替的.当第一次相交我们由内部变到外部,第二次又变回到内部,第三次后,重新落在外部区域,依次类推.

二、多边形

❋ 不自交的封闭折线限界多边形(图2.50).这个折线的线节叫作多边形的边.

如果多边形边的数目已知,那么在词"多边形"的位置放上对应的数目.由此,我们得到:三角形,五边形,一百边形甚至一千九百九十七边形.

联结多边形的两个不相邻的顶点的线段,叫作多边形的对角线(图2.51).

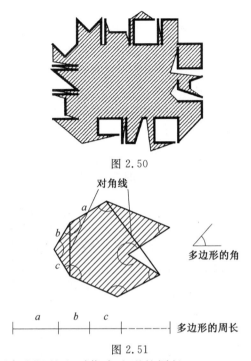

图 2.50

图 2.51

所给多边形所有边长的和叫作多边形的周长.

多边形的角由它的顶点和沿着这个顶点引出的射线给出.因此,我们允许多边形的角超过180°.

如果多边形的每个角都小于180°,那么这个多边形叫作凸多边形(图 2.52).本书基本上学习的是凸多边形的性质.

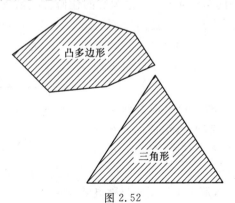

图 2.52

容易看到,任何三角形都是凸的.

三、圆和圆域

✳ **圆** —— 是由到已知点 O 等于给定距离的所有点组成的平面封闭曲线.

此时,点 O 叫作圆心,而由点 O 到圆上点的距离叫作它的半径(图 2.53).

半径我们也称为是联结圆心与圆上点的任一线段.

于是,圆是平面上具有确定性质的点的总和或集合. 这个性质是到已知点的固定距离. 我们的定义正好确认,利用圆规画的曲线,实际上是圆.

✳ 圆所限界的图形叫作圆域(图 2.54).

联结圆上两个点的线段,叫作弦(图 2.53).

一般来说,联结任意曲线上两个点的线段,叫作这个曲线的弦.

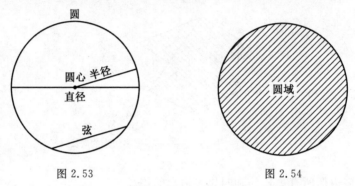

图 2.53   图 2.54

通过圆心的弦叫作圆的直径(图 2.53).

圆和圆域具有许多真正美妙的性质. 在某种意义上这是最对称的线和图形. 圆和圆域有圆心和无穷多条对称轴.

✳ **定理 2.5(关于圆的对称轴)**   通过圆心的任何直线都是它的对称轴.

这个定理的结论是显然的. 我们证明它根据的只是理由,且是重要的事实!

简述为定理的形式是有益处的,而定理依靠证明.

证明   根据定义,圆是由平面上到它的圆心是同一个距离的所有的点组成的. 通过圆的圆心 —— 点 O,我们引任意直线 a. 设 A 为圆上某个点(图 2.55).

如果 A 在直线 a 上,那么关于 a 的对称点 A 留在原处.

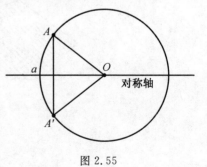

图 2.55

如果 A 不属于直线 a ,那么对称的结果就变作某个点 A' ,而线段 OA 变作线段 OA' . 根据对称的性质 $OA = OA'$,而这意味着,点 A' 属于圆. 但在这个对称下点 A' 也变作 A . 换句话说,在关于直线 a 的对称下,圆上的 A 和 A' 简单地交换了位置. 由此得出,整个圆变作自身. ▼

▲■●   课题,作业,问题

173(H).   在图 2.56 中分别画有两组线. 请指出其中一组线与另一组线的区别.

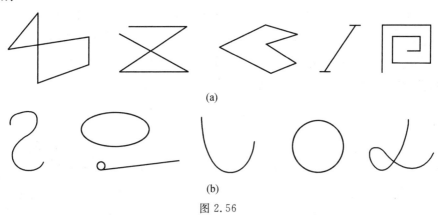

(a)

(b)

图 2.56

174(H).   在图 2.56 中哪些曲线是:(a) 有限的(无限的);(b) 封闭的(非封闭的);(c) 自交的(非自交的)?

175(H).   怎样的线是:(a) 圆;(b) 直线;(c) 线段?

176(H).   画出一条不自交的封闭折线.

177(H).   在立方体模型上画出:(a) 带有一个自交点的平面非封闭的线;(b) 封闭的空间曲线;(c) 带有两个自交点的空间封闭折线.

178.   一条直线能交(a) 三角形;(b) 四边形的边界为多少个点(认为直线不过顶点)?

179(T).   证明:不能引一条直线与 2 001 边形的所有边都相交.

❋ **180.**   (a) 两个三角形;(b) 两个凸四边形,相交时可以形成怎样的图形?

181(H).   画出:(a)6 条线段;(b)8 条线段,使得它们每一条都恰与另外三条相交.

182(т). 区域中有 6 座城市,它们任意两座之间都有直达的铁路交通,使得由任何城市到其他城市都可按直线路线到达.求这个区域这样的铁路交通图,使得在图中相交的道路数目最少(在一个地点不超过两条道路).

183(н). 长方形和圆能有多少个公共点? 考察所有可能的情况.

184(н). 8 个圆最多能有多少个交点?

185(в). 三角形的两条边分别等于 7 和 9.通过这两边的公共顶点和对边的中点引直线.所形成的两个三角形周长的差等于多少?

186. 证明:如果直线分圆域为两个相等的部分,那么这条直线通过圆心.

187(в). 已知圆心在点 O 的圆,AB 和 CD 都是直径.证明:$AC = DB$.

188(в). 证明:垂直于弦的直径,平分这条弦以及这条弦所对的两条弧.

189. 若三角形的周长等于 6,它的边长都是整数,求它的边长.

190(в). 求三角形的周长.它的三条边为:(a)3,5,7;(b)0.1,100.1,100.01;(c)7.3,5.4,12.6;(d)$\frac{3}{7}, \frac{7}{11}, \frac{11}{13}$;(e)$\frac{2}{3}, \frac{2}{7}, \frac{22}{23}$.

191(в). 已知在 $\triangle ABC$ 中,边 $AB = 5$,$BC = 7$,$CA = 9$.在边 CA 上取点 M,使得 $CM : MA = 5 : 7$,则 $\triangle CMB$ 和 $\triangle AMB$ 哪一个周长较大,大多少?

192. 已知三角形的三边分别等于 4,7 和 9.通过对小边三角形的顶点引直线平分它的周长,这条直线分三角形的小边为怎样的比?

193. 已知四边形的周长等于 118.它的一条对角线分四边形为周长分别是 77 和 83 的两个三角形,求这条对角线的长?

194(т). 多边形有两条不相邻的边在一条直线上,这个多边形最少能有多少条边?

195(т). 两个四边形在相交时能够形成:(a) 六边形;(b) 八边形;(c) 十边形;(d) 四个四边形吗?

196(н). 具有边界为三角形的四个国家的每一个能同其他每个国家具有公共边界(线段)吗?

197(н). 画出当平面上两个圆域相交时得到的几何图形.

198(н). 当平面上两个圆域相交时能够得到:(a) 点;(b) 线段;(c) 三角形;(d) 圆域吗? 考察所有可能的情况.

199(н). 当两个立方体相交时能够得到点,线段,长方形(特例,正方形),立方体吗?

200(т).　能够使十边形的所有边分布在五条直线上吗?

201.　放在圆上的三个点具有"之间"概念的意义吗?

202(п).　学生画了封闭的、不自交的、限界充分复杂的图形. 画中只留下了不多的纸块(图 2.57),在它上面标出某些点. 如果点 A 属于内部区域,那么点 B,C 和 D 在对应图形的内部还是外部区域?

203(н).　存在同自身每个线节恰相交一次且:(a) 由六个线节;(b) 由 15 个线节组成的折线吗? 如果这样的折线存在,那么请画出它.

204(н).　男孩子站在水塘岸边的点 A(图 2.58),想摘取在点 C 的花. 花生长的地方是在岸上还是在岛上?

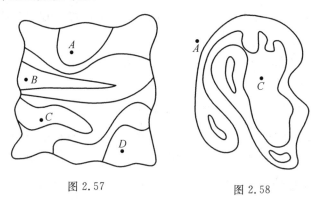

图 2.57　　　　　　　图 2.58

205.　三只乌龟 A,B 和 C 沿着道路爬行:

"我第一个爬"——A 以自豪的口气声明.

"我不是最后一个"——B 肯定地说.

"最重要的是,我追过了 A"——C 沉思着.

你能够怎样解释这件事?

206(н).　在图 2.59 中引进了多边形形式的图形. 请说出名称:(a) 位于图形区域内部的点;(b) 位于图形区域外部的点;(c) 图形区域内部的点,由它能看到一个、两个、三个、四个、五个或六个多边形的顶点;(d) 图形区域外部的点,由它能看到一个、两个、三个、四个、五个或六个多边形的顶点.

207(н).　由七个线节组成的封闭折线能够具有的自交点的最大数目是多少?(线节的公共端点不计在内).

❀　**208.**　某房屋具有如图 2.60 所示的多边形形式. 指出能够放置光源的

点,使得它可以照亮整个房屋. 这些点占据的图形叫什么?

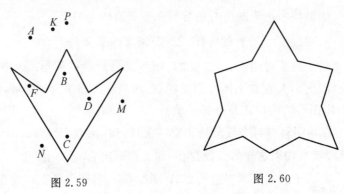

图 2.59　　　　　　　　　　图 2.60

✿ **209**(т). 　设想一个具有多边形形式的房屋,使得整个房屋不能用一盏灯照亮,但能用两盏灯照亮.

210(т): 　构想这样形式的房屋,使得在房中可以指定一个点,由它的任何一面墙都不被完整地看到.

211(в). 　三角形中能够有两个直角吗?

212(п). 　在纸片上画一个四边形,怎样检验它具有对称中心呢?

✿ **213**. 　六边形所有的对角线有多少条? 七边形、一百边形呢?

214(т). 　多边形能够恰有:(a)10 条对角线;(b)20 条对角线;(c)30 条对角线吗?

✿ **215**(т). 　五边形的某三条对角线能够相交于一点吗?

216. 　在凸五边形中引所有的对角线,那么在这个五边形里将显现出怎样的多边形?

✿ **217**(т). 　在平面上引进四条直线,它们中没有平行线且任意三条不相交于一点. 此时将形成多少个多边形? 这些多边形是怎样的?

　　再引入第五条直线,与前面画的任一条直线都不平行. 设这第五条直线的引入,使得前面直线的所有交点都分布在它的一侧. 数一数这将形成多少个怎样的多边形. 将所有在平面上得到的区域染两种颜色,使得任意两个相邻的区域染不同的颜色.

　　开始平行于自身地移动第五条直线并观察此时得到的多边形的数目和形式怎样改变. 为了任意次相邻的区域都保持染有不同的颜色,两种颜色的染色应当如何改变？请作出相应的图形.

✳ **218.** 画出任意三角形并标出点 O. 请作一个三角形，关于点 O 与所画的三角形对称.

✳ **219.** 将上题中的三角形用四边形来替代，然后用圆来替代，请完成前述问题.

220. 给出两个半径不同且圆心也不同的圆. 作一条直线使它是这两个圆的对称轴.

✳ **221(т).** 在三角形内部给出一点 O. 在这个三角形的边上作两个点 A 和 B，使得线段 AB 包含点 O 且被点 O 所平分.

222(т). 借助圆规画圆并在圆域中标出任意点 A. 怎样通过 A 引圆的弦，使 A 是它的中点？

✳ **223(т).** 在平面上标出四个点(图 2.61). 在每个点放一个照射角度为 $90°$ 的探照灯. 为了使整个平面都被照射到，每个探照灯应照射怎样的方向？

224(пт). 证明：多边形不能有两个对称中心.

225(т). 已知多边形具有两条交角为 $60°$ 的对称轴，则这个多边形最少是几边形？能够断言，它至少还有一条对称轴吗？

✳ **226.** 当三棱锥与平面相交时能够得到怎样的多边形？

✳ **227.** 在三棱锥的棱上标出三个点(图 2.62). 作通过这三个点截这个棱锥的截面.

228. 学生画出了三棱锥和它的截面(图 2.63). 你认为这个截面可能吗？

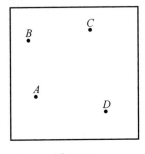

图 2.61

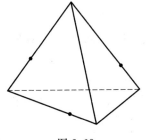

图 2.62

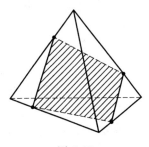

图 2.63

第3章　三角形和圆基本概念

　　三角形和圆是最重要的平面几何图形,所以首先学习这两个图形的性质,以及与它们联系的在解各种几何问题时利用的方法.任何多边形能够分割为三角形,研究这个多边形的性质,经常归结为研究组成它的三角形的性质.圆 —— 是在中学学习过程中不包含直线线段的唯一的封闭曲线.每个三角形借助于较深刻且完整的三角形"建构"的概念,由圆族来确定.从某种意义来说,我们研究的几何 —— 就是三角形与圆的几何.

3.1　等腰三角形

一、同三角形联系的某些概念

❀　与每个三角形联系的系列线段和线具有专门的名称.

❀　联结三角形的顶点和对边中点的线段,叫作三角形的中线(图 3.1).

❀　三角形角的平分线上由顶点到同三角形边的交点的线段,叫作三角形的角平分线(图 3.2)

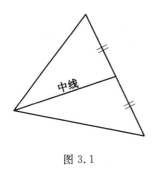

图 3.1　　　　　　　　　　　　　　图 3.2

通过三角形的顶点引垂直于对边的直线(确切地说,垂直于包含对边的直线).

❋ 这条直线上在三角形顶点和边(图 3.3(a))或者它的延长线(图 3.3(b))之间的线段,叫作三角形的高.

三角形的高中不是顶点的端点叫作垂足(图 3.3(a)(b)).

显然,每个三角形都有三条中线,三条角平分线和三条高.

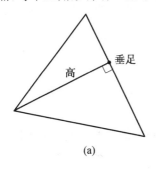

(a)

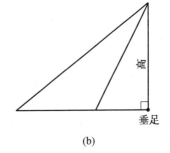

(b)

图 3.3

二、等腰三角形的基本性质

❋ 有两条相等的边的三角形叫作等腰三角形,此时相等的边叫作腰,而第三条边叫作等腰三角形的底边(图 3.4).

❋ 若三角形的三条边均相等,则它叫作等边三角形(图 3.5).

等腰三角形的基本性质我们简述为下面的定理.

❋ **定理 3.1(等腰三角形的性质)**　在任意等腰三角形中:(1)底角相等;(2)引向底边的中线、角平分线和高是重合的.

证明　这两个性质的证明完全一致.我们考察等腰 $\triangle ABC$,其中 $AB = BC$. 设 BB_1 是这个三角形的角平分线(图 3.6).正如已知,直线 BB_1 是 $\angle ABC$ 的对称轴.但根据等式 $AB=BC$,在这个对称下点 A 变作点 C.因此,$\triangle ABB_1$ 和 $\triangle CBB_1$ 相等.由此推得所有的结论.因为在相等的图形中所有的对应元素相等.也就是说,$\angle BAB_1=\angle BCB_1$.第(1)点得证.此外,$AB_1=CB_1$,也就是 BB_1 是中线且 $\angle BB_1A=\angle BB_1C=90°$(根据直角的定义,作为等于自己邻补角的角),这样一来,BB_1 也是 $\triangle ABC$ 的高.▼

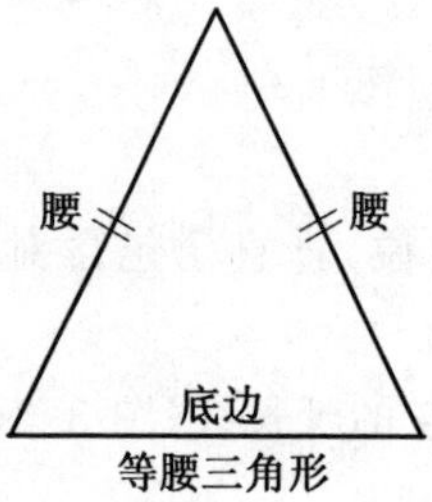

图 3.4

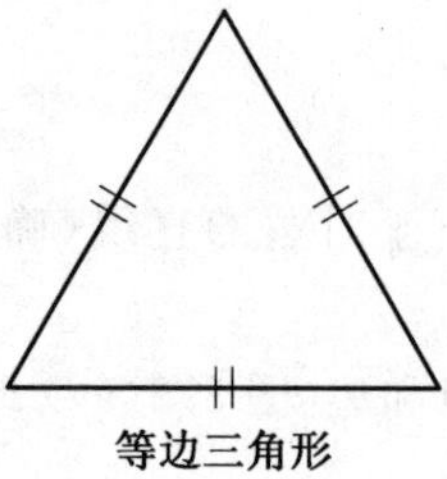

图 3.5

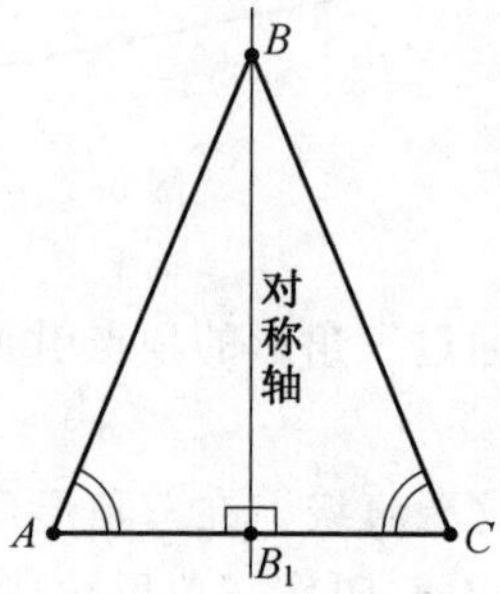

图 3.6

关于等腰三角形的定理与圆的性质有着直接的联系.因为圆中任意一条弦能够看作是顶点在圆心的等腰三角形的底边.这个方法在圆的各种性质的证明和解题中经常被利用到.

三、圆的弦的性质

定理 3.1 的直接结果是定理 3.2,它表述的是关于圆中弦的一个重要的性质.

❃ **定理 3.2(关于垂直于弦的直径)** 由圆心引的垂直于该圆的弦的直径,平分这条弦.

这个定理也可以表达为另外的形式:圆中垂直于弦的直径平分这条弦.

❃ **证明** 如图 3.7 所示,为了证明定理 3.2 考察 $\triangle OPK$ 就足够了,其中 PK 是圆中的某条弦,而 O 是圆心.这个三角形是等腰的:$OP=OK$.现在我们可以利用定理 3.1 的第(2)点.由顶点 O 引向 PK 的垂线平分 PK.▼

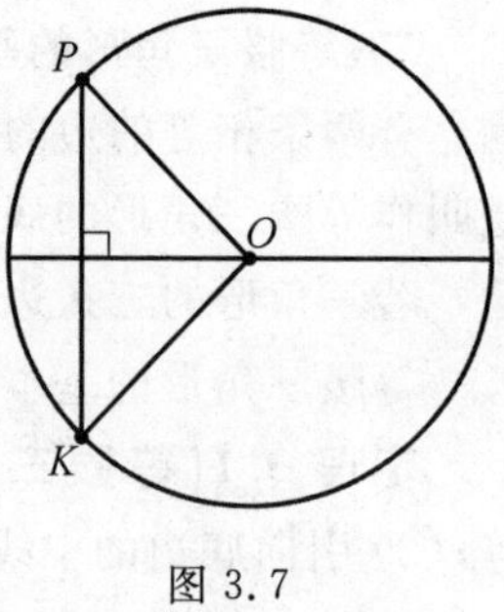

图 3.7

四、两个圆的交点,直线和圆的交点

根据个人多次观察的经验,我们知道,两个圆或者圆与直线可以相交不多于两个点.这看起来是这么的显然,不需要证明.你们已经不止一次地在解决问题时利用这个观察.

然而，如果根据本章及前一章所证明的事实，如何来证这一性质呢？

❀ **定理 3.3(关于圆和直线的交点个数)**　圆和直线，以及两个圆可以相交不多于两个点.

此时圆和直线的交点关于通过圆心引的这条直线的垂线为对称，而两个圆的交点关于通过两圆圆心的直线为对称.

我们着重强调，这个定理断言的只是圆和直线交点的个数，两个圆也是一样的，交点数目不能等于三个、四个，……

证明　我们从圆和直线相交的情况开始.

如果直线通过圆心，那么我们的结论完全显然. 在直线上恰有两个点与这条直线上的已知点有确定的距离.

我们现在考察一般的情况(图 3.8). 设中心为 O 的圆与直线 a 相交于点 A. 由 O 向直线 a 引垂线 b. 如果 A_1 是直线 a 和圆的另一个交点，那么 $\triangle AOA_1$ 是底边为 AA_1 的等腰三角形. 根据定理 3.1(定理 3.2)，垂线 b 平分线段 AA_1，或者换言之，A 关于 b 与 A_1 对称. 因为只存在一个点同已知点对称，除点 A 外直线 a 可以同圆再相交不多于一个点.

现在我们转移到对两个圆的交点. 我们考察以圆心为 O_1 和 O_2 的两个相交的圆(图 3.9). 设 A 是这两个圆的不在直线 O_1O_2 上的某个交点. 如果交点多于一个，那么这样的点 A 存在. 标出这个点. 我们确信除点 A 外两圆还能相交于唯一的点 ——A 关于直线 O_1O_2 的对称点.

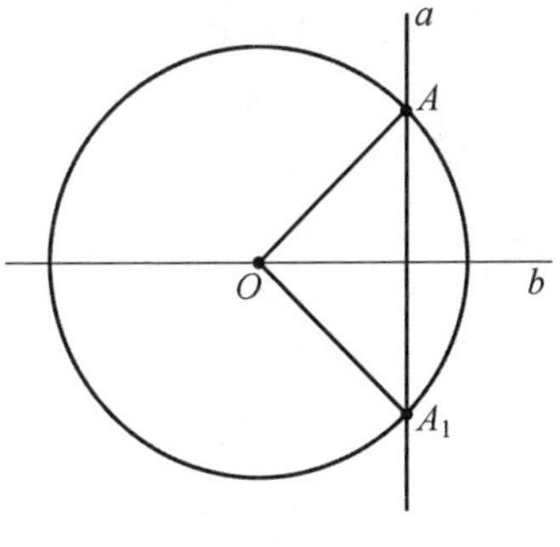

图 3.8

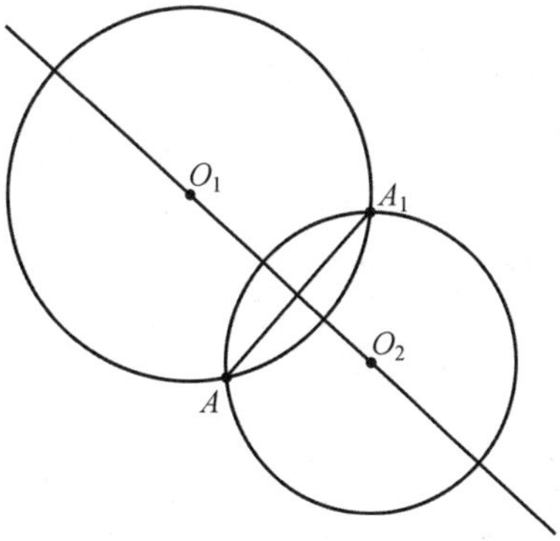

图 3.9

实际上，设 A_1 是两圆不同于 A 的某个交点. 通过 O_1 垂直于 AA_1 的直线平分 AA_1. 这可由定理 3.2 得出，因为 AA_1 是圆心为 O_1 的圆的弦. 恰好 AA_1 也被通

过 O_2 引的垂直于 AA_1 的直线所平分.这意味着,这两条垂线同直线 O_1O_2 重合,也就是说,我们证明了 A_1 是 A 关于直线 O_1O_2 的对称点.这样一来,两个圆的交点个数不多于两个.▼

▲■● 课题,作业,问题

229. 三角形的高能在三角形的外面吗?

230(B). 证明:等边三角形的三个内角都相等.

231(H). BD 是周长等于 40 cm 的等腰 $\triangle ABC$ 底边上的中线,而 $\triangle CBD$ 的周长等于 26 cm.求中线的长.

232(H). 通过 $\angle B$ 的平分线上的点 M 引直线 a,垂直于角平分线且交角的边于点 A 和 C.证明:BM 是 $\triangle ABC$ 的一条中线.

233(H). 作图:(a) 不等边①的锐角②三角形;(b) 等腰直角③三角形;(c) 不等边的钝角④三角形.

234(H). 画出等腰三角形,如果它:(a) 是锐角的;(b) 是直角的;(c) 是钝角的.在每个三角形中借助于量角器画出最大角的平分线.

235(H). 画出不等边的钝角三角形且由最小角的顶点引:(a) 中线;(b) 角平分线;(c) 高.

236(H). 画出不等边的直角三角形并且引它的三条中线.

237(H). 在等腰钝角三角形中由钝角的顶点引中线,角平分线和高.

238(H). 在 $\triangle ABC$ 中,$AB = BC$,但 $BC \neq AC$.由顶点 A 引中线,角平分线和高.

239(H). 在 $\triangle MKP$ 中引中线 MB 和 KF(图 3.10),$\triangle MKP$ 的周长等于 26 cm.线段 BP 和 LM 的长分别等于 3 cm 和 4 cm.求线段 MF 的长.

---

① 我们提醒:一个三角形它的所有边都不相等,叫作不等边的.

② 三角形叫作锐角的,如果它的所有内角都是锐角.

③ 三角形叫作直角的,如果它的内角有直角.

④ 三角形叫作钝角的,如果它的内角有钝角.

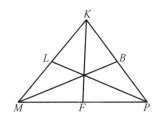

图 3.10

240(в).　三角形的两条边分别等于 3 和 4. 从第三条边引的中线分这个三角形为两个三角形. 求所得到的两个三角形的周长的差.

241(в).　在 △ABC 中,已知边 AB = 5,AC = 7. 在边 AB 上取点 M 使得 AM : MB = 2 : 3,而在边 AC 上取点 K,并且 AK : KC = 2 : 5. 则 ∠A 的平分线分线段 MK 为怎样的比?

242(в).　证明:如果三个圆具有公共弦,那么它们的圆心在一条直线上.

✲ 243.　证明:如果三角形的一条中线平分它的周长,那么这个三角形是等腰三角形.

244.　已知,在底边为 BC 的等腰 △ABC 中,∠BAC = 80°. 设 M 为 BC 的中点,则 ∠BAM 等于多少度?

245.　设 O 是圆心,AB 是这个圆的弦且不是直径,M 是 AB 的中点,则 ∠OMB 等于多少度?

246.　证明:两个相交的等圆在它们的交点引的两个半径同公共弦形成相等的角.

247.　在圆中引两条直径. 证明:直径的端点是对边相等的四边形的顶点.

248(в).　证明:等腰三角形中两腰上的中线相等.

249(п).　在 △ABC 中,边 AB 和 BC 相等. 在这两条边上分别取点 K 和 M,使得 BK = BM. 证明:CK = AM.

250(п).　在平面上给出两条相等的线段 AB 和 A₁B₁. 证明:在平面上能找到两条这样的直线,由两个依次(首先关于第一条直线,然后关于第二条直线)的对称结果,点 A 变作点 A₁,而点 B 变作点 B₁.

251(п).　证明:在等腰三角形中,(a) 三条中线相交于一点;(b) 三条角平分线相交于一点;(c) 三条高相交于一点(为此可以向垂足外面延长它们).

252(т). 如果在四边形中四条边都相等,那么两条对角线垂直且被交点所平分.

253(т). 腰相等的两个等腰三角形能将其中一个放在另一个的内部吗?

244. 画出三角形,其边长为:(a)8,10,12;(b)6,8,10;(c)6,8,12;(d)6,10,12.

在画出的每个三角形中引:(1) 三条中线;(2) 三条角平分线;(3) 三条高;(4) 由一个顶点引出的中线、角平分线和高. 力求所有这些作图完成得尽可能的精确和细心.(最困难的是角平分线的作图,可以用目测完成.)

试图作任何一条高. 例如,由一个顶点引出的三条线中哪一个位于另两个之间?

3.2　三角形相等的判定

✳　正如你们知道的,相等的图形能彼此吻合,即彼此叠放在一起它们能够重合(图 3.11).

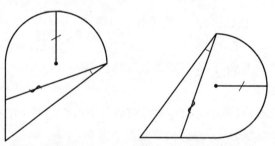

在相等的图形中所有对应的元素相等

图 3.11

到底如何能够建立两个图形相等呢? 总不能任意次地使它们叠放彼此吻合吧! 怎样的元素相等 —— 线段,角或另外的某个元素,才能保证图形本身相等呢?

我们知道,两个线段相等,如果它们的长相等. 由半径相等推得两个圆相等(图 3.12).那么对于两个三角形又如何呢? 两个三角形怎样的元素相等才能保证三角形本身相等呢? 此时,这样的元素个数应当尽量的少.

回答的完整性在后面的问题中未必可能. 但是在许多实际和理论的情况中利用下面的三角形相等的判别法是方便的.

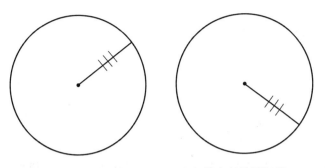

相等的圆具有相等的半径,具有相等半径的圆相等

图 3.12

一、三角形相等的第一判别法(根据两边和夹角)

❀ 如果一个三角形的两边和它们的夹角分别等于另一个三角形的两边和它们的夹角,那么这两个三角形相等.

证明 我们考察 $\triangle ABC$ 和 $\triangle A_1B_1C_1$(图 3.13).设在这两个三角形中边 AB 和 A_1B_1 相等,AC 和 A_1C_1 相等,而 $\angle BAC = \angle B_1A_1C_1$.那么 $\triangle A_1B_1C_1$ 能够叠放在 $\triangle ABC$ 上,使得 $\angle B_1A_1C_1$ 同 $\angle BAC$ 重合. 在这种情况下可以放置 $\triangle A_1B_1C_1$,使得边 A_1B_1 同边 AB 重合,而边 A_1C_1 同边 AC 重合.(在必要的情况下可以代替 $\triangle A_1B_1C_1$,考察与它相等的"翻转过来的"三角形,也就是与 $\triangle A_1B_1C_1$ 关于任意直线对称的三角形.) 则两个三角形完全重合,因为它们所有的顶点都重合. ▼

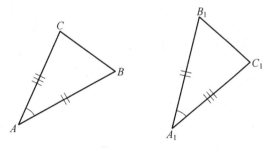

图 3.13

二、三角形相等的第二判别法(根据一边和夹它的两个角)

❀ 如果一个三角形的一边和夹这边的两个角分别等于另一个三角形的一边和夹它的两个角,那么这两个三角形相等.

证明 设在 $\triangle ABC$ 和 $\triangle A_1B_1C_1$ 中成立等式 $BC = B_1C_1$,$\angle ABC = \angle A_1B_1C_1$,$\angle ACB = \angle A_1C_1B_1$(图 3.14).

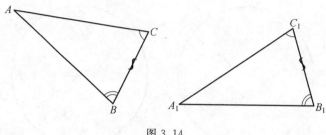

图 3.14

像前面的情况一样进行. 叠放 $\triangle A_1B_1C_1$ 在 $\triangle ABC$ 上,使得边 BC 和 B_1C_1 重合且夹它的两个角也分别重合. 正如在前面的情况一样,必要时可将 $\triangle A_1B_1C_1$"翻转为反面",则两个三角形完全重合,即它们相等. ▼

三、三角形相等的第三判别法(根据三边)

※ 如果一个三角形的三条边与另一个三角形的三条边对应相等,那么这两个三角形全等.

证明 设对于 $\triangle ABC$ 和 $\triangle A_1B_1C_1$ 成立等式 $AB = A_1B_1$,$BC = B_1C_1$,$CA = C_1A_1$(图 3.15).移动 $\triangle A_1B_1C_1$,使得边 A_1B_1 同边 AB 重合,此时,顶点 A_1 与 A 重合,B_1 与 B 重合.

我们考察中心在 A 和 B 且半径分别为 AC 和 BC 的两个圆. 这两个圆相交于关于 AB 对称的两个点 C 和 C_2. 这意味着,$\triangle A_1B_1C_1$ 在指出形式的移动后点 C_1 应当要么同点 C,要么同点 C_2 重合. 而这两种情况意味着 $\triangle ABC$ 和 $\triangle A_1B_1C_1$ 相等,因为 $\triangle ABC$ 和 $\triangle ABC_2$ 相等.(这两个三角形关于直线 AB 对称.) ▼

正如我们所见,对于这三个判别法特有的是三个元素相等. 这不是偶然. 按照法则,三角形由给出的三个元素确定(图 3.16). 如果这三个元素确定唯一的三角形,那么对应的三角形相等的判别法是正确的.

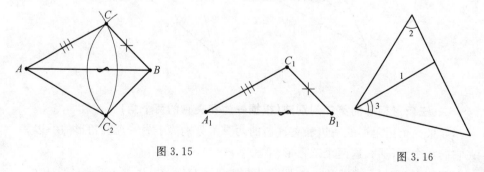

图 3.15

图 3.16

今后,说到关于相等的三角形,我们将利用 $\triangle ABC = \triangle A_1B_1C_1$ 来表示. 这

个记号可理解为 $AB = A_1B_1$，$BC = B_1C_1$，$AC = A_1C_1$，$\angle A = \angle A_1$，$\angle B = \angle B_1$，$\angle C = \angle C_1$. 注意在图中相等的角通常用一个数码和弧来表示.

　　返回到按照三个元素的三角形相等，应当发现，对应的三角形相等的判别法不是永远成立的. 例如，我们解下面的问题.

❋　**问题**　设在 $\triangle ABC$ 和 $\triangle A_1B_1C_1$ 中成立等式 $AB = A_1B_1$，$AC = A_1C_1$，$\angle ABC = \angle A_1B_1C_1$（图 3.17）. 这两个三角形一定相等吗？

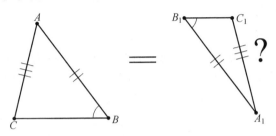

图 3.17

　　对此，为了证明这两个三角形可以不相等，给出两个不相等的三角形，它们在条件指出的元素相等就足够了. 正如数学家所说的，构造反驳的例子.

　　解　我们考察在平面上的某个锐角，它的顶点用字母 B 标记（图 3.18）. 在它的一个边上取点 A 且以这个点为中心画圆，交角的另一边于两个点. 我们通过 C 和 C_1 标记这两个点. 得到的两个三角形之一是 $\triangle ABC$，而另一个是 $\triangle ABC_1$（可以认为，点 A 和 A_1，点 B 和 B_1 重合）. 正如我们所见，这两个三角形并不相等，尽管它满足我们问题的所有条件. ▼

　　然而如果需要，使得 $\triangle ABC$ 和 $\triangle A_1B_1C_1$ 相等的角是非锐角，那么这两个三角形必定是相等的. 事实上，在这种情况，圆同直线的交点之一在角的第二条边上出现在角的外部（图 3.19）. 根据定理 3.3，这两个点关于由点 A 引向这条直线的垂线为对称，也就是说，在这种情况下问题的条件确定唯一的三角形. 你们可以在以后给出这个事实的严格表述.

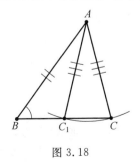

图 3.18

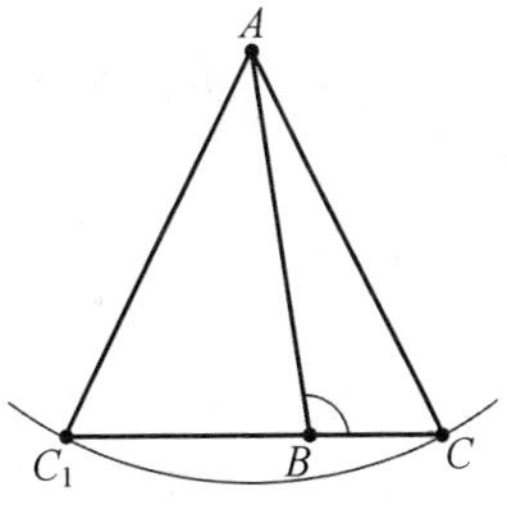

图 3.19

于是,定理的正确性可以称作三角形相等的第四判别法,但我们不这样称呼它,因为这违背几何学的惯例.

定理 3.4(三角形相等的补充判别法) 如果在 $\triangle ABC$ 和 $\triangle A_1B_1C_1$ 中成立等式 $AB=A_1B_1$,$AC=A_1C_1$,$\angle ABC=\angle A_1B_1C_1$,同时指出的角不是锐角,那么这两个三角形相等.

这个定理的论断由上面的讨论得出.因为,正如所指出的,能够作出唯一的三角形带有给定的边和角.

四、直角三角形

作为特殊情况,相应的判别法对于直角三角形是正确的.但在简述它之前,我们提醒,有直角的三角形叫作直角三角形.(正如我们知道的,三角形中不能多于一个直角,按另一种说法它的两条边是垂直的.)

直角三角形中夹直角的两条边叫作直角三角形的直角边.

直角所对的边叫作直角三角形的斜边(图 3.20).

由定理 3.4 得出直角三角形相等的专门的判定方法.

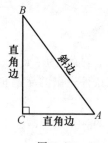

图 3.20

五、直角三角形相等的判定

如果一个直角三角形的斜边和一条直角边与另一个直角三角形的斜边和一条直角边对应相等,那么这两个直角三角形相等.

除此之外,由三角形相等的第一判别法得出根据两条直角边对应相等的直角三角形相等的判别法.

我们现在转向等腰三角形.看来,定理 3.1 指出的等腰三角形的性质不是简单的.这些性质仅对等腰三角形是特有的.

六、等腰三角形的判定

如果在 $\triangle ABC$ 中成立下面条件之一:

(1) 在顶点 A 和 C 的角相等.

(2) 由顶点 B 引的角平分线和高重合.

(3) 由顶点 B 引的高和中线重合.

(4) 由顶点 B 引的中线和角平分线重合.

那么,这个三角形是等腰三角形并且 $AB=BC$.

证明 我们依次分段证明这个命题.

(1) 通过 D 表示 AC 的中点并通过这个点引 AC 的垂线(图 3.21).设这个垂线交直线 AB 于点 B_1,而交直线 CB 于点 B_2,如图 3.21 所示.则根据第二判别法

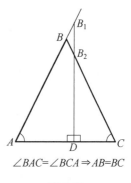

△ADB_1 和 △CDB_2 相等,因为 $AD=CD$,∠B_1AD 和 ∠B_2CD 根据条件是相等的,而由 B_1 和 B_2 在通过 D 的 AC 的垂线上得出,∠B_1DA 和 ∠B_2DC 相等,这样一来,$DB_1=DB_2$,点 B_1 和 B_2 彼此重合,而这意味着它们同点 B 重合.因此,$AB=CB$.

这一点可以给出另外的证明.当关于通过点 D 的 AC 的垂线的对称下,点 C 变作点 A,而点 A 变作点 C.∠A 变作∠C,而∠C 变作∠A.直线 CB 变作直线 AB,直线 AB 变作直线 CB.这就是说,△ABC 是等腰的,$AB=BC$.

∠BAC=∠BCA⇒$AB=BC$

图 3.21

(2) 如果 BD 是 △ABC 的角平分线和高(图 3.22),那么 △ABD 和 △CBD 根据三角形相等的第二判别法是相等的,因为边 BD 是它们的公共边,而夹它的两个角对应相等.这意味着,$AB=CB$.

(3) 如果 BD 是中线和高(图 3.23),那么 △ABD 和 △CBD 根据第一判别法是相等的:边 BD 公用,$AD=DC$,∠$BDA=∠BDC$.

(4) 引中线 BD 并延长(图 3.24).在这个延长线上取点 B_1,使得 $DB_1=DB$.△ABD 和 △CB_1D 根据第一判别法是相等的:∠ADB 和 ∠CDB_1 作为对顶角是相等的,此外,$DB=DB_1$,$AD=DC$.因此 $CB_1=AB$,∠$DB_1C=∠DBA$.又 ∠$DBA=∠DBC$,根据条件 BD 是中线和角平分线.这样一来,在 △BCB_1 中夹边 BB_1 的两个角相等.这意味着,按照第(1)点的定理 $CB_1=CB$.此外,$CB_1=AB$,因此.$CB=AB$. ▼

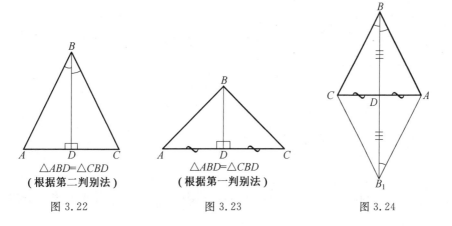

△ABD=△CBD
（根据第二判别法）

图 3.22

△ABD=△CBD
（根据第一判别法）

图 3.23

图 3.24

▲■● 课题, 作业, 问题

255. 在图 3.25 中: $BA = AM, AC = AK,$ $\angle BAC = \angle KAM.$

列举出所有顶点在点 A, B, C, K, M 成对相等的三角形.

256(H). 已知, $\triangle ABC$ 和 $\triangle A_1B_1C_1$ 相等, 并且 $AB = A_1B_1, BC = B_1C_1, AC = A_1C_1$. 画出图形并标出相等的角.

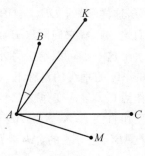

图 3.25

257(H). 已知, $\triangle MNP$ 和 $\triangle KFQ$ 相等, 并且 $\angle M = \angle F, \angle N = \angle K, \angle P = \angle Q$. 画出图形并标出相等的角.

258(H). 在 $\triangle DEF$ 中 (图 3.26), $DF = FE, FM = KF$. 证明: $\triangle DME$ 和 $\triangle EKD$ 相等.

259(H). 已知, BD 是 $\triangle ABC$ 的中线. $BD = 3.5$ cm, $AB - 5.8$ cm, $AC = 9$ cm, DE 是 BD 的延长线, $DE = BD$, $\angle A = 50°$. 求 $\triangle DEC$ 的周长和 $\angle DEC$ 的度数.

260(H). 请再给出 $\triangle MPK$ (图 3.27) 中的一个元素, 使得 $\triangle ABC$ 和 $\triangle MPK$ 按照三角形相等的第一判别法是相等的.

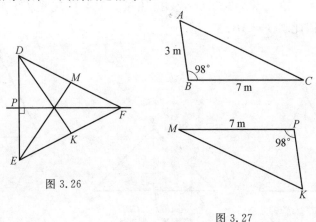

图 3.26

图 3.27

261(H). 在相等的圆 (图 3.28) 中, $\angle AOB = \angle A_1O_1B_1$. 证明: $AB = A_1B_1$.

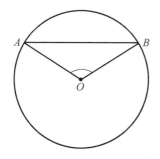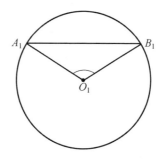

图 3.28

262(н).   在图 3.29 中标示出了 △MNK 中相等的元
素. 证明:△MNP 和 △KNE 相等,并且 NP = NE.

263(н).   已知,BD 是 △ABC 的中线和高. 证明:BD
是角平分线.

264(н).   在图 3.30 中标出了相等的元素. 证明:
△MNK 和 △MPK 相等.

265(н).   在图 3.31 中标出了相等的元素. 证明:
△ABD 和 △BCD 相等.

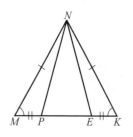

图 3.29

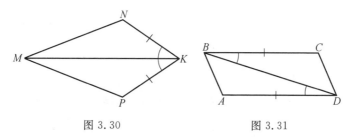

图 3.30   图 3.31

266(н).   作 △MNF 的图形并说出名称:

(a)∠M 和 ∠F 所对的边.

(b)边 MF 和 MN 所对的角.

(c)夹边 MF 的角.

(d)边 MF 和 MN 所夹的角.

267(н).   作 △MPK,其中 MP = 3 cm, MK = 4 cm,∠M = 30°.请指出夹边
KP 的角,被 ∠M 和 ∠P 夹的边. 能够作多少个不同的三角形? 为什么?（作
角时可借助于量角器.）

268(н). 在 △EDP 中必须再标出哪个元素（图 3.32），才能使 △EDP 与 △KLM 相等？

269(н). 在图 3.33 中标出了相等的元素. 证明：∠A ＝ ∠C.

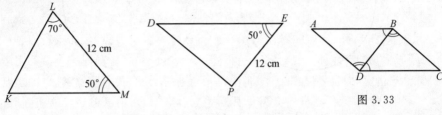

图 3.32

图 3.33

270(н). 在图 3.34 中标出了相等的元素. 证明：如果 AB ＝ CD, 那么 BM ＝ CK.

271(н). 在图 3.35 中标出了相等的元素. 证明：MK ＝ KN, ∠MKP ＝ ∠NKF.

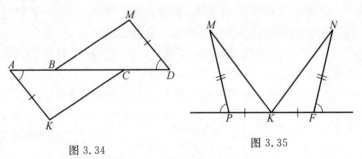

图 3.34

图 3.35

272(н). 根据给出的图 3.36 证明对应的三角形相等.

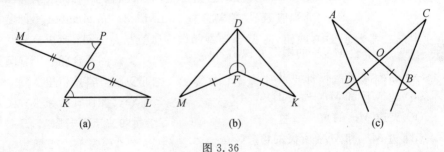

(a)　　　　　(b)　　　　　(c)

图 3.36

273(н). 在图 3.37 中, AC ＝ BC, ∠A ＝ ∠B. 证明：AD ＝ BE.

274(н). 在图 3.38 中, ∠BCA ＝ ∠DAC, BC ＝ AD. 证明：AB ＝ CD.

275(H). 根据给出的图 3.39 说出成对相等的角.

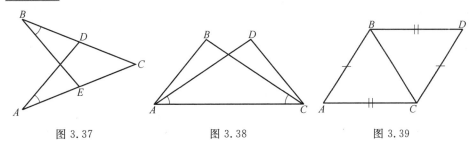

图 3.37　　　　　　　图 3.38　　　　　　　图 3.39

276(H). 根据给出的图 3.40 中找出等于 ∠POK 的角.

277(H). 怎样确认 ∠A 和 ∠M 相等(图 3.41)?

278(H). 怎样作一个与已知四边形 ABCD(图 3.42)相等的四边形?

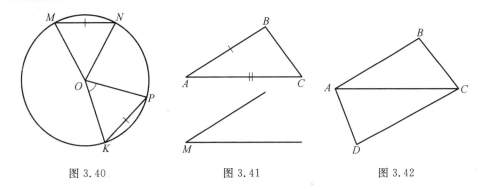

图 3.40　　　　　　　图 3.41　　　　　　　图 3.42

279(H). 在图 3.43 中找出成对相等的三角形并证明它们相等.

280(H). 利用图 3.44 证明 △ABC 是等腰三角形.

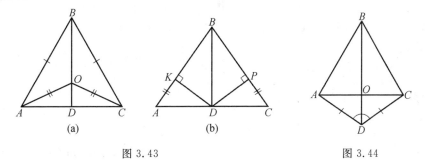

(a)　　　　　　　(b)

图 3.43　　　　　　　　图 3.44

281(B). 已知,两条直线相交于点 A. 在一条直线上取点 B 和 C,而在另一条直线上取点 P 和 K,使得 $AB=AC$,$AP=AK$. 证明:$BP=CK$.

282. 在等腰 $\triangle ABC$ 的底边 BC 上取点 M 和 K,使得 $BM=CK$. 证明:$AM=AK$.

283. 已知,在四边形 $ABCD$ 中,对角线 AC 是 $\angle A$ 和 $\angle C$ 的平分线. $AB=3$,$CD=5$.求边 BC 和 DA 的长.

284. 设 M 是四边形 $ABCD$ 的边 AD 的中点. 已知,$BM=CM$,$\angle BMA=\angle CMD$,$AB=1$. 求边 CD 的长.

285. 在圆上取点 A,B 和 C,使得 $AB=BC$. 证明:$\angle ABC$ 的平分线通过圆心.

286(B). 在 $\triangle ABC$ 中引中线 BB_1.在射线 BB_1 上取点 M,使得 $B_1M=BB_1$. 证明:$MA=BC$,$MC=BA$.

287(т). 在 $\triangle ABC$ 中引角平分线 BB_1. 设 M 是平面中这样的点,使得线段 MB_1 交边 BC 于点 K,$BM=AB_1$,$\angle MBB_1=\angle BB_1A$. 证明:$BK=KB_1$.

288(п). 在等腰三角形的两腰上向形外作等边三角形. 证明:联结等边三角形的顶点(不同于等腰三角形的顶点)与等腰三角形底边中点的线段彼此相等.

289(п). 从相交点沿着两条垂直直线分别延伸出四段相等的线段. 证明:区别于共同端点的这些线段的端点,是具有相等的边和相等的角的四边形的顶点.

290(т). 证明:如果四边形的所有边和所有角都相等,那么它的两条对角线相等且互相垂直.

291(т). 证明:如果四边形的两组对边分别相等,那么它的对角线的交点是四边形的对称中心.

292. 在纸片上画一个三角形,作一个三角形与它相等.

293. 在纸片上画一个角,作一个角,等于所画的角.

294(B). 证明:在圆中由圆心所对相等的弦的视角相等. (注:由点 O 看线段 AB 的视角为 $\angle AOB$.)

295(B). 证明:圆中等弦的中点在同一圆心的圆上.

296(т). 在平面上画出了19°的角.请你作一个 1° 的角.

297(т). 在 $\triangle ABC$ 中,已知 $AB=4$,$BC=5$,$CA=7$. 通过顶点 B 引直线垂直于 $\angle BAC$ 的平分线,交 AC 于点 K. 通过 K 引直线垂直于 $\angle BCA$ 的平分线,

交 BC 于点 M. 最后，通过 M 引直线垂直于 $\angle ABC$ 的平分线，交 AB 于点 P. 求线段 AP 的长.

298(т).　已知，在 $\triangle ABC$ 中，$AB=3$，$BC=4$，$CA=6$. 在 BC 上取点 M，使得 $CM=1$. 通过 M 引直线垂直于 $\angle ACB$ 的平分线，交 AC 于点 N，而通过 N 引直线垂直于 $\angle BAC$ 的平分线，交直线 AB 于点 K. 求线段 BK 和 AK 的长.

299(т).　已知，在 $\triangle ABC$ 中，$AB=5$，$BC=6$，$CA=7$. 在边 AB，BC 和 CA 上分别取点 K，L 和 M，使得直线 KL，LM 和 MK 分别垂直于 $\angle ABC$，$\angle BCA$ 和 $\angle CAB$ 的平分线. 则点 K，L 和 M 分 $\triangle ABC$ 的边为怎样的线段？

300.　圆心在点 O 的圆同 $\triangle ABC$ 的三边相交形成等弦. 证明：$\triangle ABO$，$\triangle BCO$ 和 $\triangle CAO$ 中由顶点 O 引的高相等.

301.　如果两个四边形它们所有的边对应相等，那么这两个凸四边形相等吗？

302.　证明：如果两个凸四边形所有的边对应相等且对应边之间的一个夹角相等，那么这两个凸四边形相等.

303.　在图 3.45 中画有某个多边形. 想象一下，任务是改画这个多边形在练习本上. 你们当然容易做到这件事. 但这里要联系同班的同学，而他们的家里没有课本. 用电话努力通知给出必要的信息，使得他能够完成任务. 写出通知的信息.

304(п).　三个乌龟所处在的点 A，B 和 C 是等边三角形的顶点. 它们同时以相同的速度开始爬行. 处于 A 的乌龟沿直线 AB 向 B 的方向爬行. 处于 B 的乌龟由 B 爬行到 C，处于 C 的乌龟由 C 爬行到 A. 证明：在所有的时间瞬间三只乌龟总处于等边三角形的三个顶点.

305(н).　在图 3.46 中标出，$AB=BC=AC$，$AA_1=BB_1=CC_1$. 证明：$\triangle A_1B_1C_1$ 是等边三角形.

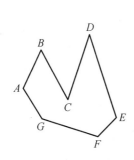

图 3.45

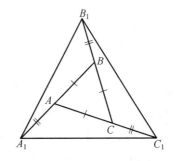

图 3.46

306(п). 证明:等边三角形的任意两条中线相交成60°的角.

307(т). 在等边三角形的边 AB,BC 和 CA 上分别取点 K,M 和 P,使得 $AK=BM=CP$. 证明:直线 AM,BP 和 CK 相交形成等边三角形.

308. $\triangle ABC$ 和 $\triangle APK$ 是两个相等的三角形. 已知,$AB=3$,$AC=AP=4$,$AK=5$. 则边 BC 和 PK 等于多少?

309. 已知,在 $\triangle ABC$ 中,$\angle BAC=52°$,$\angle BCA=44°$. 由顶点 B 引中线和高且向边 AC 外侧延长它们的距离等于它们自身,得到点 P 和 K. 则 $\angle PCK$ 等于多少度?

310. 点 A_1 和 B_1 与点 A 和 B 关于某条直线对称(这些点不在一条直线上且两两不重合). 证明:(a) $\triangle AA_1B$ 和 $\triangle AA_1B_1$ 相等;(b) $\triangle ABB_1$ 和 $\triangle A_1BB_1$ 相等.

311(п). 试图利用轴对称的概念再次证明三角形相等的三个判别法. 为此证明:如果在平面上有两个三角形,对于它们成立三角形相等的三个判别法中的一个,那么总能够由一个三角形借助不超过三次轴对称变作另一个三角形.

312(п). 图 3.47 给出的是顶点为 A,B,C 和 D 的三棱锥. 证明:如果,

(a) $AB=CD$,$AC=BD$,$AD=BC$.

(b) $AB=CD$,$AC=BD$,$\angle ABD=\angle BDC$.

(c) $AB=CD$,$\angle ABD=\angle CAB$,$\angle DAB=\angle ABC$.

(d) $\angle ABD=\angle BDC$,$\angle ADB=\angle CBD$,$\angle ADC=\angle BAD$.

那么棱锥的所有界面都是相等的三角形.

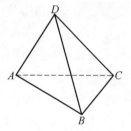

图 3.47

313(н). 作 $\triangle ABC$,如果:

(a) $AB=4$ cm,$AC=5$ cm,$\angle B=110°$.

(b) $AB=4$ cm,$AC=5$ cm,$\angle B=90°$.

(c) $AB=4$ cm,$AC=3.5$ cm,$\angle B=50°$.

(d) $AB=4$ cm,$AC=5$ cm,$\angle B=50°$.

在每种情况下能作出多少个三角形?

314(н). 已知,在 $\triangle MPC$ 和 $\triangle DAB$ 中,$MP=12$ cm,$CP=8$ cm,$DB=8$ cm. 为了使所给三角形相等,下面需要补充的元素对吗?

(a) $AD=12$ cm,$\angle P=\angle D=40°$.

（b）$AD = 12$ cm，$\angle M = \angle A = 40°$.

（c）$AB = 12$ cm，$\angle M = \angle A = 120°$.

（d）$AB = 12$ cm，$AD = MC = 10$ cm.

（e）$AD = 12$ cm，$\angle B = \angle C = 90°$.

315(H).　根据图 3.48 写出所给的已知条件并证明对应的三角形相等.

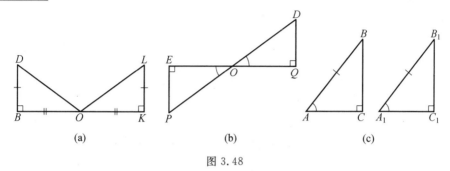

图 3.48

316(H).　给出 $\triangle ABC$（图 3.49），其中 $AB = BC$，$AK = PC$，$KM \perp AC$，$PN \perp AC$. 证明：$KM = NP$.

317(H).　在图 3.50 中，$AE = ED$，$\angle B = \angle C = 90°$. 证明：$AB = CD$，$BD = AC$.

318(H).　在图 3.50 中，$AC = BD$，$\angle B = \angle C = 90°$. 证明：$\angle BAD = \angle CDA$.

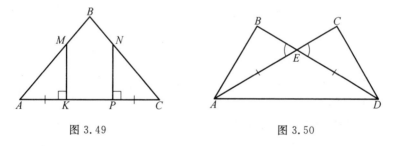

图 3.49　　　　　　　　图 3.50

319(H).　在 $\triangle ABC$ 中，点 D 是 BC 的中点，$AB = BC = 16$ cm. 作 $DK \perp BC$ 交直线 AB 于点 K，$\triangle AKC$ 的周长等于 23 cm. 求 $\triangle ABC$ 的周长.

3.3　三角形中的不等式

一、圆同直线和圆相切

我们这一节从对建构几何学的理论很重要的一个定理开始. 虽然它的"寿

命"显得不是很长久,在今后它将会被更加有力的论断所代替,但是现在我们却很需要它. 在简述它之前,我们引进三角形外角的概念.

✳ 三角形中角的邻补角,叫作三角形的外角.

外角的概念可以推广到凸多边形(图 3.51).

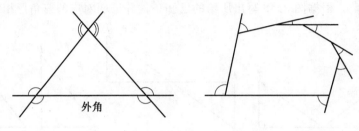

外角

图 3.51

✳ **定理 3.5 (关于三角形的外角)** 三角形的外角大于任一个与它不相邻的内角.

证明 我们考察 $\triangle ABC$ 和它的任一个外角,例如,同 $\angle ACB$ 成邻补的角(图 3.52). 我们证明,它大于 $\angle CBA$.

我们引中线 AD 并将它向点 D 外延长同样的距离,得到点 A_1. 也可以用另外的方式进行:取点 A 关于 BC 的中点 D 的对称点 A_1(这个方法我们已经利用. 请记住它!).

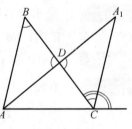

图 3.52

$\triangle DCA_1 = \triangle DBA$(根据三角形相等的第一判别法),由此知 $\angle DBA = \angle DCA_1$. 但 $\angle DCA_1$ 小于 $\angle ACB$ 的邻补角,因为它是 $\angle ACB$ 的邻补角的一个组成部分. ▼

二、三角形的角和边之间的不等式

根据定理 3.5 还能够证明某些在理论上重要且对解决几何问题有益的论断.

✳ **定理 3.6(三角形的角和边之间的不等式)** 在任意三角形中大边对大角. 反之,大角对大边.

证明 设在 $\triangle ABC$ 中边 AC 大于 AB(图 3.53).

我们在边 AC 上取一点 D,使得 $AD = AB$. 在等腰 $\triangle ABD$ 中,$\angle ABD = \angle ADB$. 但 $\angle ABD < \angle ABC$,根据外角定理,$\angle ADB > \angle BCA$. 而这意味着,$\angle ABC > \angle BCA$.

现在,我们由角到边. 设在 $\triangle ABC$ 中,$\angle ABC > \angle ACB$,则仅由证明推

得,边 AB 不能大于边 AC. 边 AB 和 AC 也不能是相等的,不然的话有 $\angle B = \angle C$. 所以 $AB < AC$. ▼

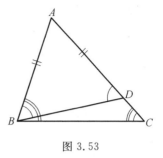

图 3.53

三、垂线的性质

由定理 3.6 得出直线的垂线的重要性质,鉴于它的重要性我们将它写作独立的定理形式.

✾ **定理 3.7(垂线的基本性质)**　设 A 是直线 l 外的某个点,B 是 l 上的点,直线 AB 垂直于 l,C 是 l 上不同于 B 的任一点,则 $AB < AC$.

那么,直线 AB 垂直于 l,可以写作下面的形式:$AB \perp l$.

点 B 称作由点 A 引向 l 的垂线足,或者点 A 在 l 上的射影. 线段 AC 叫作斜线(图 3.54).

定理 3.7 的论断可简短地表述如下:垂线小于任意斜线,或者点到直线的最短距离是垂线段.

证明　在 $\triangle ABC$ 中,$\angle ABC$ 是直角. 根据定理 3.5,$\angle ACB$ 是锐角(图 3.54),即 $\angle ABC > \angle ACB$,所以根据定理 3.6 有 $AB < AC$. ▼

如果我们现在作圆心在点 A 半径为 AB 的圆,那么这个圆将与直线 l 具有唯一的公共点 —— 点 B(图 3.55).

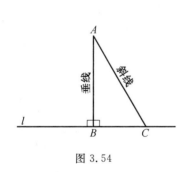

图 3.54

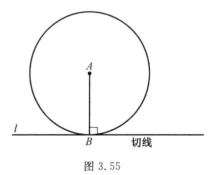

图 3.55

四、圆的切线

✾ 如果直线与圆具有唯一的公共点,那么这条直线叫作圆的切线.

关于这条直线也可以这样说,它与圆相切.

圆与切线的公共点叫作切点.

本质上,由前面的断言,直线 l 与圆心在点 A 半径为 AB 的圆(图 3.55)相切,切点是点 B. 更进一步,下面的定理是正确的.

✾ **定理 3.8(圆的切线的特征性质)**　通过圆上任意一点引唯一的直线与圆相

切.这条直线垂直于对应的半径.

证明　我们已经证明,与半径垂直于它的端点的这条直线,与圆相切,剩下证明,在同一个切点不存在另外的切线.

实际上,设某条直线通过点 B 且与圆心在点 A 半径为 AB 的圆相切(图 3.55).由切线的定义得出,这条直线上除点 B 外的所有点都在圆心为 A 半径为 AB 的圆域的外部.而这意味着,AB 是由点 A 到这条切线的最短距离,即通过点 B 的垂直于 AB 的切线,也就是说,同 l 重合.▼

五、三角形不等式

❋　这个事实,平面上两点之间的最短距离是直线段,作为特殊情况,这意味着,在任意三角形中两边之和大于第三边.这个很重要的性质叫作三角形不等式.

我们转换这个论断为代数语言.在几何学中,对 $\triangle ABC$ 的边公认的表示法是 $AB=c$,$BC=a$,$CA=b$.现在作为字母的形式我们有三个不等式

$$a+b>c, b+c>a, c+a>b$$

由这些不等式推出,$c-b<a$,$a-c<b$ 等,或者可以表述为:三角形任意两边的差小于三角形的第三边.

三角形不等式也可由垂线的性质(定理 3.7)推出.那么如何由这个定理得出呢?由图 3.56,(a)～(c)是显然的.(作为证明,对图 3.56(b)来举例说明,利用不等式的性质:同名不等式可以逐项相加.所给情况就是不等式 $b>b_1$,$a>a_1$.也就是说,$a+b>a_1+b_1=c$.对图 3.56(c)来举例说明的情况,请你独立整理.)

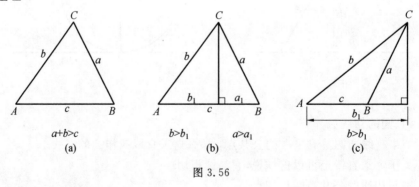

$$a+b>c$$
(a)　　　　$b>b_1$　　$a>a_1$
(b)　　　　$b>b_1$
(c)

图 3.56

六、两个圆相切

❋　现在我们考察在平面上两个圆能有怎样的位置关系.

如果两个圆相交于两个点,那么根据三角形不等式它们的半径之和大于圆

心间的距离,而半径之差小于圆心间的距离.

而在怎样的条件下两个圆将有唯一的公共点,也就是相切呢?显然,这个唯一的公共点应该位于通过两圆圆心的直线上,另外,呈现第二个交点与第一个对称.

能够得出两个圆有两种相切方式:外切和内切.如果两圆圆心之间的距离等于两圆半径之和(图 3.57),那么它们彼此相外切.如果两圆圆心之间的距离等于两圆半径之差,那么两圆相内切.在这种情况大圆包含小圆(图 3.58).

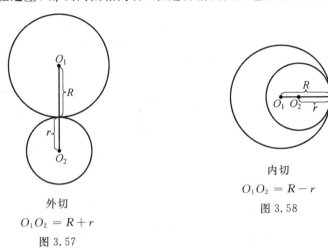

外切
$O_1O_2 = R + r$
图 3.57

内切
$O_1O_2 = R - r$
图 3.58

▲■● **课题,作业,问题**

320(н).   对于 △ABC,在它的每个顶点作一个外角.

321(н).   在等腰 △MKP 中,MK = MP,按下列要求作一个外角:

(a)底边近旁的外角;(b)三角形顶点近旁的外角.

322(н).   如图 3.59 所示,说出 △KMF 顶点 M 近旁的外角.

323(н).   如图 3.60 所示,说出 △BDC 顶点 D 近旁的外角.

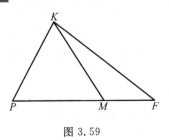

图 3.59

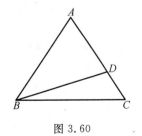

图 3.60

324(H).　　检验下列三角形的外角是 ∠DCM 吗？

(a)△ADC；(b)△ADB；(c)△DBC.

∠DCM 能是锐角吗？（图 3.61）

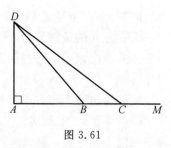

图 3.61

325(H).　　说出图 3.62 中给出的 △MBP 的外角. 这些外角能是：(a) 锐角；(b) 钝角；(c) 直角吗？

326(H).　　说出图 3.63 中 △DCP 在顶点 C 和 P 处的外角. ∠DKB 是哪些三角形的外角？ 在这个图形中对于 △DCM，△DMP，△MDK 的每一个哪些角是它们的外角？

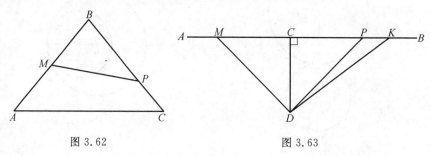

图 3.62　　　　　　　图 3.63

327(H).　　三角形的边长分别等于 5，6 和 7. 证明：长为 6 的边所对的角是锐角.

328(H).　　证明：在钝角三角形中有两个锐角.

329(H).　　证明：在直角三角形中有两个锐角.

330(H).　　确定下列哪个是错误的命题，并回答理由.

(a) 三角形能够有两个外角是钝角.

(b) 三角形能够有两个外角是锐角.

331.　　已知：由点到直线的距离是垂直的. 如果不沿着垂线运动，而沿着靠近垂线的斜线运动，路程的差将是多少？ 做下面的实验. 设 AB 是直线的垂线，且 B 是垂足，C 是直线上某个另外的点. 首先，目测估计 AC 的长并精确到 0.1 cm，然后，完成作图，测量这个距离带有同样的精度，如果：(a)AB = 5 cm，BC = 1 cm；(b)AB = 10 cm，BC = 1 cm.

有趣的是，你的误差多吗？

332(H).　　在图 3.64 中，PK = PM. 证明：∠1 > ∠3，∠PKF > ∠3.

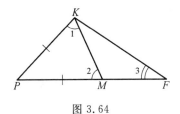

图 3.64

333.　已知,在 $\triangle ABC$ 中,边 $AB=4\sqrt{3}$, $BC=7$, $CA=2\sqrt{5}$. 在这个三角形中哪个角最大,而哪个角最小?

334.　直线 l 与圆心为 O 半径是 3 的圆相切. 那么从点 O 到直线 l 的距离等于多少?

335(н).　如果圆的半径等于 5 cm,求这个圆的两条平行切线之间的距离.

336(н).　通过圆的一条直径的端点引该圆的两条切线相交吗?

337(н).　由直线外的已知点为圆心,画一个圆与已知直线相切.

338(н).　在圆上已知三个点 M, N, K. 求作 $\triangle ABC$,使得它的边切圆于指出的三个点.

339.　两个圆彼此相切于点 A. 通过点 A 引直线与其中一个圆相切. 证明:这条直线与另一个圆也相切.

340.　能在平面上放置 5 个不同的圆,使得任何两个圆彼此相切吗?

341(н).　三边为:(a)6,2,4;(b)6,2,3;(c)6,5,5 的三角形存在吗?

342(н).　是否存在这样的三角形,它的周长为 26 cm,一条边等于 13 cm?

343(н).　在平面上给出三个点 A, B 和 C. 如果 $AC=1.8$ cm, $CB=32$ mm,这三个点可以如何放置?

344(н).　如果 $MN=1.4$ cm, $NP=1.8$ cm, $MP=3$ cm. 那么点 M, N, P 能放置在一条直线上吗?

345.　在平面上给出半径为 R 和 r 的两个圆, a 是它们圆心之间的距离. 设 A 是一个圆上的点, B 在另一个圆上. 如果:(a)$R=3$, $r=1$, $a=7$;(b)$R=7$, $r=3$, $a=1$;(c)$R=5$, $r=3$, $a=7$.

　　问 A 和 B 之间的距离在怎样的范围内变化?

346(в).　设 O 是半径为 R 的圆的圆心, A 是平面上与点 O 距离为 a 的点. 圆上的点存在与 A 最近的点,也存在与点 A 距离最远的点. 标记第一个点为 B,标记第二个点为 C. 如何作点 B 和 C? 如果(a)$R=3$, $a=4$;(b)$R=5$, $a=3$.

那么线段 AB 和 AC 的长等于多少？利用 R 和 a 来表示 AB 和 AC.

347(вт). 在平面上放置点 A，B，C 和 D. 已知，$AB = 1.3$，$BC = 2.4$，$CD = 1.8$，$AD = 5.5$. 求 AC 的长.

348(п). 在平面上放置点 A，B，C 和 D，并且 $AB = 3$，$BC = 4$，$CD = 5$，$AC + BD \leqslant 2$. 求 AD 的长.

349(п). 如果 $BC = 1$，$CA = 7$ 且边 AB 的长也是整数，那么 $\triangle ABC$ 的边 AB 的长等于多少？

350(в). 求等腰三角形的周长，已知它的两条边分别等于 3.9 和 7.9.

351. 计算等腰钝角三角形的周长，已知它的两条边分别等于 10 和 7.

352(н). 在 $\triangle ABC$ 中，直线 l 与边 AB 交于点 K，与边 BC 交于点 P. 证明：四边形 $AKPC$ 的周长小于 $\triangle ABC$ 的周长.

353(п). 已知两条线段的长分别是 a 和 b，存在三角形的边长分别是 $a + 5b$，$5a + 6b$ 和 $3a + 2b$，则 a 和 b 哪个大？

354(в). 已知三角形的两条边分别等于 a 和 b，则这个三角形的周长能在哪个范围变化？

355(в). 给出半径为 R 和 r 的两个圆，它们圆心间的距离等于 a. 设 A 是一个圆上的点，B 是另一圆上的点. 怎样作点 A 和 B，使得线段 AB 的长最大，以及线段 AB 的长最小？ 如果：(a)$R = 5$，$r = 2$，$a = 8$；(b)$R = 7$，$r = 3$，$a = 5$. 线段 AB 的最大和最小长度分别等于多少？ 利用 R，r 和 a 来表示这两个量.

❋ **356(п).** 甲同学的家与乙同学的家彼此相距 1 km. 一天他们同时从自己家出发并且每人都沿着某条直线行走. 甲同学每小时行 3 km，乙同学每小时行 4 km. 在某个时刻他们相遇了. 那么他们的旅程能延续多长时间？ 指出最大和最小的可能时间.

357. 证明：等边三角形具有 3 条对称轴且这 3 条对称轴相交于一点.

358. 已知，等腰三角形的周长等于 40 cm，而它的一条边是另一条边的 2 倍，求这个三角形的边长.

359(в). 证明：三角形的中线小于夹它的两边之和的一半.

360. 证明：凸四边形中两条对角线之和小于该四边形的周长，而大于半周长.

361. 已知半径等于 3 的圆和与圆心距离等于 5 的点 A. 求圆心在点 A 且

与已知圆相切的圆的半径.

362(т).　在平面上有两个圆. 与两个已知圆相切且圆心在联结两个已知圆圆心的直线上的圆的半径等于多少？ 如果两个圆的半径和圆心之间的距离分别等于：(a)1,3,5；(b)5,2,1；(c)3,4,5. 那么问题将有多少个解？

363(в).　有两个等腰三角形,它们的腰长相等. 证明：底边小的三角形中底边所对的角较小.

✳ **364(т).**　位于三角形顶点的三个村庄的居民决定共同打一口井. 在这种情况下他们想在这样的位置打井,使得所有家庭取水的总路程为最小. 每个家庭每天必须打水一次. 如果 A 村有 100 个家庭, B 村有 200 个家庭, C 村有 300 个家庭,请问井的位置应选择在哪个地方？

365(т).　三角形的顶点在三个两两相切的圆的圆心. 如果三角形的边长分别等于 5,6 和 7. 求这些圆的半径. 问题具有多少个解？

366.　由长为 1,2,3,4 和 5 的线段为边能组成多少个不同的三角形？

367(т).　学生测量了某个四边形的边和对角线且得到的数递增排列为：1, 2, 2.8, 5, 7.5. 那么这个四边形的对角线的长等于多少？

368(п).　设 x, y 和 z 是任意的正数. 证明：存在这样的三角形,它的边等于 $a = x + y, b = y + z, c = z + x$.

369(п).　设 a, b 和 c 是某个三角形的边长. 证明：存在正数 x, y 和 z,使得 $a = x + y, b = y + z, c = z + x$.

370(т).　已知,在三棱锥 $ABCD$ 中, $\angle DAB > \angle DBA$, $\angle DBC > \angle DCB$. 问 $\angle DAC$ 和 $\angle DCA$ 哪个大？

第4章 几何问题的形式和解它们的方法

回答数学课与其他课的区别是什么的问题,任何学生一定会说,在数学课上是解题.学会很好地解决数学问题远非所有人都能达到,但学习解决问题,学习思考,借助数学问题"锻炼和发展自己的头脑"对于每个学生来说都是必要的.与代数不同,在几何中几乎没有按照范例解的标准问题.每个几何问题都需要个人的见解.在本章中我们将考察对几何学有代表性的某些问题形式.此外,我们开始讨论在解几何问题和定理证明时所利用的方法和手段.

4.1 点的轨迹

让我们回忆一下,我们是怎样定义圆的? 现在,请注意,我们是把圆定义为点的轨迹(图 4.1),而这意味着什么呢?

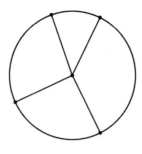

图 4.1

点的轨迹将理解为对某个几何图形或另外的对象具有确定几何性质的所有点的集合.

在圆的情况下,这个集合由到平面上固定的点为给定距离的平面上所有的点组成.在今后将说明,这不是圆作为点的轨迹问题的唯一方法.

点的轨迹经常表现为直线或直线的一部分.下面我们考察某些重要的情况.

一、线段的中垂线

✻　在平面上到直线上给定的线段端点等远的(平面上)点的轨迹是什么?

简述这个问题为课题的形式.

课题 1　给出位于某个平面上的线段 AB. 求出平面上所有的点 M,使得 $AM = MB$.

解　由我们已知的等腰三角形的性质可以得出答案.

所求的点的轨迹是垂直于 AB 且通过 AB 中点的直线(图 4.2). 这条直线叫作 AB 的中垂线.中垂线是当点 A 变作点 B(及反过来点 B 变作点 A) 时的对称轴.

实际上,如果 M 是平面上这样的点,满足 $AM = MB$,那么,根据等腰三角形的性质,M 属于中垂线(个别看作 AB 的中点).

如果点 M 属于 AB 的中垂线(参见第 3 章关于等腰三角形的判定定理),那么 $\triangle AMB$ 是等腰的且 $AM = MB$. ▼

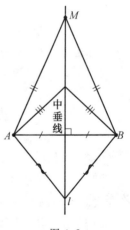

图 4.2

我们专门这样详细地讲述这个极为简单和显然的事实依据,为的是引起你注意这样两个问题,在求任何点的轨迹问题时的两个部分.

(1)一方面,应当指出,具有课题性质的点属于怎样的集合,什么线.(在给出的情况,满足 $AM=MB$ 的点在 AB 的中垂线上.)

(2) 另一方面,必须证明,所求的集合,所求的线上的所有的点都具有课题的性质.(在考察的课题中,对于 AB 中垂线上的所有点 M 成立等式 $AM=MB$.)

二、角平分线

❋ 角平分线也能够看作点的轨迹.

课题 2 证明:在已知角的内部且到角的两边距离相等的点的轨迹,是这个角的平分线.

解 与课题1一样,我们应进行下面两个方面的讨论.

(1) 如果点 M 在角的内部,且到角的两边距离相等,那么 M 在这个角的平分线上.

向角的两边引垂线 MA 和 MB(图4.3),由等式 $MA=MB$,根据相应的直角三角形相等的判别法我们得出,$\triangle OMA$ 和 $\triangle OMB$ 相等. 而这意味着,$\angle MOA$ 和 $\angle MOB$ 相等,也就是 OM 是 $\angle AOB$ 的平分线.

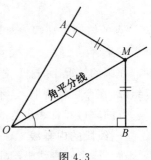

图 4.3

(2) 如果点 M 在角平分线上,那么 M 到角的两边距离相等.

这个论断也是显然的. 因为在关于包含角平分线的直线的对称下,角的边彼此互变. ▼

我们在这里足够详细地解答了两个(老实说,这并不难)课题. 然而,这并不意味着你也要同样详细地写出所有建议的课题的解. 重要的是要意识到这是可以做到的,并且自己独立详细地写出某些问题的解答.

▲■● 课题,作业,问题

371(н). 已知圆心在点 O 半径为2的圆. 如果 $OA=1$,$OB=2$,$OC=3$,点 A,B 和 C 关于圆有怎样的位置?

372(н). 作圆心在点 O 半径为1.5 cm的圆.

(a) 标出与点 O 距离为1.5 cm的两个点 A 和 B.

(b) 标出与点 O 距离为2 cm的点 C.

(c) 标出与点 O 距离为1 cm的点 D.

(d) 指出与点 O 距离大于1.5 cm的点的轨迹.

(e) 找出距离小于1.5 cm的点在何处?

373(н).　作线段 MN，其长等于 4 cm.

(a) 在图中指出与 M 距离为 3 cm 的点的轨迹.

(b) 在图中指出与 N 距离为 2 cm 的点的轨迹.

(c) 找出同时与 M 距离为 3 cm 和与 N 距离为 2 cm 的点的轨迹，并标出它们.

(d) 指出与点 M 距离小于 4 cm 和与点 N 距离大于 3 cm 的点的集合.

(e) 找出与点 M 距离大于 3 cm 和与点 N 距离大于 2 cm 的点所处的位置.

(f) 同时与点 M 距离小于 4 cm 且与点 N 距离小于 2 cm 的点存在吗？

(g) 同时与点 M 距离为 3 cm 且与点 N 距离大于 2 cm 的点的集合是什么？

374(н).　已知 $\triangle ABC$ 的边 $AB = 5$ cm，$BC = 6$ cm，$AC = 4$ cm（图 4.4），则点 A 是怎样的点的轨迹的交点？

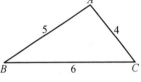

图 4.4

375(н).　平面上有点 A 和 B，并且 $AB = 3$ cm. 在平面上找出同时与点 A 距离为 3 cm，而与点 B 的距离为 4 cm 的点的位置.

376.　在平面上标出四个不同的点 A，B，C 和 D，使得 $AC = CB$，$AD = DB$. 直线 AB 和 CD 之间的角等于多少度？

377.　在平面上标出两个点 A 和 B. 求点 C 的轨迹，使得 $\triangle ABC$ 是底边为 AB 的等腰三角形.

378.　在平面上有一个顶点为 O 的角，设 A 和 B 是它边上的两个点，指出线段 AB 上到角的两边距离相等的所有点.

379.　设 M 和 N 是角内部的两个点，它们每一个都与角的两边等距，证明：直线 MN 通过角的顶点.

380(н).　满足下述条件的点 M 的轨迹在何处（图 4.5）？

(a) $BM = 3AM$；(b) $BM \geqslant 2AM$；(c) $BM < AM < 2BM$.

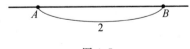

图 4.5

381(нп).　设 A 和 B 是平面上的点. 求平面上点 M 的轨迹，它满足：

(a) $AM < BM$；(b) $AM \geqslant 2AB$；(c) $AM + MB = AB$.

(d) $AM < AB$，$BM \geqslant AB$.

(e) 点 A ，B 和 M 是等腰三角形的顶点；(f) $\angle ABM$ 是 $\triangle ABM$ 的最大角.

(g) $\angle BAM$ 是 $\triangle ABM$ 的最小角；(h) $\angle AMB$ 是 $\triangle AMB$ 中角的度数居中的角.

382(вп). 设 A ，B 和 C 是平面上不在一条直线上的点. 求平面上点 M 的轨迹，使得：

(a) 直线 CM 与线段 AB 相交.

(b) 射线 CM 与线段 AB 相交.

(c) 线段 CM 与线段 AB 相交.

(d) $AM = BM = CM$.

(e) 点 A ，B 和 C 中离点 M 最近的点是点 A.

383(т). 求与 $\triangle ABC$ 三边距离相等的点 M 的轨迹.

✳ **384(п).** 在平面上给出两条相交的直线 p 和 q. 求点 M 的轨迹：

(a) 与 p 和 q 的距离相等；(b) 到 p 比到 q 的距离更近.

385. 在平面上有两条相交的直线，从它们的交点开始，有两个点同时沿自己的直线开始运动，点运动的速度相等，则以运动点为端点的线段的中点将描画出怎样的线？

✳ **386(п).** 在平面上画一个半径为 1 的圆. 求平面上点 M 的轨迹，使得圆上每个点到 M 的最近距离等于 1.

✳ **387(т).** 在平面上有三条相交的直线. 求与这三条直线距离相等的点的轨迹.

388(в). 求平面上所有可能的圆的圆心的轨迹，这些圆都通过这个平面的两个已知点 A 和 B.

✳ **389.** 求平面上所有可能的圆的圆心的轨迹，这些圆与这个平面上的线段 AB 交于两个点.

390(т). 设 A 和 B 是平面上距离等于 1 的两个点. 求平面上这样的点 M 的轨迹，使得它到 A 和 B 的距离都为整数.

4.2 作图问题

✳ 几何作图问题，可能是最古老的数学问题. 对一些人来说，它们可能看起来不那么有趣、必要，甚至是牵强的. 实际上，何处和干什么能需要借助圆规和直尺作正十七边形或已知三条高作三角形,甚至简单地作直线平行于已知直线的本领呢? 现代技术设备将比任何人都能更快、更精确地完成这些作图,而且只使用圆规与直尺是不可能完成的.

然而,如果没有作图问题,那么几何学就不再是几何学了. 如果马上"通过靠近"这些似是而非的不多的古老的作图问题,按照现在来体验几何学,是不能同它交朋友的. 作图问题你们已经在低年级和本书的前一章遇到过,我们考察某些不复杂的每个学生都应当学会的问题,并且它们在今后是服务于更复杂的作图的"配件".

但是在考察具体问题之前,我们提醒关于同作图问题相联系的约定.

在所有这样的问题中,如果不做说明,那么所说的都是用圆规和直尺来作图.

利用直尺我们可以通过平面上任意两个点引直线. 没什么更多的功用! 数学的直尺是单边的且没有刻度的.

利用圆规我们可以作给定圆心和给定半径的圆. 此时半径是用通过平面上的两个点来给出的,它们之间的距离等于半径.

许多几何作图可以用不同的方法实现. 所以应当力求在每种具体情况中找到最好的作图序列. 而事实是,"最好的序列"意味着什么,不总是容易说明的. 但在某些情况这还是做得到的.

一、作直线的垂线

✳ **课题 1**　给出直线 l 和这条直线外的点 A. 通过点 A 作直线垂直于 l.

解　为了作垂线,首先作点 A 关于 l 的对称点 A' 就足够了. 为此作圆心在 l 上,且通过点 A 的两个圆(图 4.6 中给出的数 1,2 和 3 指出了画线的顺序). 这两个圆的第二个交点给出点 A'. 引直线 AA',就得到所求作的垂线. ▼

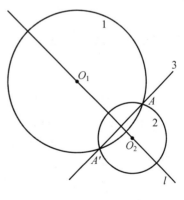

图 4.6

正如所见,所完成的作图是很经济的. 只需要引进两条辅助线,两个圆. 而第三条线就是所求的垂线. 要引进更小数目的线是不可能的.

那么如果点 A 在直线 l 上,会怎么样呢? 在这种情况下可以在直线 l 上作距点 A 等远的点 B 和 C,然后作 BC 的中垂线. 但这个作图不像点在直线 l 外那样的经济.

一旦我们掌握了必要的知识,我们就会回到这个问题上.

二、平分线段

无疑的,你们中的任何人,即使是那些没有很好地理解上一章介绍的几何图形的性质的人,都会询问平分线段的问题,毕竟我们停留在这个课题,它是作图的基本课题.

✲ **课题 2** 平分已知线段.或者换个说法:给出线段 AB,求作 AB 的中点.

问题归结为作线段 AB 的中垂线.则它同 AB 的交点即为所求.

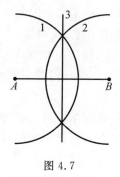

解 以 A 和 B 为圆心作两个相同的相交圆(图 4.7).通过它们的交点画一条直线并找出这条直线与 AB 的交点.这就是所求线段 AB 的中点. ▼

图 4.7

三、作三角形等于已知三角形,作一个角等于已知角

✲ 如果在平面上画有三角形,那么我们可以没有困难地在平面的任何地方作三角形,等于所画的三角形.我们将由三角形相等的判别法来求解.

我们在需要的地方画一条线段,等于三角形的一条边.然后,以这个线段的两个端点为圆心画两个圆,它们的半径分别等于另外两条边.找出所作的两个圆的交点,等等(图 4.8).

图 4.8

根据三边作三角形正是这样.区别只在于,已知的不是画出的三角形,而是等于它的边长的三条线段.

学会作一个三角形等于已知的三角形,我们容易询问作一个多边形等于所画的多边形的课题,以及由直线,射线和线段所形成的任何图形的同样的课题.

比方说,我们解下面的课题.

✲ **课题 3** 作一个角等于已知角.

解 这个问题容易化归为作一个三角形等于已知三角形.我们在角的两边上各任取一点.设这两个点分别是 B 和 C,角的顶点是 A(图 4.9).

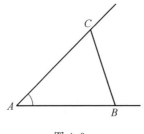

图 4.9

现在作三角形等于 △ABC，我们完成这个作图便一起作出了等于已知角的角.▼

四、作角平分线

❀　**课题 4**　作已知角的平分线.

解　我们考察顶点为 A 的角.以点 A 为圆心用任意长的半径画圆.通过 B 和 C 标记圆和角的两边的交点(图 4.10).现在以圆心在点 B 和 C 用相等的半径画两个相交的圆.取它们在角的内部的交点，标记为 D.

根据 △ABD 和 △ACD 相等.而这意味着，∠BAD 和 ∠CAD 相等.射线 AD 就是所考察的角的平分线.▼

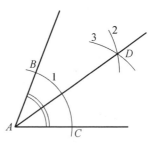

图 4.10

与前一课题不同，任何学生没有借助课本的帮助就能够解决它.马上要解的是更加困难的课题，无论如何，所提出的解决方案并不容易找到.此外，作图正确性的依据并不显然.

五、作直线平行于已知直线

❀　**课题 5**　已知直线 l 和在这条直线外的一点 A.通过点 A 作直线平行于 l.

解　通过点 A 作圆且交直线 l 于点 B 和 C(图 4.11)使得线段 AB 和 AC 不相等(为此这个圆的圆心不应在通过 A 引的直线 l 的垂线上).现在，再作一个圆心在 C 半径等于 AB 的圆.所作的圆的交点中有一个点同 A 联结，我们得到平行于 l 的直线(图 4.11).让我们来证明它.我们考察通过第一个圆的圆心且垂直于 l 的

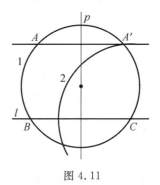

图 4.11

直线 p.

在关于直线 p 的对称下点 B 和 C 其中一个变作另一个. 点 A 变作第一个圆中这样的点 A'，它们有 $CA'=BA$. 这意味着，A' 是圆 1 和圆 2 的一个交点（注意，A' 是不能与 A 重合的. 对此需要条件 $AB\neq AC$）. 直线 l 和 AA' 垂直于同一条直线 p，这意味着，它们平行.

于是我们证明了两个圆的交点中实际上存在点 A'，使得直线 AA' 平行于 l. 因为两个圆相交不多于两个点，选择需要的交点，正如所见，这不难办到. ▼

六、作圆的切线

现在我们研究的课题是对圆作切线. 但是这次的作图并不经济. 当然，能够指出更为方便的作法，但它所依据的必要的几何知识，我们暂时还没学到.

现在，我们想着重指出，关于切线作图问题完全可解的原则. 顺便提一下，在数学上具备类似的原则上的可能性很重要.

❋ **课题 6** 已知给出圆心的圆，以及这个圆外的一点 A. 通过点 A 作直线使它与已知圆相切.

解 用 O 表示圆心，而 B 表示切线同圆的切点. 正如我们所知道的，$\angle ABO$ 是直角. 在 $Rt\triangle ABO$ 中，已知直角边 BO 等于圆的半径，而斜边是 AO.

按照这些已知可以作三角形，其等于 $Rt\triangle ABO$（图 4.12）.（回忆直角三角形相等的专门判别法.）

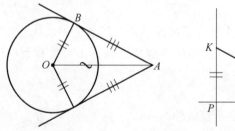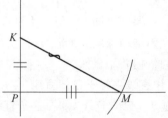

图 4.12

为此在平面上任何地方作两条垂直的直线. 在一条直线上由点 P——两垂线的交点——截取线段 PK，使其等于半径 BO. 然后以点 K 为中心 AO 为半径作圆，通过 M 表示这个圆同第二条直线的交点.

所得到的 $Rt\triangle MPK$ 等于 $Rt\triangle ABO$. 直角边 MP 等于切线 AB. 现在作圆心在点 A 半径等于 MP 的圆. 它同已知圆的交点是切点. 将它与 A 联结，我们便得到所要求作的直线. ▼

由我们的讨论得出，通过圆外的任意一点可以恰引两条直线与这个圆相切. 这时由已知点到切点的两条切线段相等. 今后, 它可以表述为如下形式: 由一点对圆所引的切线长相等. 请务必记住.

▲■● 课题, 作业, 问题

391. 作一个角等于: (a) 45°; (b) 22°30′.

392. 作两条直角边均等于 3 cm 的直角三角形. 那么它的两个锐角等于多少度 (用量角器测量它们)?

393. 在平面上画有一个44°的角. 如何作 1°的角?

394. 我们取三条任意的线段. 作四边形 ABCD, 使得在顶点 A 和 B 的角是直角, 而边 DA, AB 和 BC 等于给出的线段. 这样的四边形总存在吗? 存在多少个这样的四边形?

395. 我们取三条任意的线段. 作四边形 ABCD, 使得在顶点 A 和 B 的角是直角, 而边 AB, BC 和 CD 等于给出的线段. 这样的四边形总存在吗? 存在多少个这样的四边形?

396. 作已知线段关于给定直线的对称线段.

397. 已知两边以及第三边上的高作三角形.

❋ **398(B).** 求作一个圆, 使它与已知角的两边相切.

❋ **399(BT).** 求作一个已知半径的圆, 使它与两个已知圆相切.

❋ **400(B).** 分已知的圆弧为两个相等的弧.

❋ **401(B).** 已知两边以及第三边上的中线作三角形.

402(T). 如果使用圆规和长度小于已知两点之间的距离的直尺, 怎样通过两个已知点画直线?

403(T). 在平面上有三条直线 l, p 和 q. 在直线 l 和 p 上作点 A 和 B, 使得线段 AB 与直线 q 垂直且被这条直线所平分.

404(T). 作图: 通过两个圆的交点引直线, 在交点处与这两个圆形成相等的弦.

405. 平分已知线段. 如果用直尺和一把生锈的圆规, 它只能画一种半径的圆, 并且这个半径小于已知线段的一半.

406. 已知圆和直线. 在直线上找出所有这样的点, 由它对圆的切线等于已知的线段.

407(п). 在平面上画有一个圆,但它的圆心没有标出.请你作出这个圆的圆心.

408(п). 有一个三棱锥的模型,在它的界面上可以作几何图.解下面的问题.

(a) 在棱锥的两个界面上各标出一个点.在纸片上作一个线段,等于联结所标两点的直线上的线段.

(b) 由一个面上引三条直线,与这个面的边界相交.当延长这些直线时形成三角形.在纸片上作一个三角形,使它等于这三条直线所形成的三角形.

409(н). 在图 4.13 中,AC 是切线,B 是切点,$AO = OC$.证明:$AB = BC$.

410(н). 在图 4.14 中,AC 是切线,B 是切点,$AB = BC$.证明:$AO = OC$.

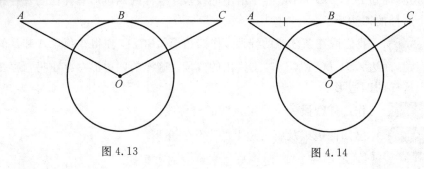

图 4.13　　　　　　　　　图 4.14

411(н). 在图 4.15 中,AB 和 CD 都是切线,M,N 是切点.证明:$AB = CD$.

412(н). 在图 4.16 中,AA_1 和 BB_1 都是切线,A,A_1,B,B_1 是切点.证明:$AA_1 = BB_1$ 且 AA_1 与 BB_1 的交点 K 在线段 OO_1 上.

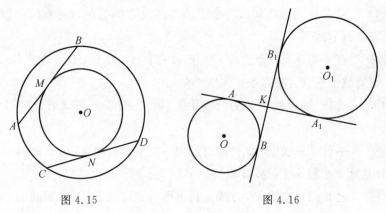

图 4.15　　　　　　　　　图 4.16

4.3　平面上的最短路径

✽　正如我们知道的,为了由平面上一个点沿最短路径击中另一个点,应当沿着直线运动. 这是求最短路径最简单的问题. 存在一系列远为复杂的、有趣的且对于实际更重要的同类型的问题. 例如,用道路连接某些个城市,能够乘车由任何另外的城市到达每一个城市,使得修建的道路总长度为最小.

在本节我们考察这种类型的经典的几何问题,它很容易得到引人入胜的形式. 然而我们做这个并不局限于枯燥的数学陈述.

✽　**课题**　给出直线 l 和在它一侧的点 A 和 B. 在直线 l 上求作点 M,使得两节折线 AMB 的长最小.

点 A 和 B 在 l 的一侧,使问题的解变得困难. 这就是如果 ……(但是,不是设法指出,怎样不清晰的猜想能简述在现在的解中). 我们考察解本身.

解　在直线 l 上取任意一点 M. 作点 A' 与点 A 关于 l 对称(图 4.17). 因为 $AM = A'M$,折线 AMB 的长总等于折线 $A'MB$ 的长. 但后一个将最小,此时它变成直线段. 这意味着所求的点在 l 上是它同线段 $A'B$ 的交点. 记它为 M_0.

由角的相应性质得出,对于求得的点 M_0,射线 M_0A 和 M_0B 同 l 形成相等的角. 具有光线反射

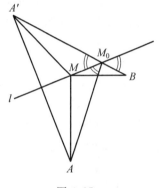

图 4.17

的这个规律,也就是说,如果我们能调整由 A 发出的光射线,使它由直线 l 反射击中 B,那么这个射线实现了的就是最短路径. ▼

▲■●　课题,作业,问题

✽　413(п).　在河中有两个岛 A 和 B. 游览者由岛 A 乘小皮艇出发想到岛 B,轮流到过河的左岸和右岸. 他们应该怎样选择自己的路线,使得总路程具有最小的长度?(河岸是直线,岛看作点.)

✽　414(п).　在锐角的内部有一点 A. 在角的两边求作点 B 和 C,使得 $\triangle ABC$ 的周长最小.

415(п).　已知三棱锥 $ABCD$. 在棱 CD 上求点 M,使得折线 AMB 的长最小.

4.4　关于几何问题的解

在前一章的各节中我们考察了许多几何问题. 它们中的某些个你们似乎感兴趣,而另一些则不是很感兴趣,有些是足够的容易的,而另外的则是极为困难的. 我们认为,许多学生都想学会解有趣和困难的问题. 但是应该怎么做呢?由什么形成解几何问题的本领呢?

当然,必须要很好地知道和理解定理,掌握概念、定理的条件,了解证明和例题.

应当学习作好的、大的和漂亮的制图,而有时不是制图,而是画图. 制图 — 画图,如果顺利地完成它们,可以很容易地在它们上面探求问题的解法.

做点滴的收集几何事实、解问题的方法、特殊的方法,特别要注意标注字母(п)(有益的)的问题. 达到独立地想到不是那么简单的某些方式和方法. 但是了解这些,作为这个方法"应用"在一个或某些个问题的例子,你们在今后可以独立的使用它们.

例如,在前一节分析了关于求"探寻"已知直线的两点间的最短路径的一个漂亮的几何问题的解. 在那之后,在上节结尾引进了可能对于你们来说已经并不困难的课题. 要知道在它们中(说的是前两个问题)只需要使用两次在解决基本问题时利用的方法.

迄今为止所证明的大量的定理都与三角形几何学有关系. 这并非偶然. 要知道三角形是最简单的多边形. 很多问题的解都可归结为考察一个或某些个三角形. 甚至可以说成是"关键三角形"法. 它的核心是,在已知图形中应当找一个三角形(或某几个三角形),问题的解法归结为对它们的研究(图 4.18).

有时为了这个目的应当开始进行某个辅助作图. 例如,在四边形中添设对角线(图 4.19)或者联结圆的弦的端点和它的圆心.

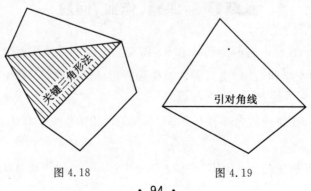

图 4.18　　　　　　　　　图 4.19

记住某些作图的方法,可经常在相似的位置时利用.暂时想要你们注意一个涉及三角形中线的辅助作图.如果在问题条件中出现中线,那么可经常利用倍中线法(延长中线到等于它的距离)来解题.

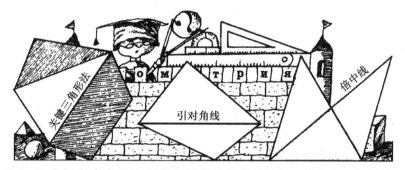

现在,让我们来谈谈学校实践中最常见的问题 —— 计算问题.解决这些问题的结果就是答案.尽管这绝不能归结为对解的探求.

"尽管答案是正确的" —— 但希望学生保留住自己的解由教师"挑毛病".这样的学生应记住下面的例子.取分数 $\frac{19}{95}$,约去 9(?):$\frac{19}{95}=\frac{19}{95}=\frac{1}{5}$.答案是对的.

然而我们不能离开本题.因为几何中的计算问题是许多一般的带有算术和代数计算的问题.

在某些情况下,你可以顺次地一步一步地计算它们,直到找到正确的值.作为例子我们考察与 3.2 节问题 297 类似的问题.

❋ **问题 1**　在 $\triangle ABC$ 中,已知 $AB=8$,$BC=9$,$CA=10$.在边 AC 上取点 M,使得 $AM=4$.通过 M 引 $\angle C$ 平分线的垂线,交直线 BC 于点 P.通过 P 引 $\angle B$ 平分线的垂线,交 AB 于点 Q.最后,通过 Q 引 $\angle A$ 平分线的垂线,交 AC 于点 K.求线段 MK 的长.

解　这个问题的解法由某些相同的步骤组成(图 4.20).

(1)$MC=AC-AM=10-4=6$.$\triangle MPC$ 是底为 MP 的等腰三角形,因为 MP 是 $\angle C$ 平分线的垂线,所以 $PC=MC=6$.

(2)同样求得:$BP=3$,$BQ=BP=3$.

(3)$AQ=5$,$AK=AQ=5$.

这意味着,线段 MK 的长等于 1.▼

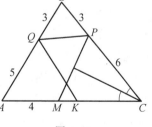

图 4.20

然而不是总能这样有序地得到解答.在某些情况下需要使用方程.

我们考察下面的问题,类似于 3.2 节的问题 299.

✵ **问题 2** 我们取 $\triangle ABC$,它的边长同问题 1. 在边 AC,CB 和 BA 上分别取点 E,D 和 F,使得 ED 垂直于 $\angle C$ 的平分线,DF 垂直于 $\angle B$ 的平分线,FE 垂直于 $\angle A$ 的平分线. 求点 E 分边 AC 所成两个线段的长分别是多少?

解 用 x 表示 EC 的长(图 4.21). 像上题一样进行讨论,顺次得出:$DC = x$,$BD = 9-x$,$BF = 9-x$,$AF = 8-(9-x) = x-1$,$AE = AF = x-1$. 但 $AE + EC = 10$,或者 $(x-1) + x = 10$,由此得 $x = 5.5$. 所以点 E 分边 AC 所成的两条线段的长分别等于 4.5 和 5.5. ▼

许多有趣的几何问题的重要的特殊性是它们的许多变式. 问题的条件可以用某些不同的方法来实行. 当解题时所有这些变式必须考察,不要遗漏. 这对几何问题的所有形式有相等程度的相关性,而我们考察的例题全部是同类型的(由 3.3 节问题 365 给出的变动的数值).

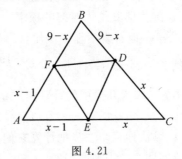

图 4.21

✵ **问题 3** 求圆心在边长为 8,9 和 10 的三角形顶点的三个两两相切的圆的半径.

解 正如所见,考察的全是三角形. 但在这个相似之处没有完结. 利用在问题 2 中同样的标记(图 4.22). 因为 $CE = CD$,圆心在 C 且半径为 CE 的圆通过 D. 同样可以作圆心在 A 和 B 的圆分别通过 E 和 F 及 D 和 F. 这三个圆将彼此外切. 这意味着,问题 2 给出的解是这个问题的解吗?是的,但也不全是. 因为圆相切还有内切的形式.

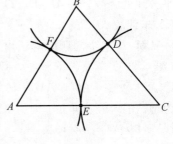

图 4.22

可能还有三种情况! 例如,圆心在 A 的圆包含另两个圆(图 4.23).

如果圆心在 A 的圆的半径等于 x,那么圆心在 B 和 C 的圆的半径将分别等于 $x-8$ 和 $x-10$. 但两个小圆半径的和等于 $BC = 9$. 我们得到方程

$$(x-8)+(x-10)=9$$

由此得 $x=13.5$.

在这种情况下圆的半径分别等于 $13.5,5.5$, 3.5. 建议大家独立地作答. 现给出这个问题的完整解:

$(4.5,\ 3.5,\ 5.5)$;$(13.5,\ 5.5,\ 3.5)$;$(5.5,$ $13.5,\ 4.5)$;$(3.5,\ 4.5,\ 13.5)$. ▼

最后,我们想再提出一个问题. 所考察的三个问题中哪一个最难 —— 这很显然. 而哪一个的解法最有趣,表述形式最漂亮呢?

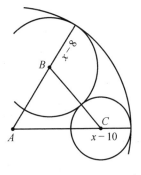

图 4.23

▲■● 　课题,作业,问题

416. 　点 A,B,C,和 D 按指出的顺序排布在直线上,$AB=2.3$,$BC=3.5$,$CD=1.3$. 点 M 在直线 BC 上且 $BM:MC=3:4$. 则点 M 分线段 AB 的比等于多少?

417. 　点 B 在线段 AC 的内部,已知 $AB=1.2$,线段 AC 和 BC 分别是两个圆的直径,求这两个圆圆心之间的距离.

418. 　已知点 K,P 和 M 分别是线段 AB,BC 和 AC 的中点,如果 $AB=1$,$BC=3$,$AC=4$,那么点 M 分线段 KP 的比等于多少?

419(т). 　在直线上依次有点 A,B,C 和 D,且 $AB=2$,$CD=3$. 线段 AC 和 BD 是两个圆的直径. 求这两个圆圆心之间的距离.

420(т). 　在直线上依次有点 A,B,C 和 D,使得 $AB=3$,$BC=1$,$CD=2$,$AD=6$. 在这条直线上与点 A 距离多远能够找到这样的点 M,成立 $AM:MD=BM:MC$?

421. 　如果一个角的一边同它的邻补角的平分线形成$20°$的角,那么这个角等于多少度?

422. 　通过直线 a 上的一点引直线 p 和 q. 已知,直线 a 和 p 之间的角等于$20°$,而直线 a 和 q 之间的角等于$80°$. 则直线 p 和 q 之间的角等于多少度?

423(т). 　通过平面上一点引三条直线分平面为六个角. 已知,角的量数的平均值等于所形成的角中最大和最小角的算术平均值. 求角的量数的平均值.

424(т). 四边形的两个边分别等于 1 和 4. 一条对角线等于 2 且分四边形为两个等腰三角形. 求四边形的周长.

425(т). 在 $\triangle ABC$ 中, 边 $AB=1$, 而边 BC 的长是整数. $\angle A$ 的平分线与由点 B 引出的中线垂直. 求三角形的周长.

426(т). 由 $\triangle ABC$ 的顶点 A 和 C 引直线, 垂直于 $\angle ABC$ 的平分线, 交直线 CB 和 BA 分别于点 K 和 M. 如果 $BM=8$, $KC=1$, 求 AB 的长.

427(т). 四边形 $ABCD$ 的顶点 A, B, C 和 D 是四个圆的圆心. 圆心在相邻顶点的任意两个圆彼此外切. 已知四边形的边: $AB=2$, $BC=3$, $CD=5$. 求边 AD 的长.

428(т). 五边形的边(环绕的次序)分别等于 7, 10, 12, 8 和 9. 在五边形的顶点放置五个圆的圆心, 并且任意两个相邻的圆彼此外切. 求最小的圆的半径.

429(т). 圆与顶点为 A 的角的两边相切. 由 A 到切点的距离等于 5. 引圆的切线, 交角的边分别于点 B 和 C. 已知圆心在 $\triangle ABC$ 的外部. 求 $\triangle ABC$ 的周长.

430(т). 在棱锥 $ABCD$ 中, 已知棱 $AB=5$, $BC=7$, $CA=10$, $AD=8$. 以棱锥的顶点为球心, 放置彼此外切的球. 求棱 BD 和 CD 的长.

4.5 几何中的证明

✳ 在继续构作几何定理之前, 让我们做出第一个结果再讨论某些问题, 讨论一些可能出现在那些真正想了解和理解几何的人提出的问题. 这就是说, 让我们试着解释定理是如何以及为什么被证明的. 我们已经在 1.6 节开始讨论这件事了, 现在需要的是详细地回答这个问题.

一、定理和证明

在数学中, 不像其他学科, 有定理和证明这样的概念. 事实上, 数学本身就是一门科学, 因为它包含了定理和证明.

算术问题和几何公式在公元前一千多年写有定理的古埃及草纸中已经能够遇到, 但在这些古老的文本中没有最主要的证明, 而没有证明就没有数学本身.

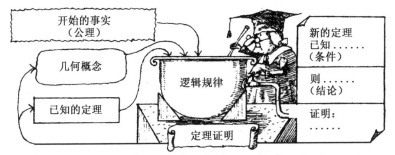

什么时候出现的第一个证明？科学史家们以惊人的一致意见授予米利都的泰勒斯(前 624— 前 546)首个数学家称号，古希腊米利都城著名的哲人. 其实，最好命名泰勒斯是第一个几何学家，因为他全部的数学成就同几何学联系着(在这里，大概值得再一次说起，"数学"概念本身作为科学的名称，直到 19 世纪才出现. 在此之前，我们理解的数学家被称为几何学家). 数一数被泰勒斯证明的第一个几何定理，它们中有你们已经知道的关于对顶角相等的定理和等腰三角形的性质(两底角相等). 在下学年你们还将学习一个定理，习惯上叫作泰勒斯定理.

什么是定理，它指的又是什么呢？

下面在数学中的定理理解为任何数学的命题，它的正确性要借助证明来建立.

在定理中，通常有两部分是明确的，那就是：已知什么和需要证明什么. 已知什么叫作定理的条件，需要证明什么叫作定理的论断或结论.

数学证明按照清晰的确定的法则进行. 由前面已知的事实和定理出发，按照对应的逻辑学规律确认新定理的正确性.

的确，在本书的开头我们简述了某些个论断，它们通常作为正确的和无须证明的真理，这些事实我们是作为显然解释的. 数学家称无须证明而采用的论断

为公理. 我们称它们为平面的基本性质(关于这个, 我们为什么这样做, 在 1.6 节我们说的并不多).

定理和证明都出现在第 2 章的开头. 与此同时可能会出现不同的意见, 有人可能认为所证明的定理中的某些内容是完全显然并且无须证明的, 只是数学家们在玩他们自己的游戏, 把规则强加给别人.

可以肯定的是, 那些持这种观点的人有值得信赖的盟友. 著名的波斯诗人和数学家奥马·海亚姆(Omar Hayam) 生活在 11 世纪. 当时, 诗歌和数学的结合是典型的, 他注意到欧几里得在他的作品中证明了很多不需要证明的论断(注意, 我们正在学习的几何, 数学家称之为欧几里得几何学).

此外, 一些人可能对我们某些推理的严谨程度感到不满. 一个三角形"重叠"在另一个上意味着什么? 或者为什么任意直线交三角形不多余两个点? 持这些观点的拥护者也有不少的志同道合者, 特别是在专业的数学家中.

我们现在不需要弄清楚谁是对的. 你甚至不应该问这样的问题. 而问题, 谁更好? 谁更糟糕? —— 大部分都说不通. 但值得注意的是, 如果人类偶尔不怀疑显而易见的事实, 那么我们仍然会认为地球是平的、静止的、太阳围绕着它转.

在本书结尾时我们将再返回这些问题, 而现在力图了解在前一章已经利用过的证明方法. 因为我们没有任何说明就开始了证明, 只是依靠合理的意义.

为此, 让我们简单地回顾一下你已经知道的定理并找出证明中所使用的方法的本质.

二、反证法

定理 2.1, 我们借助反证法证明了这个定理, 它反映的是自己的名称. 首先我们假设, 定理的结论是不正确的, 然后借助于这个或那个论断得出要么同原来的假设, 要么同定理的条件, 要么同已知的数学事实相矛盾. 按照拉丁语这个方法叫作 reductio ad absurdum, 这意味着"导致荒谬".

没有想到, 反证法已经是专门的数学方法了, 正如在任何数学方法中它的基础有初等的合理的意义.

欧几里得很喜欢用反证法. 数学家对于这个方法的依赖是不同的. 有些人认为它是最强有力的数学手段之一.

三、定理作为定义的推论

定理 2.2, 不需要特别的注释. 全部根据在初等的讨论: 如果等量减去相等的量, 那么它们的差相等.

定理 2.3, 由两个概念 —— 轴对称和垂直的性质直接推出: 相似类型的定理在数学中几乎经常遇到, 一般它们并不复杂. 这里最主要的是精确地理解词的意义(在给出的情况是对称和垂直).

定理 2.3 是辅助的,我们借助它证明重要的定理 2.4.

四、方案的选择

定理 2.4,它的证明值得注意.

第一,在这个证明中我们考察了点 A 可能分布的两种情况. 必要地考察某些情况这对几何定理和问题是典型的现象. 真的,第一种情况很简单,然而它是必需要考虑的,不然的话,证明将是不完整的.

五、在证明中的对称法

第二,根据情况我们使用对称,虽然在定理的条件中没有提到它,但对称在这里是证明方法.

考察对称点,我们有利用定理 2.3 和平面第一个基本性质的可能性.

定理 2.5 是一个很简单和显然的定理,完全由圆的定义和对称的性质得出.

定理 3.1 是关于等腰三角形的性质.这里在证明中重新利用了对称法.

有趣的是,英国著名作家、逻辑学家刘易斯·卡罗尔(Lewis Carroll),精确地证明了关于等腰三角形两底角相等的定理. 他关于小爱丽丝及她在仙境和镜子里冒险的故事在全世界都很有名.然而并不是所有人都知道刘易斯·卡罗尔是笔名,而这本书的作者查尔斯·路特维奇·道奇森是他的真名,他是牛津大学的数学教授. 他认为自己生活的主要工作是对自己的书《欧几里得和他的当代竞争者》的"补充".

刘易斯·卡罗尔的证明借助于剪刀. 假设在纸片上画一个等腰 $\triangle ABC$,且 $AB = BC$. 用剪刀剪掉这个三角形. 翻转后试图塞上形成的孔洞. 这我们做得到,不是吗? 边 BC 沿原来的边 BA 放齐,而边 BA 沿原来的边 BC 放齐. 这意味着,原来的三角形和翻转后的三角形的所有顶点都重合,顶点 C 占据顶点 A 的位置. 这样一来,$\angle C = \angle A$. 定理得证.

很明显,我们考察的"对称法"与刘易斯·卡罗尔的"剪刀法"在本质上是一样的.

由等腰三角形的性质可立刻推出圆的某些性质.因为一个顶点在圆心,而另外两个顶点在圆上的任何三角形,是等腰三角形. 这即是定理 3.2 和定理 3.3 证明的依据.

在定理 3.3 中注意考察下面两个因素.

(1) 某些微妙的地方.

考察两圆相交的情况,我们并不立即引联结它们圆心的直线,而是由两个圆心向公共弦引垂线. 根据等腰三角形的性质做出结论,这两条垂线实则在一条直线上.

还有,我们的讨论从这里开始,我们固定两圆的一个交点. 此后证明,对它可以添加不多于一个交点.

进一步我们考察三角形相等的三个判别法. 在它们的证明中没有任何的微妙之处. 一切都基于常识.

(2) 反例.

这就是前述定理 3.4 引起兴趣的问题. 在它考察的两个三角形有两对相等的边和一对对应相等的角(不是两边夹的角). 这样的两个三角形必定是相等的吗?

在这里提出更一般的问题. 怎样的形式能够反驳不正确的论断和理论呢? 最常见的方法之一是建构例子进行反驳,或者如数学家所说的,建构反例.

借助反例进行反驳的方法不止在数学中可以运用,它还经常被应用在各种各样的科学和普通的生活里. 如果任何人断言,雀鸟与其他动物的区别是存在翅膀,那么可以作为反例指出没有翅膀的雀鸟生活在新西兰,或者已知的蝙蝠.

定理:
它的术语,
其中依次遇到五个
一致的字母.

反

例

因此,在我们的问题中,对两个三角形引进例子,证明:当两个三角形有两对相等的边和一对对应相等的角,这样的三角形可以不相等.

但是当考察的角不是锐角时,这个例子是不可行的.因为结果显示在定理3.4和直角三角形相等的专门的判别法这可作为它的特殊情况.

六、原定理和逆定理

在数学中有许多定理是成对的.在许多情况下,经常会遇到由原定理和逆定理组成的对子.

这样形成的对子,例如关于等腰三角形的性质定理和关于等腰三角形的判定定理.如果再仔细考察这些定理,那么我们将看到这里有四对定理.下面就是其中的一对.

原定理:等腰三角形中的两个底角相等.

逆定理:如果在三角形中有两个角相等,那么这个三角形是等腰三角形.它的底是相等的角所夹的边.

这里,原定理是条件(三角形是等腰三角形),逆定理是结论.而在原定理中需要证明的(两底角相等),在逆定理中是条件.

我们发现,原定理的正确性并不意味着逆定理的正确性.下面就是一个最简单的例子.

原定理:对顶角相等.条件——给出的是对顶角.需要证明它们相等.逆定理看起来很荒谬:如果两个角相等,那么它们是对顶角.但是如果对它稍微进行调整,那么能够得到绝对正确,尽管不是很有趣的论断:如果两个角相等,那么能够将它们这样放置,使它们形成一对对顶角.

七、性质和判定

让我们回到关于等腰三角形的性质和判定这一对定理.事实上,在任何科学都有类似的东西,尽管它们的性质和判定的获得并不总是像数学定理这样具有严格的意义.

我们取动物学的例子.每种动物都具有自己的性质特征,可以按照这些特征来识别它们.尽管,很少有这样,使得性质也是判定.举个例子,大象具有象鼻(这个性质).具有象鼻的动物是大象(这是判定).

的确,虽然某些爬行动物(软海龟)和另外的动物也具有象鼻,但这个完全不是那个象鼻.

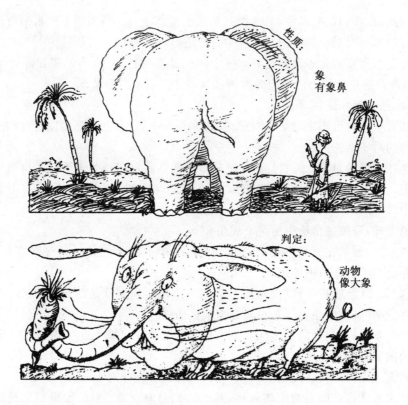

性质:

象
有象鼻

判定:

动物
像大象

八、一个定理的两种证明方法

定理 3.5(关于三角形的外角),有什么值得注意的吗?

在几何中,为了证明一个量小于另一个量,经常采取这样的方法:将考察的图形放置在另一个图形的内部.在已知的定理中所谈的是角.借助给出的方法将三角形的内角放置在外角的内部.这个方法,根据的是我们已知的方法——倍中线法.

九、原定理和逆定理作为一个定理

关于三角形的外角定理允许再做某些步骤发展几何定理.

定理 3.6,如果你们深入思考它的简述,那么就会发现,它同时包含了两个定理——原定理和逆定理.在原定理中我们是由边到角.在逆定理中,作为开始在反方向进行.

对于前面关于外角的定理我们归结为原定理.逆定理的证明用的是反证法.

在证明逆定理时利用反证法——是典型的现象.

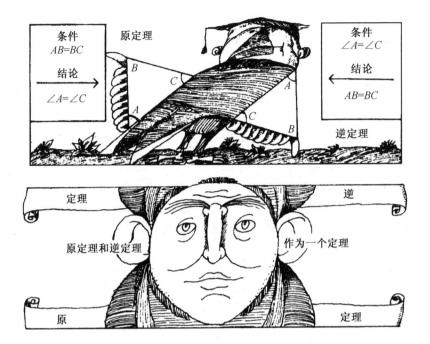

十、作为另一个定理的个别情况的定理

定理 3.6 的特殊情况是定理 3.7. 它简述为垂线的一个很重要的性质. 而对圆和切线运用定理 3.7 的结果,我们也可以得到切线的重要性质.

你看,我们利用关于三角形的外角的一个定理有多少个推论,虽然它自身将很快被更有力的论断所代替.

于是,我们完成了对前一章所证明的定理,在这些定理中使用的讨论和证明方法的简短评述.

而现在我们证明两个定理. 这些证明你们应当警惕潜藏在学习和通晓几何学的道路中的某些危险性.

十一、注意图!

危局之一:支点在不正确的图上.

定理　在直角三角形中斜边等于直角边.(？)

证明①　我们考察 Rt△ABC,在顶点 C 的角是直角. 我们证明,斜边 AB 等于直角边 AC. 引角 A 的平分线和 BC 的中垂线(图 4.24).通过 K 表示它们的交

---

①　实际上,定理并不正确,证明包含错误!

点. 由 K 向直角边 AC 和斜边 AB 引垂线 KM 和 KP.

根据角平分线的性质, 点 K 到 AB 和 AC 等远, 即 $KM = KP$. Rt$\triangle AKM$ 和 Rt$\triangle AKP$ 相等: 斜边 AK 是公共边且 $KM = KP$. 这意味着, $AM = AP$.

$\triangle CKM$ 和 $\triangle BKP$ 也是相等的直角三角形: $CK = BK$, 因为 K 在 BC 的中垂线上, $KM = KP$. 所以, $CM = BP$.

结果我们得到 $AC = AM + CM = AP + BP = AB$. 等式证明了?

这是怎么一回事? 也许你们会说, 点 K 应当在 $\triangle ABC$ 的外面. 请! 图 4.25 解决了这个问题的证明.

另外, 反驳意见说得并不理智: 我们证明三角形相等, 但显然它们并不相等. 其中一个三角形显然小于另一个, 这在图中能很好地看出. 此外, 直线 AK 不像是 $\angle BAC$ 的平分线. 我们作更精细的图形, 如图 4.26 所示.

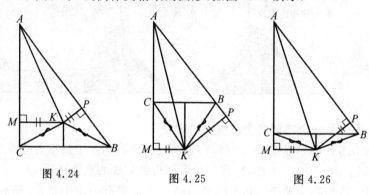

图 4.24 图 4.25 图 4.26

现在, $\triangle CKM$ 和 $\triangle BKP$ 实际上是相等的. 但是线段 CM 和 BP 应在 BC 的不同侧.

简言之, 请相信自己的眼睛!

十二、三角形相等的第四判别法?

危局之二: 这个失误是什么, 再证明一个论断.

定理 如果在 $\triangle ABC$ 和 $\triangle A_1B_1C_1$ 中, 成立等式 $AB = A_1B_1$, $AC = A_1C_1$ 和 $\angle ABC = \angle A_1B_1C_1$, 那么这两个三角形相等.

如果我们记得前面定理 3.4 的问题, 那么应当惊奇. 因为在这个问题中指出, 这两个三角形不一定相等. 不过 ……

证明 作 $\triangle AB_2C = \triangle ABC$, 并且点 B_2 与点 B 置于 AC 的两侧. 我们有 $AB_2 = A_1B_1 = AB$, $CB_2 = C_1B_1$ (图 4.27).

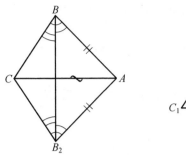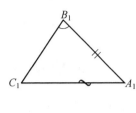

图 4.27

在 $\triangle BAB_2$ 中，边 AB 和 AB_2 相等. 因此 $\angle ABB_2$ 和 $\angle AB_2B$ 相等. 又根据条件 $\angle ABC$ 和 $\angle AB_2C$ 相等($\angle AB_2C = \angle A_1B_1C_1 = \angle ABC$)，那么显现有 $\angle CBB_2$ 和 $\angle CB_2B$ 相等. 也就是说，$\triangle CBB_2$ 是等腰的且 $CB_2 = CB$. 现在 $\triangle ABC$ 和 $\triangle AB_2C$ 根据三角形相等的第三判别法是相等的，也就是 $\triangle ABC$ 和 $\triangle A_1B_1C_1$ 相等.

如果点 A 和 C 出现在直线 BB_2 同侧，那么也不会改变什么(图 4.28).

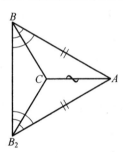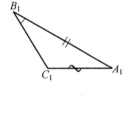

图 4.28

这是怎么一回事？显然忽略了一个看似无关紧要的例子，当点 B，B_2 和 C 在一条直线上的情况(图 4.29). 就是在这种情况我们的讨论行不通. $\angle CBB_2$ 和 $\angle CB_2B$ 必定相等，但是不能等于零. 在这种情况，不成立等腰三角形的判定.

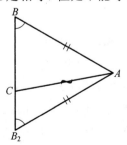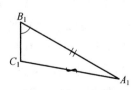

图 4.29

结论:我们必须保持注意和警惕. 这不仅仅适用于刚刚解决的问题. 所有的危险都是不可预见的,且不止在几何学中.

普鲁特的科兹马(Козьма)当时简短和精确地说过:警惕!

▲■● 课题,作业,问题

431. 回忆同多边形联系的概念.

432. 回忆同圆联系的概念.

433. 回忆同三角形联系的概念.

434. 举例,两个定理 —— 原定理和逆定理都是正确的.

435. 举例,原定理和逆定理两个定理中,一个是正确的,而另一个是不正确的.

436(т). 证明:如果图形恰具有两条对称轴,那么这两条轴是垂直的.

437. 图形能够具有对称中心,但没有任何一条对称轴吗?

438(п). 证明:如果三角形的两条高相等,那么这个三角形是等腰的.

439(т). 证明:如果对于三角形的边成立不等式 $a+b \geqslant 3c$,那么 c 是这个三角形最小的边.

440. 证明:如果在 $\triangle ABC$ 中边 AB 的长是边 AC 的 2 倍,那么由顶点 C 引出的中线垂直于角 A 的平分线.

441. 证明:多边形的对角线小于它的周长的一半.

442. 由已知的多边形借助于一条直线剪成某些个多边形. 证明:剪出的多边形的周长小于原来的多边形的周长.

443(т). 已知某个多边形内部包含凸多边形. 证明:内部多边形的周长小于外部多边形的周长.

444(т). 通常我们标记 $\triangle ABC$ 的边,有如 $AB=c$, $BC=a$, $CA=b$, $2p=a+b+c$ 是三角形的周长(p 是半周长). 证明:存在三对圆心在三角形的顶点且彼此外切的圆,同时圆心在 A, B 和 C 的圆的半径对应等于 $p-a$, $p-b$ 和 $p-c$.

445(т). 证明:存在三对圆心在 $\triangle ABC$ 的顶点且彼此相切的圆,使得圆心在 B 和 C 的圆彼此外切且它们两个与圆心在 A 的圆内切. 此时圆心在 A 的圆的半径等于 p,而圆心在 B 和 C 的圆的半径分别等于 $p-c$ 和 $p-b$(标记见问题444).

446(т). 证明:如果直线 AB,BC 和 CA 同圆心在 $\triangle ABC$ 内的一个圆相切,那么由顶点 A,B 和 C 到切点的切线段分别等于 $p-a$,$p-b$ 和 $p-c$(标记见问题 444).

447(т). 证明:如果直线 AB,BC 和 CA 同圆心在 $\triangle ABC$ 外但在 $\angle BAC$ 内的一个圆相切,那么由顶点 A,B 和 C 到切点的切线段分别等于 p,$p-c$ 和 $p-b$(标记见问题 444).

448(т). 设在 $\triangle ABC$ 中,$\angle BAC = 40°$,$\angle CBA = 60°$,$\angle ACB = 80°$. 再设 O 是三角形平面上一点,使得 $AO = BO = CO$. 证明:$\angle OBC = \angle OCB = 50°$,$\angle OCA = \angle OAC = 30°$ 和 $\angle OBA = \angle OAB = 10°$(将问题 446 和 448 进行比较).

449(т). 以四边形 $ABCD$ 的顶点作为圆心. 已知圆心在相邻顶点的任意两个圆彼此相外切. 证明:对于四边形的边成立等式 $AB + CD = BC + DA$.

450(т). 四边形 $ABCD$ 的四条边与一个圆相切(切点在四边形的各边上). 证明:$AB + CD = BC + DA$.

451(т). 四边形 $ABCD$ 的四个顶点在一个圆上. 证明
$$\angle BAD + \angle BCD = \angle ABC + \angle ADC$$

452. 在三棱锥 $ABCD$ 中成立等式 $AB = CD$,$AD = BC$. 证明:通过 AC 和 BD 的中点所引的直线,垂直于 AC 和 BD.

8 年级

第 5 章　　平行直线和角

在这一章再引入平面中一个与平行直线有关的性质. 这是最后一个采用的不加证明的论断. 所有后面的事实都将严格地证明. 我们研究的只是出现这个性质的几何, 称为欧几里得几何学, 于是平面本身也被称为欧几里得平面. 这里值得注意的是, 所有在前面证明的定理此时被列入叫作绝对几何的范围. 它们在欧几里得几何学中是正确的, 我们将从这一章开始学习, 而它们在罗巴切夫斯基几何中也是正确的. 关于这些我们只在这一章谈到.

5.1　在平面上的平行直线

在第 2 章我们证明了, 通过平面上已知直线外的任意点, 能够引直线平行于这条直线. 此时没有讨论, 通过同一个点能否再引这样的直线平行于已知直线？ 其实, 可能没人注意到这一点. 因为大多数学生都知道, 很明显, 不能再引出多于一条直线. 就这个事实我们写成性质 4 的形式.

一、平面的第四个基本性质

❋　**性质 4**　通过平面上已知直线外的任意点, 能够引不多于一条直线与已知直线平行.

但在开始讨论由这个性质能得到怎样的推论之前, 让我们先来看看几个世纪以来几何学历史的一个意义重大的时刻.

需要注意的是，马上考察的平面的基本性质与前三个截然不同，它允许多个不同的简述．虽然它们中的某些性质完全不像导出的，但是仔细研究时可以发现，所有这些简述都是彼此等价的．

二、罗巴切夫斯基和非欧几何学发现的历史

※ 与平面的前三个性质不同，性质 4 被称为平行公理，但在数学家看来已经不是这样显然的．他们当然认为它是正确的，但对于不需证明的采用，还没到无可争辩的程度．从久远的古代到 19 世纪初，学者们不止一次地试图证明这个性质，试图由另外的更显然的性质导出它．

试图用反证法证明所指出的性质：假设平行公理不正确，由此做出了一系列的推导．聚集许多有趣的几何事实，证明了一系列的定理，在这样的假定下它们都是正确的．但是学者们无论谁也不可能想到，除了欧几里得几何之外，还存在其他的几何．所有这些试图快要完成时，在某些地方明白或者不明白地利用了与平行公理等价的命题，结果显露出了"矛盾"．

这就是在 19 世纪前半叶用所完成的成绩，或者更确切地说 —— 完全失败．新的几何学的系统创立了，在这个系统中，通过平面上已知直线外的任意点，能够引多于一条直线与已知直线不相交（即平行于已知直线）．这个几何系统叫作非欧几里得几何学或者冠以罗巴切夫斯基几何学的名字．

1826 年 2 月 23 日，在喀山大学物理 — 数学系的会议上 33 岁的教授尼古拉斯·伊万诺维奇·罗巴切夫斯基发表报告《附有平行线定理的一个严格证明的几何学原理简述》．这一天是非欧几里得几何学诞生的日子，从此开始了几何学发展的新时代．

在科学的历史上往往有这样的情况，当时的发现实际上是某些学者同时做出的．独立于罗巴切夫斯基存在的伟大德国数学家约翰·卡尔·弗里德里希·高斯和温格尔·雅诺什·波尔约也建立了新的几何体系，然而高斯惧怕这会令人难以理解，而没有公布自己的发现．波尔约在他父亲的一般理论的论文中作为附录形式说明了自己的结果，于 1832 年出版．

但是，如果你认为科学家对新几何学充满热情和感激，那你就大错特错了．遗憾的是，开拓者的命运没有那么幸运．这就是当时的情况．天才的高斯，实质上放弃了自己的发现．波尔约也不承认他的工作与造成他个人的悲剧有关系．波尔约由于这个结果未被证实而受到了打击，所以放弃了数学家这个职业，直到生命的最后．

罗巴切夫斯基被误解和无知的评论淹没了．然而，他不屈不挠地继续研究他所创立的几何学，出版了一系列著作，在其中发展了他在第一本著作中所叙

述的基础. 在历史性的报告发表 30 年后,罗巴切夫斯基去世了,几乎被所有人遗忘,直到他去世 10 年后,罗巴切夫斯基的著作才为人所知,他的想法才得到认可,并且在 1992 年这位伟大的俄罗斯数学家诞辰 200 年的这一天全世界都在热烈地庆祝.

三、平行线的判定和性质

❀　我们考察直线 l 和这条直线外的一点 A. 通过 A 引任意直线交直线 l 于某个点 B. 我们通过 β 表记 AB 同直线 l 形成的一个角. 通过 A 引直线 m,使得角 α 与角 β 互补,即 $\alpha + \beta = 180°$(图 5.1). 所作的直线 m 平行于直线 l.

我们来证明这个命题. 假设直线 m 和 l 相交,交点记为 C,则在 $\triangle ABC$ 中,顶点 A 处的外角等于在顶点 B 处的内角(由此推得,这个三角形内角 A 和 B 的和等于180°.),同三角形外角定理(定理 3.5)① 相矛盾.

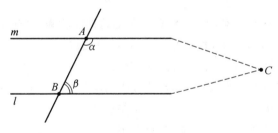

图 5.1

❀　我们注意,当直线 m 和 l 同 AB 相交形成的角中,位于 m 和 l 之间且在 AB 一侧的, 叫作同旁内角(β_1 和 α_2,β_4 和 α_3,见图 5.2.直线 AB,为了区别于直线 m 和 l,有时叫作截线).除此之外,在所形成的角中,能够分出一对同旁外角(β_2 和

---

①　三角形的外角大于任一个不相邻的内角.

α_1,β_3 和 α_4,见图 5.2),能够分出四对同位角(β_1 和 α_1,β_2 和 α_2,β_3 和 α_3,β_4 和 α_4,见图 5.2),还能够分出内错角(α_3 和 β_1,β_4 和 α_2,见图 5.2).

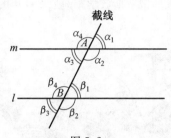

图 5.2

现在我们简述平行直线的判定,这是我们讨论的直接结果.

✳ **平行直线的判定**　如果当两条直线同第三条(截线)相交的角中,形成某对同位角相等,或者形成的某对同旁内角或外角的和为$180°$,那么这两条直线平行.

但是通过平面上每个点只可以引一条直线与已知直线平行.所以简述的平行直线的判定同时也是平行直线的性质.

✳ **平行直线的性质**　当两条平行的直线同第三条(截线)相交所有的同位角成对地相等,形成的角中一对同旁内角或同旁外角互补(和为$180°$).

两条直线平行可以用记号"$//$"简单表示.

四、三角形的内角和

下面我们证明的命题是三角形内角和定理.

✳ **定理 5.1(三角形内角和)**　任意三角形的内角和等于$180°$.

证明　如图 5.3 所示,我们考察 $\triangle ABC$ 且通过顶点B引直线平行于AC.我们有 $\angle KBM = \angle BAC$,因为这两个角是当平行直线 CA 和 BM 与截线 AB 相交所形成的同位角.$\angle ACB$ 与 $\angle CBM$ 也是相等的,因为 $\angle CBM$ 的对顶角与 $\angle ACB$ 是同位角(这里截线是 CB).

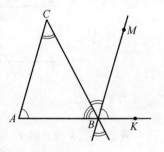

图 5.3

这样一来,有

$$\angle CAB + \angle ACB + \angle ABC$$
$$= \angle MBK + \angle MBC + \angle ABC = 180° ▼$$

由定理 5.1 立刻得出,三角形的外角等于与它不相邻的两个内角的和.(比较这个结论同前面证明的三角形外角定理.)

五、n 边形的内角和

✿　知道了三角形的内角和,容易得到任意 n 边形内角和的公式.

例如,我们考察凸七边形(图 5.4).由它的某个顶点用对角线同全部其余的顶点联结.结果七边形被分成为五个三角形,所求的和就是它们的内角和,即这个七边形的内角和等于 $5 \cdot 180° = 900°$.

用同样的方法能够对任意凸 n 边形进行.求得它的内角和等于 $(n-2) \cdot 180°$.

非凸多边形不能这样简单地分割为三角形.尽管它们内角和的公式和前面的一样(图 5.5 是分割某个非凸七边形的例子).我们将其写作定理的形式.

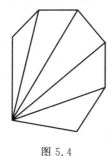

图 5.4　　　　　　　　　　图 5.5

定理 5.2(关于 n 边形的内角和)　任意 n 边形的内角和等于 $(n-2) \cdot 180°$.

▲■●　课题,作业,问题

453.　你们能够指出关于罗巴切夫斯基几何学中平行的直线相交的命题是什么吗?

454(н).　通过直线 l 外的点 M,引三条直线 m,n ,k.这些直线中有多少条能与直线 l 相交?

455(н).　直线 m 和 n 相交于点 O(图 5.6).点 O 在关于直线 p 的哪个半平面上?

456(н).　已知直线 p 和不在这条直线上的四个点(图 5.7).点 A 与 A_1 关于直线 p 对称.点 B 与 B_1 也关于直线 p 对称.AB_1 与 BA_1 交于点 O.证明:BB_1 平行于 AA_1.确定点 O 相对于直线 p 的位置.

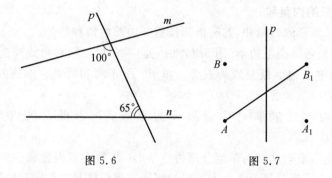

图 5.6   图 5.7

457(н).   根据图 5.8 中的已知条件，证明：直线 m 和 n 平行.

458(н).   在图 5.9 中，直线 a 和 b 平行. 直线 c 交直线 a 于点 A. 证明：直线 c 与直线 b 相交.

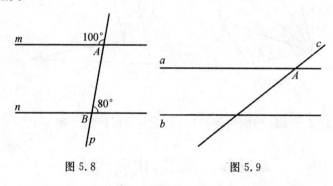

图 5.8   图 5.9

459(н).   根据图 5.10 中的已知条件，证明：直线 m 和 n 平行.

460(н).   根据图 5.11 中的已知条件，证明：直线 m 和 n 平行.

图 5.10   图 5.11

461(н). 在图 5.12 中,直线 m 和 n 垂直于直线 p,直线 n 和直线 l 相交.证明:直线 l 和 m 相交.

462(н). 根据图 5.13 中的已知条件,证明:在每种情况下,直线 m 和 n 平行.

463(н). 在图 5.14 中,直线 m 和 n 与线段 AC 平行.那么直线 m 和 n 能相交吗? AD 与直线 m 相交吗?

464(н). 在图 5.15 中,直线 m 和 n 被直线 p 所截. $\angle 1 = \angle 5$.证明: $\angle 4 = \angle 8, \angle 2 = \angle 6, \angle 3 = \angle 7, \angle 4 = \angle 6, \angle 3 = \angle 5, \angle 1 = \angle 7, \angle 2 = \angle 8$, $\angle 1 + \angle 8 = 180°, \angle 4 + \angle 5 = 180°, \angle 2 + \angle 7 = 180°, \angle 3 + \angle 6 = 180°$.

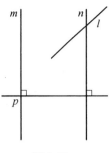

图 5.12

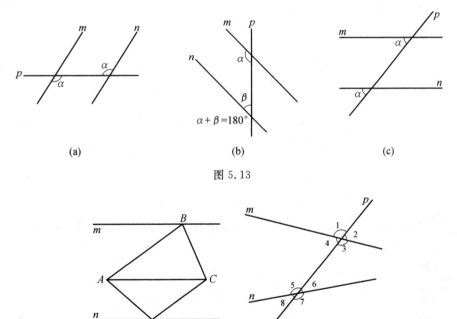

(a)   (b)   (c)

图 5.13

图 5.14   图 5.15

465(н). 已知直线 m 和 n 平行, p 是它们的截线, $\angle 1 = 110°$(图 5.16).求 $\angle 2, \angle 3, \angle 4, \angle 5, \angle 6, \angle 7$ 和 $\angle 8$ 的度数.

466(н). 已知直线 m 和 n 平行, p 是它们的截线, $\angle 1 = 70°$(图 5.17).求 $\angle x$

和 $\angle y$ 的度数.

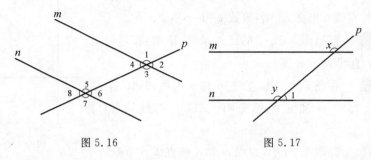

图 5.16　　　　　　　　　图 5.17

467(H).　　在图 5.18 中,$\angle 1 = \angle 2 = \angle 3$. 证明:直线 a 和 c 平行.

468(H).　　在图 5.19 中,$\angle BCD = \angle B + \angle D$,直线 m 与射线 DE 相交. 证明:

(a) 射线 BA 与 DE 平行;

(b) 直线 m 与直线 AB 相交.

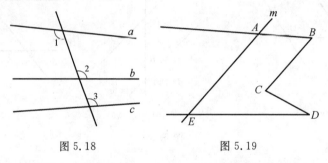

图 5.18　　　　　　　　　图 5.19

469(H).　　证明:两条平行直线中一条上的每个点到第二条直线的距离是固定的(与点无关).

470(H).　　求到已知直线的距离等于 a 的点的轨迹.

471(H).　　求到两条已知平行的直线距离等远的点的轨迹.

472(H).　　已知两条平行直线 l_1 和 l_2 与另一对平行直线 l_3 和 l_4 相交. 它们相交的点 A 和 D 在 l_1 上,点 B 和 C 在 l_2 上,点 A 和 B 在 l_3 上,点 C 和 D 在 l_4 上. 证明:$AB = CD$,$AD = BC$.

473(H).　　当两条平行直线同另外两条平行直线相交时得到四边形 $ABCD$. 证明:这个四边形的对角相等.

474(H).　　已知直线 l 平行于 $\triangle MNP$ 的边 MP. 证明:直线 MN 同 l 相交.

475(н). 点 M 在 $\angle BAC$ 的内部(图 5.20). 直线 MP 平行于射线 AC, 直线 MK 平行于射线 AB, $\angle APK = 40°$, $\angle MKC = 50°$. 求 $\triangle PKM$ 各角的度数.

476(н). 已知, p 是不平行的直线 m 和 n 的截线, $\angle 1$ 和 $\angle 2$ 是内错角(图 5.21). 证明: $\angle 1$ 不等于 $\angle 2$.

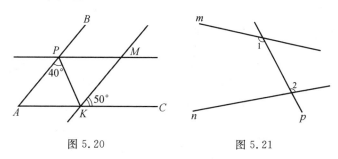

图 5.20　　　　　图 5.21

477(н). 已知, 线段 AB 的端点在平行的直线 l_1 和 l_2 上. 通过这个线段的中点(点 M)引直线分别交 l_1 和 l_2 于点 C 和 D. 证明: 点 M 是 CD 的中点.

478. 证明: 通过等腰三角形两腰中点引的直线平行于底边.

✹ 479. 已知, 两条平行直线被第三条直线所截形成八个角, 其中七个角的和等于700°. 则这些角各等于多少度?

480(н). 已知, p 是不平行的直线 m 和 n 的截线, $\angle 1$ 和 $\angle 2$ 是同旁内角(图 5.22). 证明: $\angle 1$ 和 $\angle 2$ 的和不等于180°.

481(н). 在图 5.23 中, 直线 l 和 MN 相交于点 A, 和 PQ 相交于点 B. $MN \parallel PQ$. $AB = 10$, BC 是 $\angle PBA$ 的平分线. 求 AC 的长.

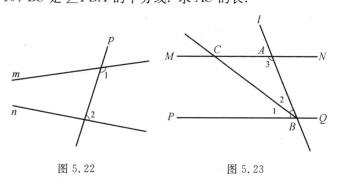

图 5.22　　　　　图 5.23

482(н). 在图 5.24 中, $\angle ABC = 100°$, 点 M 在 $\angle ABC$ 的内部. 射线 PM 与

BC 平行，射线 KM 与 BA 平行，$\angle MPK = 30°$. 求 $\triangle MPK$ 各角的度数.

483(H).　已知 $\triangle ABC$ 中 $\angle A$ 是直角(图 5.25). KD 平行于 CB，$\angle DAB = 37°$. 求 $\angle C$ 和 $\angle B$ 的度数.

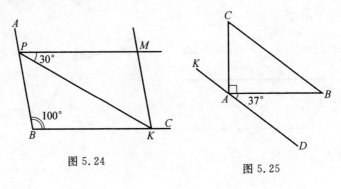

图 5.24　　　　　　　　图 5.25

484(H).　利用图 5.26，求 $\triangle ABC$ 中未标度数的角的度数.

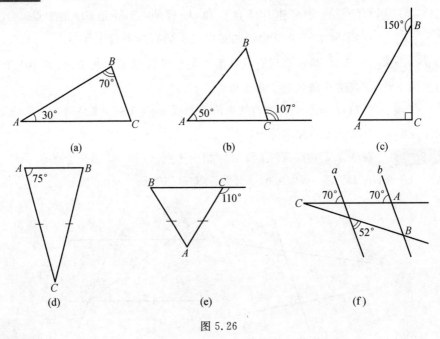

图 5.26

485(H).　图 5.27(a) ～ (c) 所示的三角形具有什么特殊性?

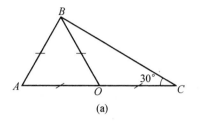 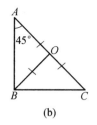 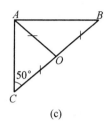

(a)　　　　　　　　(b)　　　　　　　(c)

图 5.27

486(H).　阐明图 5.28 中哪些图形是多边形.

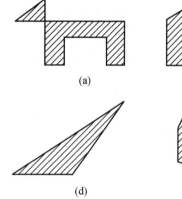 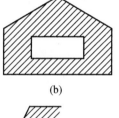 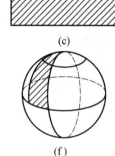

(a)　　　　　　　　(b)　　　　　　　(c)

(d)　　　　　　　　(e)　　　　　　　(f)

图 5.28

487(H).　画出边数不同的多边形,使它:

(a) 由两个相等的三角形组成.

(b) 由三个直角三角形组成.

它们中哪个是凸多边形?

488(H).　在纸片上标出点 A,画多边形,使得点 A:

(a) 由多边形的所有顶点都能看到.

(b) 仅由多边形的两个顶点看得到.

(c) 仅由多边形的一个顶点看得到.

489(H).　作一个这样的四边形,它能用一条直线分为:

(a) 两个三角形.

(b) 三个三角形.

(c) 一个三角形和一个四边形.

· 123 ·

490(H). 画出两个四边形,使得它们的交形成:

(a) 两个三角形.

(b) 两个四边形.

(c) 一个五边形.

(d) 一个六边形.

491(H). 在平面上画某些个多边形,它们所有内角的和均等于720°.如果它们中没有五边形,那么画出的是多少个怎样的多边形?

492. 在平面上画某些个多边形,它们所有内角的和均等于540°.那么画出的是多少个怎样的多边形(指出所有的可能)?

493. 如果已知多边形的所有内角都是锐角,那么这个多边形有多少条边?

494(H). 已知三角形的一个角等于它的另外两个角的和.证明:这个三角形是直角三角形.

495. 证明:在任意三角形中都能找到不大于60°的角.

496(п). 能取怎样的值:

(a) 三角形中的最大角.

(b) 三角形中的最小角.

(c) 三角形中角的平均值.

497. 在 $\triangle ABC$ 中,$\angle A$ 和 $\angle B$ 分别等于 α 和 β.$\angle C$ 的平分线与边 AB 形成怎样的角? 引向 BC 的高同边 AC 形成怎样的角? 解练习题:

(a)$\alpha = 18°,\beta = 68°$;(b)$\alpha = 92°,\beta = 86°$.

✳ **498.** 已知,直线 a 和 b 同第三条直线相交形成八个角.它们中有四个角等于80°,而另四个角等于100°.由此能推出直线 a 和 b 平行吗?

499(B). 证明:如果直线 a 和 b 每一条都平行于直线 c,那么直线 a 和 b 平行.

500. 已知两条平行直线被第三条直线所截,求形成的同旁内角的平分线之间的角的度数.

501. 已知两条平行直线被第三条直线所截,求形成的同旁外角的平分线的延长线之间的角的度数.

502. 当两条平行直线被第三条直线所截,形成的内错角的平分线能相交吗?

503(B). 求等边三角形各角的度数.

504(B).　证明:如果在直角三角形中一个锐角等于30°,那么这个角所对的直角边等于斜边的一半.

505.　在 △ABC 中,∠C 是直角. 直角边 AC 等于斜边的一半. 证明:∠B=30°.

506(T).　由一个顶点引三角形的高和中线分三角形的这个角为相等的三部分. 求三角形各角的度数.

507.　如果等腰三角形的一个角等于:(a) 62°;(b) 90°;(c) 100°;(d) 80°. 求等腰三角形各角的度数.

508.　在 △ABC 中,∠C 是直角,∠A=30°,AB=8,CD 垂直于 AB. 求 AD 和 DB 的长.

509.　在正三角形的每条边上分别取点,以所取的点为顶点的三角形的边分别垂直于原三角形的边. 每个所取的点分它所在的原三角形的边所成的两条线段为怎样的比?

510.　在直角三角形中,有一个内角等于30°. 证明:在这个三角形中,斜边的中垂线同直角边相交得的线段等于大直角边的三分之一.

511.　证明:直角三角形斜边上的中线等于斜边的一半.

512.　已知直角三角形的一个锐角等于30°. 证明:由直角顶点引出的高和中线分直角为相等的三部分.

513.　已知斜边 c 和斜边上的高 h,求作直角三角形.

514.　证明:直角边不等的直角三角形中,直角的平分线平分由直角顶引的高和中线之间的角.

515(T).　由 △ABC 的直角顶点 C 所引的高等于 1,∠B=15°. 求斜边 AB 的长.

516.　在 △ABC 中,引中线 AA_1,BB_1,CC_1 和高 AA_2,BB_2,CC_2. 证明:折线 $A_1B_2C_1A_2B_1C_2A_1$ 的长等于三角形的周长.

517.　证明:等腰三角形中顶角的外角平分线平行于底边.

518.　证明:如果三角形中一个外角的平分线平行于所对的三角形的边,那么这个三角形是等腰三角形.

✻ **519(Π).**　求下列多边形外角的和:(a)三角形;(b)凸四边形;(c)凸十一边形;(d)凸多边形.

520. 已知 $ABCD$ 是凸四边形,点 O 是它内部一点,使得 $AO=OB=OC=OD$,$\angle AOB=80°$,$\angle BOC=66°$,$\angle AOD=130°$. 求:

(a) 四边形 $ABCD$ 各角的度数以及它们的和.

(b) 五边形 $ABCDO$ 各角的度数以及它们的和.

521(п). 由平面上的点 O 引出三条射线,在它们上分别取点 A,B 和 C,使得 $OA=OB=OC$,且 $\angle AOB=70°$,$\angle BOC=160°$,$\angle COA=130°$. 求 $\triangle ABC$ 各角的度数.

522(п). 在 $\triangle ABC$ 中,边 AB 和 BC 相等. 在边 AB 的延长线上点 B 的外边取点 D,使得 $BD=AB$. 证明:$\angle ACD=90°$.

523. 三角形能有两个外角是锐角吗?

524. 求外角的度数(每个顶点按一个外角)与它们的和:

(a) 对于等边三角形.

(b) 对于等腰直角三角形.

525. 通过 $\triangle ABC$ 中 $\angle C$ 的顶点引直线平行于直线 AB. 形成的以点 C 为顶点的这些角度数之比为 $4:9:5$. 求 $\triangle ABC$ 各角的度数.

526. 如果三角形的一个角等于 $40°$,一个外角等于 $110°$,证明:这个三角形是等腰三角形.

527. 求等腰三角形各角的度数,如果它的一个外角等于:(a) $80°$;(b) $110°$.

528(в). 在度数为 $40°$ 的角的内部取一点 A,由它向角的两边引垂线 AB 和 AC. 求 $\angle BAC$ 的度数.

529(п). 在 $\triangle ABC$ 的边 AB 的延长线上点 A 的外面取点 K,使得 $AK=AC$,同样在点 B 的外面取点 M,使得 $BM=BC$. 求 $\triangle MKC$ 各角的度数. 如果:(a) $\angle BAC=70°$,$\angle ABC=80°$;(b) $\angle BAC=\alpha$,$\angle ABC=\beta$.

530(п). 证明:如果在 $\triangle ABC$ 中由顶点 A 引的中线等于边 BC 的一半,那么 $\angle BAC=90°$.

531(п). 证明:如果 AB 是圆的直径,而 M 是圆上不与 A,B 重合的任意点,那么 $\angle AMB=90°$.

532. 求 $\triangle ABC$ 各角的度数,如果已知角平分线 AD 等于 AC,且 $AD=DB$.

533. 证明:在每个七边形中有两条对角线,它们之间的角小于 $13°$.

534(т). 求 △ABC 各角的度数,如果已知 ∠A 的平分线分这个三角形为两个等腰三角形.

535(в). 求作 60°,30°,15° 的角.

536(т). 在三角形两个边上向它的外侧作正方形. 证明:联结由三角形一个顶点引出的正方形边的端点的线段,等于由同一顶点引的三角形中线的 2 倍.

537(т). 在凸五边形 ABCDE 中,已知 $AE = AD$,$AC = AB$ 且 ∠$DAC =$ ∠$AEB +$ ∠ABE. 证明:DC 的长是 △ABE 的中线 AK 的 2 倍.

538(т). 已知,等腰三角形顶角的平分线是另一条角平分线的一半. 求三角形各角的度数.

539(т). 在 △ABC 中,边 $AB = 2$,而 ∠A 和 ∠B 分别等于 60° 和 70°. 在边 AC 上取点 D,使得 $AD = 1$. 求 △BDC 各角的度数.

540(т). 在正方形 ABCD 内取点 M,使得 ∠$MAB = 60°$,而 ∠$MCD = 15°$. 求 ∠MBC 的度数.

541(т). 在正方形 ABCD 内通过顶点 A 和 B 分别引直线,使得它们同边 AB 都形成 15° 的角. 证明:△DEC 是等边三角形,其中 E 是所引的两条直线的交点.

542(т). 在等腰 Rt△ACB 的斜边 AB 上取这样的点 M 和 N,使得 ∠$MCN = 45°$. 证明:由线段 AM,MN,BN 为边能组成三角形并且它是个直角三角形.

543(т). 证明:在任意的凸五边形中存在三条对角线,以它们为边能构成三角形.

544. 设 ∠$ABC = α$. 如果直线 PK 平行于 BA,而直线 PM 平行于 BC,那么 ∠KPM 等于多少度?

545. 证明:如果一个角的两边分别垂直另一个角的两边,那么这两个角要么相等,要么它们的和等于 180°.

546. 在平面上引三条射线 OA,OB 和 OC.有三条直线分别垂直于这三条射线,形成一个三角形. 求这个三角形各角的度数. 如果:

(a) ∠$BOA = 100°$,∠$AOC = 110°$,∠$COB = 150°$.

(b) ∠$AOB = 40°$,∠$BOC = 30°$,∠$COA = 70°$.

547. 已知三角形的一个角等于 $α$.求由另两个顶点引的高线之间的角.

548. 在锐角三角形中由顶点 A 和 B 引的高相交于 H,且 ∠$AHB = 120°$,

而由顶点 B 和 C 引的角平分线相交于 K,并且 $\angle BKC=130°$. 求 $\angle ABC$ 的度数.

549. 画一个凸五边形,延长它所有的边直到相交. 求得到的星形各角的和.

550(т). 求图 5.29 所示的五角星中标出的角的度数和.

551(пт). 在 $\triangle ABC$ 中,$\angle B$ 和 $\angle C$ 的平分线相交于点 O. 如果 $\angle BAC=\alpha$,求 $\angle BOC$ 的度数.

※ **552.** 求三角形各角的度数,如果三角形各边所在的直线间的角等于:(a) $20°,30°$ 和 $50°$;(b) $30°,40°$ 和 $70°$.

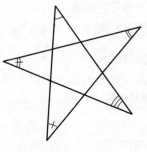

图 5.29

553. 三个两两互相外切的圆的圆心分别在点 A,B 和 C,$\angle ABC=90°$,切点为 K,P 和 M,并且点 P 在边 AC 上. 求 $\angle KPM$ 的度数.

554(пт). $\triangle ABC$ 的边同某个圆切于点 K,P 和 M,并且点 P 在边 AC 上. 如果 $\angle ABC=2\alpha$,求 $\angle KPM$ 的度数.

555. 求凸六边形各角的度数,如果它所有的角都彼此相等.

556. 求凸四边形各角的度数,如果它的外角度数的比为 $7,6,5,6$.

557. 如果凸多边形的所有外角都相等,且它的外角与内角的和等于 $1\,440°$,那么这个多边形有多少条边? 确定每个内角和每个外角的度数.

558. 确定五边形各角的度数,已知它们度数的比为 $2:3:4:5:4$.

559(т). 证明:凸多边形可以有不多于三个锐角.

560(т). 对于凸四边形 $ABCD$ 成立下列条件:$AB=BC$,$CD=DA$. 在线段 AD 和 BD 上取点 M 和 K,使得 $\angle MKD=\angle BCK$. 如果 $\angle ABC=2\alpha$,求 $\angle AKM$ 的度数.

561(т). 已知两条直线相交于点 O. 考察顶点在已知直线上且边相等的折线 $OA_1A_2A_3A_4A_5(OA_1=A_1A_2=A_2A_3=A_3A_4=A_4A_5)$. 求 $\triangle OA_4A_5$ 各角的度数,如果已知直线之间的角等于:(a) $20°$;(b) $70°$. 对于条款(a)还要求 $\triangle A_1A_4A_5$ 各角的度数.

562(т). 在 $\triangle ABC$ 中,$\angle C$ 邻补角的平分线交边 AB 的延长线上点 B 外面的点 D,而 $\angle A$ 邻补角的平分线交 BC 的延长线上点 C 外面的点 E. 已知,$DC=CA=AE$. 求 $\triangle ABC$ 各角的度数.

563(т).　　在 Rt$\triangle ABC$ 的两条直角边上向形外作正方形 $ACDE$ 和 $CBFK$（图 5.30）. 由点 E 和 F 向直线 AB 引垂线 EM 和 FN. 证明：$EM + FN = AB$.

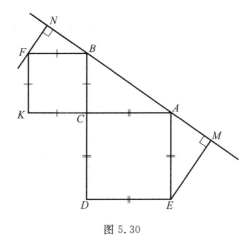

图 5.30

564(т).　　在 Rt$\triangle ABC$ 的两条直角边 AC 和 BC 上向形外作正方形 $ACDE$ 和 $CBFK$（图 5.31），点 P 是 KD 的中点. 证明：线段 CP 垂直于 AB.

565.　　已知立方体 $ABCDA_1B_1C_1D_1$（图 5.32）. 求 $\angle ACB_1$ 的度数. 同样求 $\angle KPM$ 的度数，其中 K，P 和 M 分别是棱 AA_1，A_1B_1，B_1C_1 的中点.

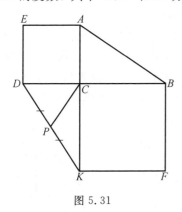

图 5.31

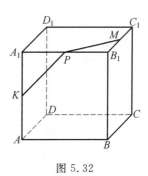

图 5.32

5.2　与圆联系的角的度量

在本节证明的大多数论断的根据是三角形外角的性质：外角等于与它不相邻的两个内角之和. 外角的这个性质的特殊情况具有特殊的意义：等腰三角形

顶点处的外角是每个底角的 2 倍(图 5.33).

为了能够过渡到主要的命题,我们必须引进一个新的概念.

一、圆心角

✼ 顶点在已知圆的圆心的任意的角我们叫作对于已知圆的圆心角.

任意圆心角对应着圆弧,反之,任意圆弧对应着圆心角.此时所考察的角可以大于180°(图 5.34).

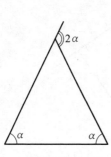

图 5.33

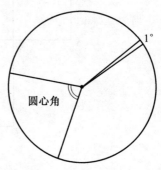

图 5.34

圆弧可以像角一样用度来测量.整个圆的度数等于360°.一度对应的弧等于圆周的 $\frac{1}{360}$.现在我们可以说圆心角用所对应的圆弧来度量.

二、圆周角,圆周角的度量

✼ 顶点在圆上而边与圆相交的角我们叫作圆周角(图 5.35).

我们首先考察角的一边通过圆心的圆周角,如图 5.36 所示.于是,$\angle ABC$ 的边 BC 是圆的直径.圆心角 $\angle AOC$ 是等腰 $\triangle AOB$ 的外角.这意味着,$\angle AOC = 2\angle ABC$.这样一来,在此情况下,圆周角 $\angle ABC$ 等于对应的圆心角的一半且用 $\angle ABC$ 内部的圆弧的一半来度量,换句话说,是用它所夹弧的一半来度量.

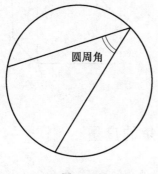

图 5.35

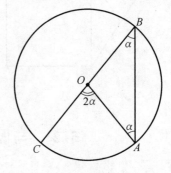

图 5.36

看来,这对于任意的圆周角也是正确的.

❊　**定理 5.3(关于圆周角的度量)**　圆周角用它所夹弧的一半来度量.

　证明　这个定理的证明容易化归为已经讨论过的当角的一边通过圆心的情况.

我们考察圆周角 $\angle ABC$. 引直径 BD. 这个直径关于 $\angle ABC$ 的位置可能有两种情况.

第一种情况:直径 BD 通过角的内部(图 5.37),则 $\angle ABC$ 等于 $\angle ABD$ 和 $\angle DBC$ 的和. 它们每一个分别用弧 AD 和 DC 的一半来度量. 也就是说,整个 $\angle ABC$ 用弧 AC 的一半来度量,即用它所夹弧的一半来度量.

第二种情况:直径 BD 通过角的外部. 设点 D 的位置如图 5.38 所示,则 $\angle ABC$ 等于 $\angle ABD$ 和 $\angle CBD$ 的差. 它们每一个分别用弧 AD 和 CD 的一半来度量. 在这种情况下得到, $\angle ABC$ 用位于角内部的弧 AC 的一半来度量. ▼

定理 5.3 的特殊情况具有特别的意义.

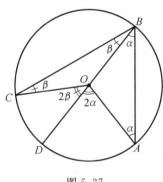

图 5.37

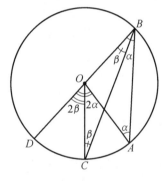

图 5.38

❊　**定理 5.4(关于直径所对的圆周角)**　在任何圆中,直径所对的圆周角都等于90°(图 5.39).

　证明　实际上,在这种情况角的内部有半个圆,也就是180°的弧,则它所对的圆周角等于90°.▼

由定理 5.3 和外角的性质可推断出关于圆的不同形式的角的度量定理.

三、顶点在圆内的角

❊　**定理 5.5(顶点在圆内角的度量)**　顶点在圆内

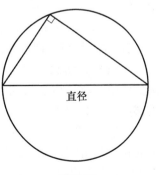

直径

图 5.39

的角用两条弧的一半的和来度量,其中一段弧在这个角的内部,而另一段弧在它的对顶角的内部.

证明　我们考察顶点 B 在圆内的角,A 和 C 是它的边同圆的交点,而 A_1 和 C_1 是直线 AB 和 CB 与圆的第二个交点(图 5.40).$\angle ABC$ 是 $\triangle A_1BC$ 的外角.也就是说

$$\angle ABC = \angle AA_1C + \angle C_1CA_1$$

由定理 5.4 这个等式右边的每个角用所对的弧,即弧 AC 和 A_1C_1 的一半来度量.这样一来,$\angle ABC$ 用弧 AC 和 A_1C_1 的一半的和来度量. ▼

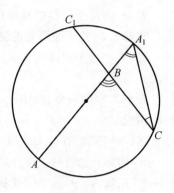

图 5.40

四、顶点在圆外的角

❋ **定理 5.6(顶点在圆外角的度量)**　顶点在圆外的角,且它的每条边交圆于两个点,用角内所夹弧的一半的差来度量.

证明　设顶点在点 B 的角的两边与圆交于点 A 和 A_1 及 C 和 C_1,并且 C_1 和 A_1 是更靠近顶点的交点(图 5.41).我们考察 $\triangle ABC_1$,$\angle AC_1C$ 是这个三角形的外角.也就是说

$$\angle AC_1C = \angle ABC + \angle BAC_1$$

于是 $\angle ABC = \angle AC_1C - \angle A_1AC_1$.这个等式右边的角用所对的弧 AC 和 A_1C_1 的一半来度量.因此,所给的 $\angle ABC$ 用这些弧的一半的差来度量. ▼

为了情况的完整性我们还需要一个定理.

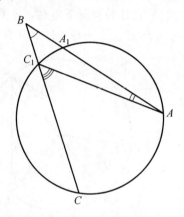

图 5.41

五、切线和弦之间的角(弦切角)

❋ **定理 5.7(切线和弦之间的角的度量)**　对圆的切线和通过切点的弦之间的角,用这个角内部所夹弧的一半来度量.

证明　我们考察弦 AB 和圆在点 B 的切线之间较小的角(图 5.42).设 BD 是圆的直径.因为 BD 垂直于切线,$\angle ABD$ 与我们考察的弦 AB 同切线之间的角的和为90°.

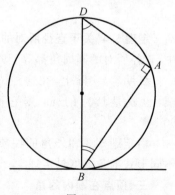

图 5.42

　　根据定理 5.4，∠BAD 是直角. 这意味着，∠ADB 也同 ∠ABD 的和为90°. 这样一来，所考察的角等于 ∠ADB 且用指出的弧的一半来度量（根据定理 5.3）.

　　为了证明的完整性，必须考察第二种情况，AB 和切线之间较大角的情况. 这个角与上面考察的角是邻补角，和为180°，用所给弦 AB 所对的大弧的一半来度量. ▼

▲■●　课题，作业，问题

566(H).　在图 5.43 中每个圆都分为相等的部分. 求标示出的圆心角的度数.

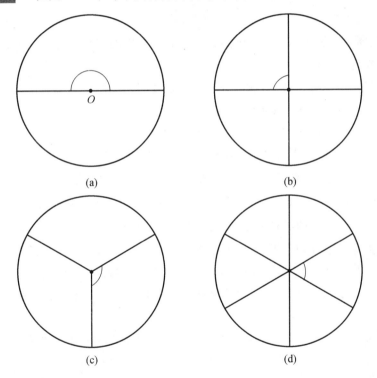

(a)　　　　　(b)

(c)　　　　　(d)

图 5.43

567(H).　点 A，B，C 和 D 属于圆心在点 O 的圆（图 5.44）. 求指出的弧和所对应的圆心角的度数：

　　(a) 弧 ACB 是弧 ADB 的 3 倍.

　　(b) 弧 ADB 比弧 ACB 小60°.

(c) 弧 *AD* 和 *AC* 的度数之比为 1∶2, 弧 *AC* 和 *CB* 的度数相等, 而弧 *AD* 和 *DB* 的度数也相等.

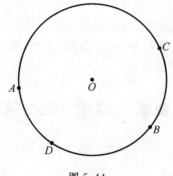

图 5.44

✳ **568.** 点 *A*, *B* 和 *C* 分圆为三段弧, 它们的度数之比为 2∶3∶7. 求 △*ABC* 各角的度数.

✳ **569.** 已知点 *A*, *B* 和 *C* 分圆为三段弧, 同时弧 *AB* 比弧 *BC* 小40°, 但比弧 *AC* 大70°. 求 △*ABC* 各角的度数.

570. 已知点 *A*, *B* 和 *C* 位于圆上, 是等边三角形的三个顶点. 在圆上取点 *D*, 且使点 *C* 和 *D* 在直线 *AB* 的不同侧. 求 ∠*ADB* 的度数.

571(в). 已知 ∠*ABC* 是圆周角. 证明: 这个角的平分线平分弧 *AC*.

572(в). 在半径为 1 的圆中, 圆周角 ∠*ABC* = 30°. 则弦 *AC* 的长等于多少?

573(в). 等于圆的半径的弦所对的圆周角等于多少度?

✳ **574.** 已知四边形 *ABCD* 的顶点都在圆上, 弧 *AB* 等于100°, 而弧 *CD* 等于102°. 求直线 *AC* 和 *BD*, *AD* 和 *BC* 之间的角的度数.

575(п). 已知四边形 *ABCD* 的顶点都在圆上. 证明: 这个四边形两个对角的和等于180°.

✳ **576.** 求顶点都在圆上的四边形 *ABCD* 各角的度数, 如果 ∠*ABD* = 74°, ∠*DBC* = 38°, ∠*BDC* = 65°.

577(в). 在圆上按顺序作点: 第一个点任意选取, 但从第二个点开始, 每个后面的点与前面的点的距离等于圆的半径. 证明: 第七个点与第一个点重合.

578(в). 在平面上已知两个点 *A* 和 *B*. 只借助圆规求作两个点, 使它们的距离等于 2*AB*.

579. 已知, 圆与角的一边相切在它的顶点 *A*, 且交另一边于点 *B*, 角的度数等于40°, M 是较小的弧 AB 上的点. 求 $\angle AMB$ 的度数.

❋ **580(т).**　已知,顶点在圆上的四边形 $ABCD$ 的对角线交于点 M, $\angle ABC = 72°$, $\angle BCD = 102°$, $\angle AMD = 110°$. 求 $\angle ACD$ 的度数.

❋ **581(т).**　已知,顶点在圆上的四边形 $ABCD$ 的对角线交于点 M, $\angle AMB = 80°$. 直线 AB 和 CD 相交于点 K, 并且 $\angle AKD = 20°$, 又直线 BC 和 DA 相交于点 N, $\angle ANB = 40°$. 求四边形 $ABCD$ 各角的度数. 此题有多少个解?

582(п).　在圆上标出点: A_1, A_2, A_3, A_4, A_5, A_6, A_7. 联结这些点如图 5.45 和图 5.46 所示. 则在每种情况标出的七个角的和等于多少度?

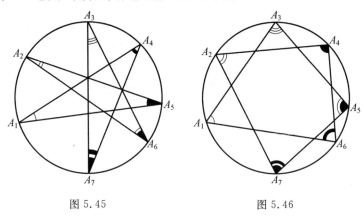

图 5.45　　　　　　　图 5.46

583.　以直角三角形的一条直角边为直径作圆,分斜边为 $1:3$ 的两部分. 求三角形各锐角的度数.

584(т).　在圆心为 O 的圆中引一条直径, A 和 B 是在这条直径同侧的圆上的两个点. 在直径上取点 M, 使得 AM 和 BM 与直径形成相等的角. 证明: $\angle AOB = \angle AMB$.

585(т).　在四边形 $ABCD$ 中,边 BC 和 AD 平行. 点 A, C 和 D 在圆上,与 AB 和 CB 相切. $\angle ABC = 120°$, 在 $\triangle ACD$ 中引向边 AD 的高等于 1. 求 DC 的长.

586(п).　已知两个圆彼此相切于点 A. 通过点 A 的任意直线,再次交一个圆于点 B,交另一个圆于点 C. 证明:这两个圆中对应弦 AB 和 AC 的圆心角相等.

587(п).　已知两圆相交于两个点,通过它们的一个交点引直线,交第一个圆于点 A, 而交第二圆于点 B. 通过两圆的第二个交点再引一条直线,交第一个圆于点 C, 而交第二个圆于点 D. 证明:直线 AC 与 BD 平行.(点 A, B, C, D 不同于两圆的交点.)

5.3 作图和轨迹问题

本节开始学习作图问题. 它对你们来说并不是新的, 因为我们已经解过它们. 但是本章要做的是为解这些在几何学发展中的某些步骤,问题给出更多的解决方案.

一、对直线作垂线

✳ **问题 1** 已知直线 l 和它上面一点 A,在这个平面上通过 A 作直线且垂直于 l.

作法 推荐的作图根据直径上的圆周角的定理 5.4. 作圆心在直线 l 外且通过点 A 的圆(图 5.47). 点 B 为这个圆同直线 l 的第二个交点,引直径 BC,则直线 AC 就是所求作的垂线,因为 $\angle BAC$ 是直径所对的圆周角,等于 $90°$. ▼

正如所见,这个作图很经济:只需要作三条线,而第三条即是所求作的垂线. 能够说明,作更少数目的线是不可能的.

对于通过直线外一点引垂线我们需要画同样数目的线,所以我们可以说, 通过平面上任一点作已知直线的垂线最经济的作图问题已完全解决了.

现在我们考察对圆作切线的问题.

二、切线的作图

✳ **问题 2** 给出圆心在点 O 的圆和圆外一点 A,通过点 A 作直线使它和圆 O 相切.

作法 我们作以线段 OA 为直径的圆(图 5.48).

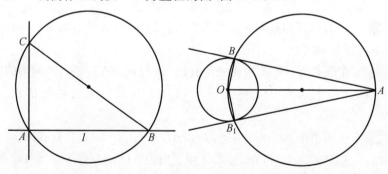

图 5.47   图 5.48

为此必须平分 OA. OA 的中点是这个圆的圆心. 所作的圆交已知圆于两点 B 和 B_1,它们是所求切线的切点. 这可由 $\angle OBA$(同样 $\angle OB_1A$)是直径所对的圆周角等于 $90°$ 推得,而与半径垂直且通过它在圆上的端点的直线,正如我们所知道的,是圆的切线. ▼

在解决下面的问题之前,我们先证明一个简单但很重要且有益的定理.

三、通过三个点的圆的存在性. 外接圆

❈　**定理 5.8(关于通过三点的圆)**　通过平面上不在一条直线上的任意三个点,可以作唯一的圆.

　　证明　我们考察不在一条直线上的三个点 A, B 和 C. 作线段 AB 和 BC 的中垂线. 这两条中垂线相交于某个点 O(图 5.49). 显然,它们不能是平行的,因为平行直线的垂线同样平行或重合,而直线 AB 和 BC 是相交的. 点 O 到点 A 和 B 的距离相等,且到点 B 和 C 的距离也相等,也就是说,点 O 到点 A, B 和 C 的距离都相等. 这意味着,圆心在点 O 的圆通过点 A, B 和 C. 这个圆是唯一的,因为两个圆只能相交不多于两个点. ▼

　　通过三角形三个顶点的圆,叫作这个三角形的外接圆(图 5.50).

　　定理 5.8 断言,任意三角形存在且有唯一的外接圆.

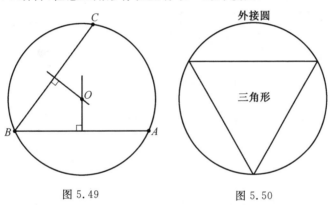

图 5.49　　　　　　　　图 5.50

四、在一个圆上的四个点

　　当解某些问题时能够显示下面的定理是有益的.

❈　**定理 5.9(四点共圆的条件)**　如果对于平面上四个点 A, B, M 和 K 成立下面两个条件之一:

　　(a) 点 M 和 K 位于直线 AB 同侧且 $\angle AMB = \angle AKB$.

　　(b) 点 M 和 K 位于直线 AB 不同侧且 $\angle AMB + \angle AKB = 180°$.

　　那么点 A, B, M 和 K 在一个圆上(四点共圆).

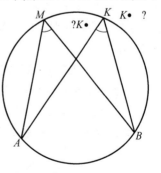

图 5.51

　　证明　(a) 通过点 A, B 和 M 作圆(见定理 5.8). 这个圆应当通过点 K(图 5.51). 实际上,点

K 不能在这个圆的内部,因为在这种情况,根据定理5.5,$\angle AKB$ 将用弧 AB 及某一段弧的和的一半来度量,也就是说,将大于 $\angle AMB$(这个角根据定理5.3是用弧 AB 的一半来度量的).点 K 也不能在这个圆的外部,因为在这种情况 $\angle AKB < \angle AMB$(见定理5.6).

于是,点 K 必定在通过点 A,B 和 M 的圆上.

(b)这种情况容易归结为情况(a).为此,通过点 A,B 和 M 作圆,在不包含点 M 的弧上取点 M_0(图 5.52).$\angle AMB$ 和 $\angle AM_0B$ 的和用整个圆的一半来度量.也就是说,$\angle AMB + \angle AM_0B = 180°$.现在根据条件(b),得出 $\angle AM_0B = \angle AKB$,由此我们得到了前面的情况.▼

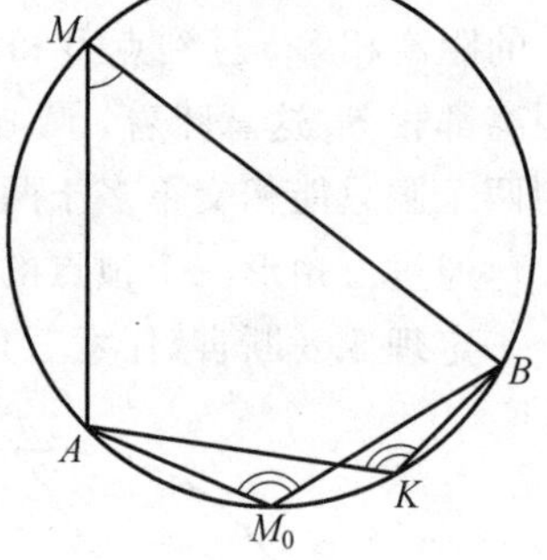

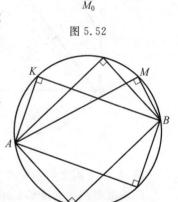

图 5.52

定理 5.9 的特殊情况起着特别重要的作用,我们甚至可以将它写成独立的定理形式.

✻ **定理 5.10** 如果 $\angle AMB = \angle AKB = 90°$,那么点 A,B,M 和 K 在以 AB 为直径的圆上(图 5.53).

正如所见,在这个定理中合并了前述内容:点 M 和 K 可以分布在直线 AB 的同一侧,也可以分布在不同侧.

图 5.53

五、容纳已知角的弧①

✻ 根据定理5.9容易解下面的问题.

问题 3 在平面上已知两个点 A 和 B.求平面上在直线 AB 同一侧,使得 $\angle AMB = \alpha$ 的点 M 的轨迹,其中 α 是已知的角.

解 根据定理5.9所需的点 M 应当在通过点 A 和 B 的圆弧上.

为了这个弧的作图只需至少找到一点 M,使 $\angle AMB = \alpha$ 就足够了.我们推荐这个作图(图5.54):作等于 α 的角,使得角的顶点在点 A,而角的一边是射线 AB.设 $\angle BAC = \alpha$.现在作 AB 的中垂线和通过点 A 且垂直于 AC 的直线.这两条垂线的交点为 O,它就是所求圆的圆心.这可由定理5.7得出.

———————————

① 弓形弧 —— 译者注.

　　如果在问题条件中取消点 M 在 AB 同一侧的要求，那么对应的轨迹将是关于直线 AB 对称的两条弧．严格地说，这两条弧的端点 ——A 和 B 本身，在考察的轨迹中是不包含的(图 5.55)．▼

　　正如我们已经说过的，定理 5.9，定理 5.10 和在最后问题中所考察的点的轨迹，可以在解各种几何问题时利用．

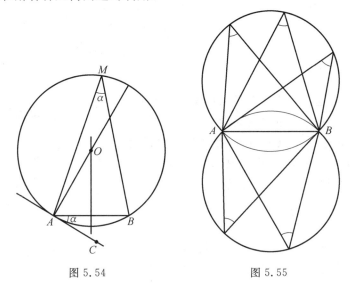

图 5.54　　　　　　　　　　　　　　　　图 5.55

六、在作图问题中的轨迹法

※　现在我们讨论解作图问题使用最广泛的方法之一 —— 点的轨迹法．

　　问题 4　根据一边，引向这边上的高以及这边所对的角，求作三角形．

　　解　我们给出两个线段 a 和 h，它们一个等于三角形的边，而另一个是引向这边上的高，再给出角 α，它等于三角形已知边所对的角．

　　在平面上的任意地方我们作线段 $AB=a$(图 5.56)．所求三角形的顶点 C 应在所引的与 AB 距离等于 h 的且平行于 AB 的直线上．换句话说，C 属于与 AB 距离为 h 的点的轨迹，而点的这个轨迹是平行于 AB 的直线．（我们考察的只是点在 AB 同一侧的情况．）

　　同时，如果不考虑高，那么顶点 C 位于端点为 A 和 B 且含有已知角 α 的弧上．作这条直线和弧，我们求得点 C 为直线与圆的交点．这个点可能有两个．但是它们对应两个相等的三角形，可任选一个(仅在相切的情况这个三角形才为一个)．所作的直线和弧可能不相交，在这种情况问题没有解．▼

　　正如所见，现在的方法，即点的轨迹法，十分简单．开始的问题归结为求平

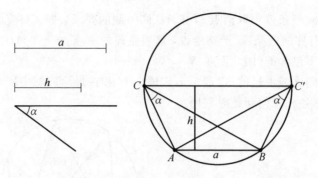

图 5.56

面上的某个点.这个点作为两条线的交点来确定.
放弃一个条件(在考察的情况是角),我们得到,所
求的点应当属于一个点的轨迹(在所给情况是直
线).舍弃另一个条件(给出的高),我们得到,这
同一个点应当属于另一个点的轨迹(圆弧).作这
两个点的轨迹,找到所求的点正是它们的交点
(图 5.57).

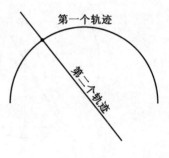

图 5.57

　　已知的全部最简单的根据三条边的三角形作
图实质上也是轨迹法(解释为什么).但是,在任何
作图问题中这个方法无论如何都是存在的.

▲■● 课题,作业,问题

588.　　在凸四边形 $ABCD$ 中,已知 $\angle ABC=112°$,$\angle ABD=48°$,$\angle CAD=64°$.则 $\angle ACD$ 等于多少度?

589.　　在凸四边形 $ABCD$ 中,已知 $\angle ABC=104°$,$\angle CDA=76°$,$\angle ABD=38°$.则 $\angle CAD$ 等于多少度?

590.　　在顶点为 O 的角的内部取点 A,点 B 和 C 是点 A 在角两边上的射影.如果射线 OA 同所给角的边形成的角分别为30°和40°,求 $\triangle ABC$ 各角的度数.

591(н).　　在已知直线 m 上找一点 X,由已知点 A 到它的距离为给出的距离 a.在此时可能的情况是什么?

592(н).　　在已知直线 m 上找一点 X,与已知 $\angle ABC$ 的边距离相等,$B \notin m$.

593(H).　在已知直线 m 上找一点 X，与两个已知点 A，B 的距离相等，m 不是 AB 的中垂线.

594(H).　求点的轨迹，使得圆心通过：

(a) 已知点 A.

(b) 两个已知点 A 和 B.

(c) 三个已知点 A，B，C，其中 $A \notin BC$.

595(H).　求下列点的轨迹：

(a) 与已知 $\angle ABC$ 的两边相切的圆的圆心 O 的轨迹.

(b) 与已知直线相切于已知点的圆的圆心的轨迹.

(c) 与三条两两相交的直线距离相等的点的轨迹.

(d) 端点在小于平角的角的两边上的线段的中点的轨迹.

(e) 已知圆的所有弦的中点的轨迹.

(f) 通过已知圆内的已知点 A 的圆的所有弦的中点的轨迹.

(g) 平行于已知直线的已知圆的所有弦的中点的轨迹.

(h) 具有给定长度的已知圆的所有弦的中点的轨迹.

(i) 与已知圆相切于圆上已知点的圆的圆心的轨迹.

(j) 由已知点 A 向通过另一个已知点 B 的直线所引垂线的垂足的轨迹.

596.　已知点 A 和 B. 求平面上这样的点 M 的轨迹，使得 $\angle AMB$ 大于80°，但小于90°.

❀ 597.　根据一边及这边上的中线和这边所对的角，求作三角形.

598(H).　根据两边和其中一边的对角，求作三角形.

599(H).　根据一边及引向这边上的高和另一边上的中线，求作三角形.

❀ 600(В).　已知平面上的两点 A 和 B. 求平面上点 M 的轨迹，使得由点 M 对线段 AB 的视角是钝角.（这就是说，$\angle AMB$ 是钝角.）

❀ 601(П).　根据一条中线及这条中线与夹中线的两边所形成的两个角，求作三角形.

❀ 602(Т).　已知一个钝角三角形. 求平面上对已知三角形的视角为直角的点的轨迹.

❀ 603(Т).　根据一条中线和两个内角，求作三角形.

❀ 604(В).　求平面上点 M 的轨迹，使得由点 M 向已知圆所引的切线段等于已知线段.

✤ **605.** 在直线上放置两条相等的线段 AB 和 CD. 求平面上点的轨迹, 由它看这些线段的视角是相等的角.

606. 在平面上给出两条线段 AB 和 CD. 求点的轨迹, 使它对线段 AB 的视角为20°, 而对线段 CD 的视角为30°. 轨迹能包含多于四个点吗?

607(в). 根据一边及这边所对的内角和引向这条边的中线, 求作三角形.

✤ **608(в).** 根据一边以及引向这条边上的中线和高, 求作三角形.

609(т). 已知在平面上有点 A 和 K. 求平面上点 B 的轨迹, 对于它存在点 C, 使得在 $\triangle ABC$ 中 $\angle BAC = 90°$ 且 AK 是中线.

610(п). 长度一定的线段的端点沿两条垂直的直线移动, 这条线段的中点描绘出怎样的曲线?

✤ **611(т).** 在圆上有点 A 和 B, 点 C 和 D 沿圆移动, 使得弦 CD 定长. 求直线 AC 和 BD 交点的轨迹.

612(пт). 已知直线 l 和在它同侧的两个点 A 和 B. 在这条直线上取一点 M, 使 $\angle AMB$ 是所有这样的角中的最大角. 证明: 通过点 A, B 和 M 的圆与直线 l 相切.

613. 在纸片的边缘画有圆弧, 圆心在这张纸片边缘之外. 请给出一个方法, 通过已知点 A 作直线和圆(已知的弧是它的一部分) 相切.

5.4 辅助圆法, 计算和证明问题

借助于定理 5.9 和定理 5.10 以及圆周角能够解某些有趣的几何问题的方法, 有时叫作辅助圆法.

一、辅助圆法

✤ 最好用下面的问题作为例子来说明这个方法.

问题 1 通过平面上某个点引三条直线, 使得它们任两条之间的角等于60°. 证明: 由平面上的任意点向这些直线引的垂线足是一个等边三角形的顶点.

解 设三条直线交于点 O, M 是平面上某个点, A, B 和 C 是由点 M 引向已知直线的垂线足.

注意, 点 O, M, A, B 和 C, 根据定理5.10, 在一个直径为 OM 的圆上(在图 5.58 中这个圆用虚线画出, 尽管它一般可以不用画出, 而用智慧想象). 现在我们看到, $\angle ABC = \angle AOC$, 因为它们是同弧上的圆周角. 这意味着, $\angle ABC =$

$60°$. 同样可得 $\angle ACB = \angle AOB = 60°$. 由此推出，$\triangle ABC$ 的所有角都等于$60°$，也就是说，这个三角形是等边三角形. ▼

解题的关键在于表述：注意，点 ⋯⋯ 在一个圆上（图 5.59）. 在许多问题的解题策略中，会遇到这个表述.

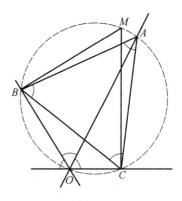

图 5.58

※ 二、关于高的定理①

我们借助这个方法证明平面几何的一个重要定理. 以后我们还将不止一次地回到这个定理并且更详细地讨论它. 现在我们只作为有趣的例子引入它，举例说明所考察的方法. 所以，我们甚至没做定理的形式简述它，而只作为问题的形式.

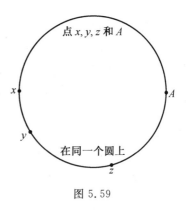

图 5.59

❋ **问题 2**　证明：三角形的三条高交于一点.

三角形高的交点叫作垂心.

在进行证明之前，我们注意，简述的问题需要某些说明. 这里高的交点可能在高的延长线上.

证明　我们首先考察锐角三角形. 在这样的 $\triangle ABC$ 中引高 AA_1 和 CC_1，用 H 表记它们的交点，如图 5.60 所示，而通过 B_1 表记 AC 同 BH 的交点. 我们必须证明，$\angle BB_1A$ 是直角.

注意，点 A，C，A_1 和 C_1 在直径为 AC 的圆上. 因此，$\angle A_1C_1C = \angle A_1AC$，因为在这个辅助圆上它们是同一条弧上的圆周角.

现在我们发现，点 B，H，A_1 和 C_1 在以 BH 为直径的圆上. 因此，$\angle A_1BH = \angle A_1C_1H$. 于是，我们得到，在 $\triangle CAA_1$ 和 $\triangle CBB_1$ 中，有一个角公用且 $\angle CAA_1 = \angle CBB_1$. 因此，剩余的角相等，即 $\angle BB_1C = \angle AA_1C = 90°$，这就是要证明的. ▼

图 5.61 说明，当 $\triangle ABC$ 有一个角（$\angle B$）是钝角的情况. 简单来说，就是点 B 和 H 交换了位置，剩下的讨论完全一样. 在这种情况下高的交点在三角形外面.

---

① 　这里及之后所遇到的符号"※"意味着，此内容不是必需要强制学习的.

对于直角三角形高的交点是直角的顶点.

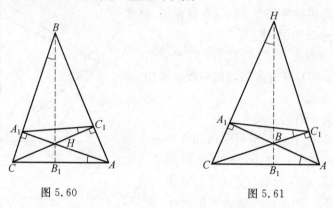

图 5.60　　　　　　　　图 5.61

三、圆和切线

❋　我们现在考察圆和与它相切的直线的问题.解同类型的问题经常能够根据很简单的且你们已知的事实:由一点对圆引的切线长相等.

我们考察图 5.62 所示的情况:两个不相交的圆与顶点为 A 的角的两边相切于图中指出的点,第三条直线也和这两个圆相切并且与角的边交于点 B 和 C.

我们发现,角的两边是这两个圆的外公切线,而直线 BC 是内公切线.对这两个圆还有一条内公切线,但在图中并未画出.

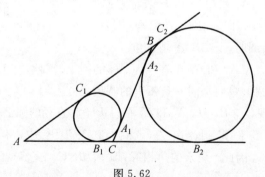

图 5.62

在某些情况下外公切线我们将其理解为这些切线在切点之间的线段.这样,论断对两个圆的外公切线彼此相等,这意味着对应的线段相等.在图 5.62 中,这意味着 $C_1 C_2 = B_1 B_2$.

$\triangle ABC$ 的边和周长通常表记为:$BC = a$,$CA = b$,$AB = c$,$2p = a + b + c$.现在我们简述以下问题.

❋　**问题 3**　考察图 5.62 所有可能的以在所引的直线上的切点为端点的线段. 通过 $\triangle ABC$ 的边计算这些线段.

在类似的问题中首先用一个小写字母表示每个考察的线段是有益的. 则发生在解的过程中的变换以及公式将不那么烦琐且更加直观. 在这种情况为了表示未知的量通常利用字母：$x, y, z, \cdots$.

解　设 $AB_1 = AC_1 = x$，则 $CA_1 = CB_1 = b - x$，$BA_1 = BC_1 = c - x$. 由等式 $CA_1 + CB_1 = a$，我们得到 $(c - x) + (b - x) = a$，由此得出，$x = \dfrac{b + c - a}{2} = p - a$.

（注意，在怎样的问题中我们已经利用了类似的方法.）

为了求 AB_2 和 AC_2，我们注意，这些线段作为切线彼此相等且
$$AB_2 + AC_2 = (AC + CB_2) + (AB + BC_2) = (AC + CA_2) + (AB + BA_2)$$
$$= AC + AB + BC = 2p$$

这意味着 $AB_2 = AC_2 = p$.

同理可求得另外的线段. 请自行解决，我们给出最后的结果
$$BA_1 = BC_1 = CA_2 = CB_2 = p - b$$
$$CA_1 = CB_1 = BA_2 = BC_2 = p - c$$
$$C_1 C_2 = B_1 B_2 = a$$
$$A_1 A_2 = |b - c|$$

四、三角形的内切圆

回到问题 3 的图 5.62.

❋　与 $\triangle ABC$ 三边相切的圆，叫作这个三角形的内切圆.（图 5.62 中较小的那个是内切圆.）

下面的定理是正确的.

❋　**定理 5.11（存在内切圆）**　在每个三角形中存在唯一的内切圆.

证明　考察 $\triangle ABC$. 内切于 $\angle BAC$ 的圆心的轨迹是这个角的平分线. 内切于 $\angle ABC$ 的任何圆的圆心在它的平分线上. 所指出的两个平分线相交于点 J，它到 $\triangle ABC$ 的三边等距，是 $\triangle ABC$ 内切圆的圆心. ▼

（想一想，为什么三角形的两条角平分线不能是平行的？）

▲■●　课题, 作业, 问题

614(H).　根据给出的图 5.63，求 $\triangle ABC$ 各角的度数.

615(H).　在给出的图 5.64 中求 $\angle KMN$ 的度数.

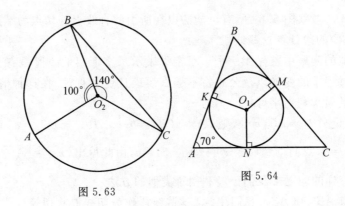

图 5.63

图 5.64

616(н). 在图 5.65 中,O_2 是外接圆圆心,BD 三角形的高和中线.证明:点 O_2 属于 BD.

617(н). 根据给出的图 5.66,求 $\angle CDE$ 的度数($CD \parallel AE$).

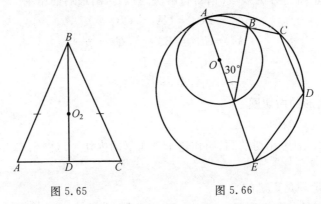

图 5.65

图 5.66

618(н). 在图 5.67 中,$AC = 10$.求 C_1O 和 A_1O 的长.

619. 如果三角形的内切圆圆心与外接圆圆心重合,求三角形各角的度数.

620. 如果 $\triangle ABC$ 的内切圆圆心 O_1 与外接圆圆心 O_2 关于 AC 对称(图 5.68),求 $\triangle ABC$ 各角的度数.

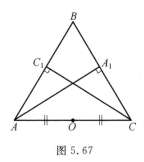

图 5.67

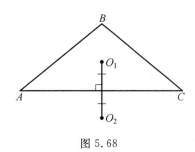

图 5.68

✳ 621(в).　　通过平面上某个点引三条直线,所形成的六个角中的两个分别等于50°和70°.求由平面上任意点向已知直线引垂线的垂足为顶点的三角形各角的度数.

622.　　已知,在凸四边形 $ABCD$ 中,$\angle ABC=102°$,$\angle DBC=44°$,$\angle ACD=58°$.求 $\angle CAD$ 的度数.

✳ 623(в).　　在顶点为 O 的角的内部取点 M.射线 OM 同角的边形成25°和40°两个角.点 A 和 B 是由 M 向角的边引的垂足.求 $\triangle AMB$ 各角的度数.

624(т).　　在顶点为 O 的不等于直角的角的内部取点 M.A 和 B 是由 M 向角的边引的垂足.证明:通过 OM 和 AB 的中点引的直线垂直于 AB.

625.　　在平面上引两条直线在交点 O 处成30°角,M 是平面上这样的点,$OM=2$,A 和 B 是由 M 引向已知直线的垂足.求 AB 的长.

626(п).　　在平面上引两条直线相交于点 O,M 是圆心为 O 的圆上一点.证明:由 M 引向已知直线的垂足之间的距离对圆上所有的点是个定值.

627(п).　　在 $\triangle ABC$ 中,引两条高 AA_1 和 CC_1.如果 $\angle BAC=\alpha$,$\angle BCA=\beta$,求 $\triangle A_1BC_1$ 各角的度数.

628.　　在图5.69中,$KN=3$ cm,$EP=5$ cm,$MK:KN=4:3$.求 $\triangle MNP$ 的周长.

629.　　在给出的图5.70中,求 $\triangle ABC$ 各角的度数.

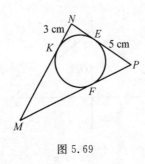

图 5.69

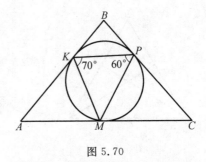

图 5.70

✳ **630.** 在边为 5, 6 和 7 的三角形中内切一个圆, 求大边被切点分割成的线段的长.

631(в). 如果三角形的边分别等于 a, b 和 c, 求内切圆的切点分三角形各边所成线段的长.

632. 证明: 在直角三角形中内切圆的半径等于 $p-c$, 而与斜边和两直角边的延长线相切的圆的半径等于 p, 其中 p 是三角形的半周长, c 是斜边的长.

633. 已知顶点为 A 的角内切一个圆. 我们考察与圆相切交角的边于点 B 和 C 的直线, 使得已知圆在 △ABC 外. 证明: △ABC 的周长与所引的直线无关.

634(пт). 在 △ABC 和 △CDA (点 B 和 D 位于 CA 的同一侧) 中都有内切圆. 求这两个圆外公切线的长, 如果: (a)$AB=5$, $BC=7$, $CD=DA$; (b)$AB=7$, $BC=CD$, $DA=9$.

✳ **635(т).** 已知五边形的边长分别等于 5, 6, 7, 8 和 9, 依次环绕地与一个圆相切. 边长为 5 的边的切点分这个边为怎样的线段?

✳ **636(т).** 证明: 如果五边形依次环绕的边分别等于 4, 6, 8, 7 和 9, 那么它的各边不能与一个圆相切.

637(пт). 证明: 如果四条直线切一个圆如图 5.71 所示, 那么成立下列等式:

(a)$AB+CD=BC+DA$.

(b)$KB+DM=BM+KD$.

(c)$KA+AM=KC+CM$.

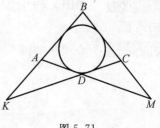

图 5.71

638(т). 在问题 582 中我们求过两个七角星形角的和, 它们的顶点在同一个圆上. 现在我们考察不在同一个圆上的七个点.同样像问题 582 一样联结这些点,我们得到两个类似的七角星形(图 5.72,图 5.73).证明:这两个星形角的和仍是相同的(为此作圆,包含所考察的点).

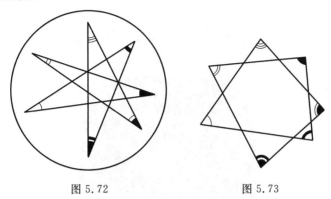

图 5.72　　　　　　　　图 5.73

639(пт).　已知两个圆彼此内切于点 A,大圆的弦 BC 切小圆于点 D.证明:直线 AD 通过大圆不包含点 A 的弧 BC 的中点.

640(т).　在 $\triangle ABC$ 中,$\angle A = 70°$,而 $\angle B = 50°$.在三角形内取点 M,使得 $\angle MAC = \angle MBC = 30°$.求 $\angle MCA$ 的度数.

641.　证明:三角形的三个内角的平分线相交于一点.

642.　证明:三角形的三条边的中垂线相交于一点.

643.　在直角三角形中,如果它的斜边等于 10,求由它的垂心到外接圆圆心的距离.

644(т).　在锐角 $\triangle ABC$ 中,引高 AA_1,BB_1 和 CC_1.设 M 是直线 BC 上的某个点.证明:当点 M 与 A 重合时,$B_1M + C_1M$ 取最小值.

645(т).　在锐角 $\triangle ABC$ 中,引高 AA_1,BB_1 和 CC_1.证明:$\triangle ABC$ 高线的交点是 $\triangle A_1B_1C_1$ 的内切圆圆心.

646(пт).　在平面上画一个圆和通过圆心所引的直线 l.设 A 是既不在圆上也不在直线 l 上的某个点.请只借助直尺通过 A 作直线垂直于 l.

647(пт).　考察 $\triangle ABC$ 的外接圆.证明:由圆上任一点向边 AB,BC 和 CA 引垂线的垂足在一条直线上(这条直线叫作西姆松线.)

648(т).　已知点 A,B,C,D,E 和 F 排列在圆上.弦 EC 和 DA 相交于点 M,而弦 BE 和 DF 相交于点 N.证明:如果弦 AB 和 CF 平行,那么它们也平行于直线 MN.

第6章 相似性

这一章的主要目的是研究相似图形的性质. 存在相似的图形和体是我们学习欧几里得几何学的欧几里得空间最重要的性质之一. 相似现象我们经常会在生活中遇到.

在儿童玩具商店可以看到汽车模型, 是相似于不同的汽车的. 是的, 一般地, 非常多的儿童玩具相似于成人世界的具体对象. 当我们考察著名工匠写画的复制品时, 那么遇到的景象也与原物是相似的. 当然, 某些艺术作品的复制品不能与原物完全一样. 皮鞋或一个式样的西服也会产生不同的大小. 在这里可以说, 例如, 一种形式的运动服是相似的. 这些例子在后面可以继续举出很多.

6.1 平行四边形, 长方形, 菱形, 正方形

在本节我们考察某些足够好且许多人都知道的四边形的形式. 它们每一个都具有一系列有趣和重要的性质. 在这些性质中我们分出和考察的只是一小部分. 这些性质, 在后面各节对于发展几何理论是直接和必需的.

一、平行四边形

✻ 两组对边分别平行的四边形叫作平行四边形(图 6.1).

✻ **定理 6.1(平行四边形的性质和判定)** 在任何平行四边形中:

（a）对边相等.

（b）对角相等.

（c）两条对角线被交点平分.

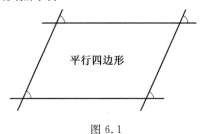

平行四边形

图 6.1

对此，如果四边形具有三条列举的性质中的任何一个，那么这个四边形是平行四边形.

定理的每一款所给出的不但是平行四边形的性质，而且还是平行四边形的判定.

证明　（a）平行四边形的性质. 我们考察平行四边形 $ABCD$（图 6.2）. 根据平行线的性质，$\angle BAC = \angle ACD$（AB 和 CD 是平行线，AC 是截线）. 同理 $\angle ACB = \angle CAD$. 这样一来，根据三角形相等的第二判别法，$\triangle ABC$ 和 $\triangle CDA$ 相等且 $AB = CD$，$BC = AD$.

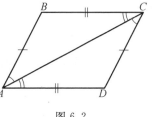

图 6.2

平行四边形的判定. 设在四边形 $ABCD$ 中成立 $AB = CD$ 和 $BC = AD$，则根据三角形相等的第三判别法，$\triangle ABC$ 和 $\triangle CDA$ 相等. 这两个三角形应当分布在直线 AC 的两侧，因为在相反的情况 $ABCD$ 不是四边形. 因此，由 $\angle BAC = \angle DCA$ 我们可以断定直线 AB 和 CD 平行，而由 $\angle BCA = \angle DAC$ 推得 BC 和 AD 平行的结论. 这就是说，四边形 $ABCD$ 是平行四边形.

（b）平行四边形的性质. 四边形 $ABCD$ 是平行四边形，那么由 $\triangle ABC$ 和 $\triangle CDA$ 相等我们得出 $\angle ABC$ 和 $\angle CDA$ 相等，而由 $\triangle BAD$ 和 $\triangle DCB$ 相等推出平行四边形的另外两个对角相等.

平行四边形的判定. 设在四边形 $ABCD$ 中在顶点 A 和 C 的对角相等，而在顶点 B 和 D 的对角也相等. 表记第一对角的度数为 α，第二对角的度数为 β（图 6.3）. 知道四边形的内角和等于 $360°$，得出 $2\alpha + 2\beta = 360°$，由此 $\alpha + \beta = 180°$. 现在根据平行性的判定我们得出，在四边形 $ABCD$ 中有两组对边分别平行.

(c) 平行四边形的性质. 通过 O 表记平行四边形 $ABCD$ 对角线的交点(图 6.4). 根据款(a)的结论, $AB = CD$. 此外, 根据平行线和截线的性质, $\angle ABO = \angle ODC$, $\angle BAO = \angle OCD$. 这意味着, 根据三角形相等的第二判别法 $\triangle BAO$ 和 $\triangle DCO$ 相等, 且 $AO = CO$, $BO = OD$.

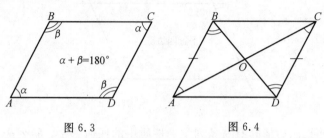

图 6.3   图 6.4

平行四边形的判定. 设在四边形 $ABCD$ 中两对角线相交于点 O 且被这点所平分, 则根据三角形相等的第一判别法 $\triangle BAO$ 和 $\triangle DCO$ 相等, 所以 $\angle BAO = \angle DCO$, 也就是根据相应的平行性的判定, 直线 AB 和 CD 平行. 同理可得边 AD 和 BC 也是平行的. ▼

二、长方形

❋ 所有角都是直角的四边形叫作长方形(图 6.5).

长方形

图 6.5

由长方形的定义推出它的两组对边分别平行, 也就是, 长方形是特殊形式的平行四边形.

确切地说, 成立下面的定理.

❋ **定理 6.2(长方形的性质)**

(a) 长方形是对角线相等的平行四边形.

(b) 对角线相等的平行四边形是长方形.

证明 (a) 此款的正确性由与一条直线垂直的直线互相平行推得.

考察长方形 $ABCD$(图 6.6). Rt$\triangle BAD$ 和 Rt$\triangle CDA$ 根据三角形相等的第一判别法是相等的($AB = CD$, 因为 $ABCD$ 是平行四边形, 且 $\angle BAD = \angle CDA = 90°$). 这意味着, $AC = BD$.

（b）设在平行四边形 $ABCD$ 中对角线 AC 和 BD 相等（图 6.7），则 $\triangle BAD$ 和 $\triangle CDA$ 根据三角形相等的第三判别法是相等的．这意味着，$\angle BAD = \angle CDA$．

但这两个角的和等于 $180°$，因为直线 AB 与 CD 平行．所以，它们每一个都等于 $90°$，而这意味着，平行四边形 $ABCD$ 的所有角都是直角．▼

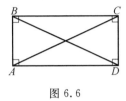

图 6.6

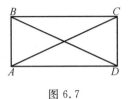

图 6.7

三、菱形

❋ 所有边都彼此相等的四边形叫作菱形（图 6.8）．

❋ **定理 6.3（菱形的性质）**

（a）菱形是平行四边形，菱形的对角线互相垂直，而每条对角线是菱形对应角的平分线．

图 6.8

（b）如果在平行四边形中，对角线互相垂直，那么这个平行四边形是菱形．

（c）如果在平行四边形中，它的一条对角线平分此对角线通过的每个角，那么这个平行四边形是菱形．

正如所见，款（a）简述了菱形的性质，而款（b）和（c）是菱形的判定．

证明 （a）所有边相等的四边形是平行四边形，由相应的平行四边形判别法推得．（定理 6.1，款（a），逆命题）

进一步，每条对角线，根据平行四边形的性质，被交点所平分（图 6.9）．因为 $\triangle ABC$ 和 $\triangle ADC$ 是等腰三角形，中线 BO 和 DO 垂直于公共的底边 AC 且分别是这两个三角形的角平分线．同样对角线 AC 也平分 $\angle BAD$ 和 $\angle BCD$．

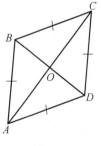

图 6.9

（b）如果在平行四边形 $ABCD$ 中对角线互相垂直，那么 $\triangle ABC$ 和 $\triangle ADC$ 是带有公共底边 AC 的等腰三角形．这由相应的等腰三角形判别法推得：在 $\triangle ABC$ 和 $\triangle ADC$ 中，对边 AC 引的中线即是三角形的高．

这就是说，$AB = BC$，$AD = DC$．此外，$AB = DC$．因此平行四边形 $ABCD$ 是菱形．

（c）这款的正确性也可由等腰三角形的判定得出：如果对角线 BD 具有指

出的性质,那么 △ABC 和 △ADC 引向边 AC 的中线是这两个三角形的角平分线. ▼

四、正方形

✳ 所有的边彼此相等,且所有的角是直角的四边形叫作正方形(图 6.10).

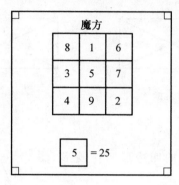

图 6.10

正方形具有长方形和菱形的所有性质,因为它既是长方形,又是菱形.但是正方形也有自己特有的性质,关于这些以后再给大家讲解.

▲■● 课题,作业,问题

649. 怎样的四边形叫作平行四边形,长方形,菱形,正方形?

✳ 650(B). 在本节考察的怎样的四边形具有对称中心,怎样的四边形具有对称轴?

651(B). 长方形,菱形,正方形各具有多少条对称轴?这些四边形的对称轴是怎样排布的?

652. 证明:如果四边形有对称中心,那么这个四边形是平行四边形.

653. 证明:如果平行四边形有外接圆(即,如果存在一个圆,包含四边形的四个顶点),那么这个平行四边形是长方形.

654. 证明:在菱形中能内切一个圆(即,存在一个圆与菱形所有的边相切).

✳ 655. 在平行四边形中,最大的边比最小的边大 2 cm,又周长等于 20 cm.求平行四边形的边长.

✳ 656. 已知菱形的一个角等于80°,求菱形的边同较小对角线所形成

154

的角.

657. 已知长方形对角线之间的角等于80°. 求它的对角线同大边所成的角.

658. 由内角为43°和57°的两个相等的三角形组成平行四边形. 则该平行四边形的钝角能取怎样的量值?

659. 在图 6.11 中, $CDEK$ 是平行四边形, $DF \perp EK$, $DF = 2$ cm, $CD = 10$ cm, $\angle DEK = 30°$. 求 CK 的长和平行四边形 $CDEK$ 的周长.

660. 在图 6.12 中, $AEDF$ 是平行四边形, $AB = CD$. 证明: $BECF$ 是平行四边形.

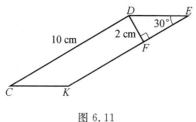

图 6.11

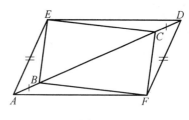

图 6.12

661. 在图 6.13 中, $ABCD$ 是平行四边形, $BK = 2$, $\angle A = 30°$. 求 BD 的长, 以及 $\angle BDC$ 和 $\angle DBC$ 的度数.

662. 在图 6.14 中, AM 是 $\triangle ABC$ 和 $\triangle ANK$ 在边 BC 和 NK 上的中线. 证明: $BK = NC$.

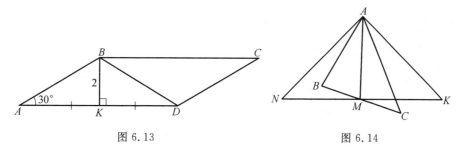

图 6.13

图 6.14

663. 在图 6.15 中, $ABCDEF$ 是凸六边形, $AB = ED$, $AB \parallel ED$, $BC = FE$, $BC \parallel FE$. 证明: 点 O 是直线 AD, BE, CF 的公共点.

664. 在图 6.16 中, $ABCD$ 是菱形, $\angle 1$ 和 $\angle 2$ 的度数之比为 $2:1$, $BD =$

3 cm. 求 $\angle BAD$ 的度数和菱形的周长.

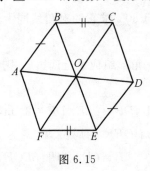

图 6.15

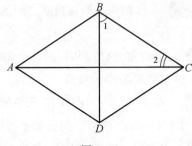

图 6.16

665. 在图 6.17 中，$ABCD$ 是长方形. 求 BD 的长.

666. 以下命题哪些是正确的：

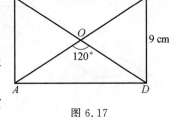

图 6.17

(a) 如果四边形的对角线相等，那么它是长方形；

(b) 如果四边形的对角线互相垂直，那么它是菱形；

(c) 如果平行四边形是长方形，那么它的对角线是它的角平分线；

(d) 如果在平行四边形中有两个相邻的边相等，那么这个平行四边形是菱形.

667. 在平行四边形中引 $\angle A$ 和 $\angle C$ 的平分线，它们分别交边 BC 和 AD 于点 P 和 M. 确定四边形 $APCM$ 的形式.

668. 证明：通过长方形对边中点的直线是它的对称轴.

669. 证明：包含菱形对角线的直线是它的对称轴.

670(пт). 满足下列条件的凸四边形(O 是它对角线的交点) 是平行四边形吗？如果：

(a) 边 AB 和 CD 相等，而边 BC 和 AD 平行.

(b) $AO = OC$，而边 AB 和 CD 平行.

(c) $AB = CD$，$\angle BAD = \angle DCB$.

(d) $AO = OC$，$AB = CD$.

(e) $AO = OC$，$\angle ABC = \angle ADC$.

671(п). 在平面上放置点 A，B，C 和 D. 已知 $\angle ABC = \angle ADC$，$\angle BAD =$

∠BCD. 则这四个点必定是平行四边形的顶点吗?

672.　已知菱形的边长等于 1 且内角中的锐角为 60°. 求它较短对角线的长.

673.　在长方形 ABCD 的边 AB 和 CD 上取点 K 和 N,使得 AKCM 是菱形. 对角线 AC 同边 AB 形成 30° 的角. 如果长方形的长边等于 3,求菱形的边.

674.　长方形对角线的中垂线分边为 1∶2 的两部分. 求两条对角线之间角的度数.

675.　通过长方形的中心引直线垂直于它的对角线,交长方形的大边成 60° 的角. 这条直线夹在长方形内部的线段的长等于 10. 求长方形大边的长.

676.　在长方形 ABCD 的边 BC 上取点 M,使得 ∠AMB 和 ∠AMD 相等. 如果 BC = 2AB,求 ∠AMB 的度数.

677.　已知,点 M 和 N 是长方形 ABCD 边 BC 和 CD 的中点,直线 BN 和 MD 之间的角等于 40°. 求 ∠MAN 的度数.

678(т).　在 Rt△ABC 的直角边 AB 和 BC 上分别取点 M 和 N,使得 AM = CB,MB = CN. 求线段 AN 和 CM 之间的角.

679(т).　已知,点 N 在正方形 ABCD 的边 CD 上,点 M 在边 AD 上. MD 和 ND 长度的和等于 AB. 求由点 A,B 和 C 看线段 MN 的视角之和.

✳ **680(в).**　在本节考察的怎样的四边形能有外接圆,怎样的四边形能有内切圆?(四边形的外接圆意味着:所作的圆通过这个四边形所有的顶点;内切圆说的是,所作的圆与这个四边形所有的边都相切.)

681(пт).　关于平行四边形 ABCD,已知 ∠ABD = 40° 且 △ABC 和 △CDA 的外接圆圆心在对角线 BD 上. 求 ∠DBC 的度数.

682(т).　凸四边形的两条对角线分它为四个三角形. 已知这四个三角形的外接圆半径彼此相等. 证明:这个四边形是菱形.

683(п).　在平行四边形 ABCD 中,∠A 的平分线交边 BC 于点 K,交边 CD 的延长线于点 M. 已知 CM = 1,BK = 3. 求平行四边形的边长.

684.　证明:平行四边形比邻一条边的两个角的平分线互相垂直.

685.　证明:平行四边形对角的平分线要么平行,要么重合.

686.　由平行四边形借助于与它对边相交的直线截去一个菱形. 由剩下的平行四边形按同样的方法再截去一个菱形. 再由剩下的平行四边形再截去一个

菱形.结果剩下的平行四边形的边长分别是 1 和 2.求原平行四边形的边长.

687. 如图 6.18 所示,两个半径相等的圆相交于两点.证明:$MANB$ 和 AO_1BO_2 都是菱形.

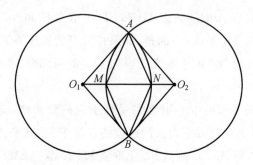

图 6.18

688. 证明:在同圆中一条弦或相等的弦所对的圆周角,在等圆中相等的弦所对的圆周角,要么相等,要么互补.

689. 已知一边和对角线,求作长方形.

690. 在已知 $\triangle MNP$ 中作一个内接菱形(即,菱形的所有顶点都在三角形的边上),与三角形有公共角 M.

691. 围绕已知圆画一个具有已知边长的菱形.

692. 已知正方形的外接圆半径为 R,求作这个正方形.

693. 作图:

(a)已知两条对角线和一条边,作平行四边形;

(b)已知两条对角线,求作菱形.

694. 在给定的圆内作一个内接长方形,长方形对角线之间的角是已知的.

695. 存在对角线分别为 10 和 6 且边为 2 的平行四边形吗? 如果这个平行四边形不存在,请改变已知条件,使得平行四边形可以作图.

696(т). 在菱形 $ABCD$ 中,$\angle A=60°$,放置 $\triangle BNM$,使得点 N 在 AD 上,而点 M 在 DC 上.$\angle BNM=60°$.求 $\angle NBM$ 和 $\angle BMN$ 的度数.

697(т). 在菱形 $ABCD$ 的边 AD 和 DC 上作正 $\triangle AKD$ 和 $\triangle DMC$,使得点 K 和直线 BC 在边 AD 的同侧,而点 M 与 AB 在边 DC 的另一侧.证明:点 B,K 和 M 在一条直线上.

698(т). 证明:平行四边形各角的平分线相交成长方形,它的对角线平行于平行四边形的边且长度等于平行四边形相邻两边的差.

✳ 699(т). 我们说图形具有固定的宽度,如果它能在两条平行直线之间转动,使得它的周界不与这两条直线中的任一条相交,但总与它们每一条相切(即,在每条直线上仅有一个点属于图形的边界). 显然,圆具有固定的宽度. 还存在另外的图形具有固定的宽度. 例如,称为佩尔三角形的例子. 它用下面的方式得出.

考察等边三角形. 以这个三角形的顶点为圆心,半径等于它的边长作三个圆. 这三个圆的公共部分就是佩尔三角形.

检验佩尔三角形所具有的固定宽度. 找一找还有什么图形具有固定的宽度.

700(т). 平面交棱锥 $ABCD$ 的棱 AB,BC,CD 和 DA 分别于点 K,P,M 和 H,已知 $KPMH$ 是平行四边形. 证明:这个平行四边形的边平行于 AC 和 BD.

6.2 泰勒斯定理和它的推论

在几何学的历史上,杰出的学者中最古老的是生活在两千五百多年前的希腊哲学家泰勒斯. 可以说,从泰勒斯开始几何学的历史才作为科学. 关于泰勒斯和他在几何学上的成就已经在第 3 章介绍过,而现在我们简述和证明的定理,是相似理论的基础.

一、泰勒斯定理

✳ **定理 6.4(泰勒斯定理)** 设通过位于角的一边上的点 A,B,C,D 引平行的直线,交这个角的另一边分别于点 A_1,B_1,C_1 和 D_1. 如果线段 AB 和 CD 相等,那么 A_1B_1 和 C_1D_1 相等.

证明 如图 6.19 所示,通过点 A 和 C 引直线,平行于角的另一边. 我们得到两个平行四边形 $AB_2B_1A_1$ 和 $CD_2D_1C_1$. 根据平行四边形的性质(定理 6.1),$AB_2=A_1B_1$,$CD_2=C_1D_1$. 于是,我们剩下证明 $AB_2=CD_2$. 根据三角形相等的第二判别法,$\triangle ABB_2$ 和 $\triangle CDD_2$ 相等 —— 根据定理条件 $AB=CD$;作为平行线 BB_1 和 CC_1 与直线 BD 相交形成的同位角,$\angle ABB_2=\angle CDD_2$;同理 $\angle BAB_2$ 和 $\angle DCD_2$ 每一个都与顶点为 O 的已知角相等. 这样一来,定理完全得证. ▼

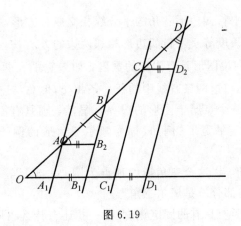

图 6.19

二、三角形的中位线

❋ 联结三角形两边中点的线段叫作三角形的中位线(图 6.20).

图 6.20

❋ **定理 6.5(三角形的中位线)** 三角形的中位线平行于这个三角形的第三边且等于这个边的一半.

证明 我们考察 $\triangle ABC$,用 D 表记边 AB 的中点(图 6.21).通过 D 引直线平行于 AC.设这条直线交 BC 于点 E.

根据泰勒斯定理,$BE = EC$,也就是 DE 是 $\triangle ABC$ 的中位线.定理第一部分得证.

现在通过 E 引直线平行于 AD,用 F 表记它同 AC 的交点.因为 E 是 BC 的中点,根据泰勒斯定理,F 是 AC 的

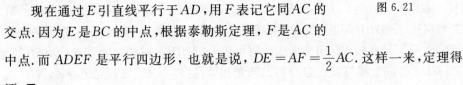

图 6.21

中点.而 $ADEF$ 是平行四边形,也就是说,$DE = AF = \frac{1}{2}AC$.这样一来,定理得证. ▼

三、梯形

❋ 两边彼此平行而另外两边不平行的四边形叫作梯形.

梯形平行的边叫作梯形的底,而不平行的边叫作梯形的腰(图 6.22).

腰相等的梯形叫作等腰梯形.

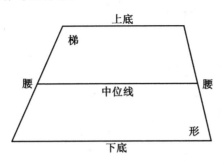

图 6.22

一般说来,梯形应当打开我们考察的四边形系列.然后我们会有"一个链",在这个链中逐渐地增加条件的数目,确定四边形的形式.但直到现在,我们才有机会证明一个重要的梯形定理.

我们再引进一个定理.

联结梯形两腰中点的线段叫作梯形的中位线.

✳ **定理 6.6(关于梯形的中位线)**　梯形的中位线平行于底边且等于上下两底和的一半.

证明　我们考察梯形 $ABCD$,底边为 AD 和 BC(图 6.23).通过 K 和 M 表记腰 AB 和 CD 的中点.我们再考察一个点 —— 对角线 BD 的中点 P.

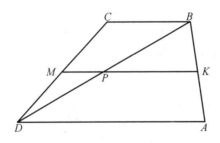

图 6.23

此时 KP 是 △ABD 的中位线,而 PM 是 △BDC 的中位线.根据定理 6.5,KP 和 PM 分别平行于 AD 和 BC,而因为 AD 和 BC 彼此平行,所以点 K,P 和 M 在平行于梯形底边的一条直线上.此外

$$KM = KP + PM = \frac{1}{2}(AD + BC)$$ ▼

当然,中位线定理不仅对于梯形是正确的,而且对于平行四边形也是正确的.而这意味着,它也适用于我们研究的其他四边形.

四、比例线段

✳ 在课程开始的时候我们说过,任意两条线段对应的数,叫作这两条线段的比.

两条线段 a 和 b 的比我们写作分数形式 $\dfrac{a}{b}$,它是等于已知线段长度比的数. 这个数不依赖为了测量线段所选择的长度单位. 可以说,线段 a 和 b 的比等于线段 a 的长度,当选取线段 b 作为测量单位的时候.

现在我们考察两对线段:a,b 和 c,d. 如果它们的比相等,也就是成立等式 $\dfrac{a}{b}=\dfrac{c}{d}$,则这两对线段成比例.

相似理论以下面的定理为依据.

五、关于比例线段的定理

✳ **定理 6.7(关于平行直线交角的两边所产生的线段)** 设角的两边与两条平行直线相交,则在角的一边上形成的线段与在角的另一边上的对应线段成比例.

换言之,如果 A 是角的顶点和一对平行直线交角的一边于点 B 和 C,而交另一边于点 B_1 和 C_1,那么 $\dfrac{AB}{BC}=\dfrac{AB_1}{B_1C_1}$. 这个定理经常叫作广义泰勒斯定理.

证明 我们发现,如果在角的一边由顶点顺次放置相等的线段且通过它们的端点引平行的直线,那么根据泰勒斯定理在角的另一边上也形成相等的线段.

现在转到定理的直接证明. 我们考察顶点为 A 的角,它的边与平行直线 BB_1 和 CC_1 相交(图 6.24). 我们需要证明等式 $\dfrac{BC}{AB}=\dfrac{B_1C_1}{AB_1}$.

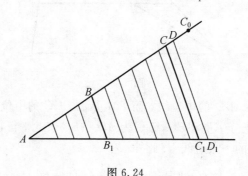

图 6.24

我们假设,这两个分式不相等. 例如,设 $\dfrac{BC}{AB}<\dfrac{B_1C_1}{AB_1}$. 我们在线段 BC 的延长

线上取点 C_0 ，使得 $\dfrac{BC_0}{AB}=\dfrac{B_1C_1}{AB_1}$. 分线段 AB 为充分大数目的相等的线段，使得它们每一个的长都小于线段 CC_0 的长. 设 h 是所分线段一个的长. 我们由点 B 顺次放置长为 h 的线段，直到它们中一个的端点（用 D 表示）不落到线段 CC_0 的内部为止. 这个时刻一定能来临，因为 h 的长度小于 CC_0 的长. 通过得到的小线段的端点引直线平行于直线 BB_1 和 CC_1 . 点 D 将与点 D_1 相对应. 此时，线段 B_1D_1 大于线段 B_1C_1 . 正如我们知道的，所作的平行线组在角的另一边也形成相等的线段，设每个的长为 h_1 . 如果在线段 AB 上有 n 个长为 h 的线段，而在线段 BD 上有 m 个这样的线段，那么线段 AB_1 呈现出分为 n 个长为 h_1 的线段，而线段 B_1D_1 分为 m 个这样长的线段. 也就是说

$$\frac{BD}{AB}=\frac{m}{n}=\frac{B_1D_1}{AB_1}$$

但是，另一方面，有

$$\frac{BC_0}{AB}>\frac{BD}{AB}=\frac{B_1D_1}{AB_1}>\frac{B_1C_1}{AB_1}$$

与点 C_0（ $\dfrac{BC_0}{AB}=\dfrac{B_1C_1}{AB_1}$ ）的选取相矛盾. 定理得证. ▼

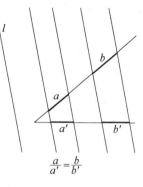

$$\frac{a}{a'}=\frac{b}{b'}$$

图 6.25

与定理的证明相联系做一个注释. 如果给出角和直线 l ，那么任意一对平行于 l 的直线在角的两边上截得的一对线段，它们的比是常数. 这个比只由直线 l 的方向来确定（图 6.25）.

▲■● 　课题，作业，问题

701(н). 　　在图 6.26 中， $A_1B_1 /\!/ A_2B_2 /\!/ A_3B_3$ ， $OB_1=B_1B_2=B_2B_3$ ， $A_1A_3=10$ cm. 求 OA_1 的长.

702(н). 　　在图 6.27 中， $AB \perp PD$ ， $CD \perp PD$ ， $BP=BD=3$ cm， $PC=8$ cm. 求 AC 的长.

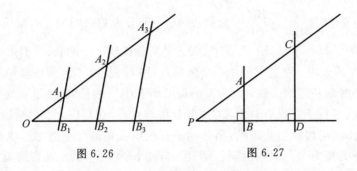

图 6.26　　　　　　　　图 6.27

703(н). 　在图 6.28 中，∠1 和 ∠2 的度数之和等于 180°，$OM=10$ cm，$KN=NO$. 求 PM 的长.

704(н). 　在图 6.29 中：

(a) 已知 ST 和 SQ 是 △ABC 的中位线，$AB=10$ cm，求 TQ 的长.

(b) 已知 ST 与 AC 的和等于 9 cm，求 ST 的长.

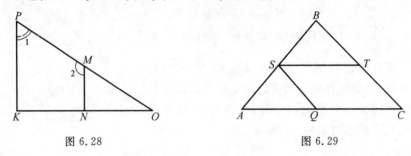

图 6.28　　　　　　　　图 6.29

705(н). 　在图 6.30 中，△ABC 是等边三角形，DE 是中位线，且 $DE=8$ cm. 求 △DBE 和 △ABC 的周长.

706(н). 　在图 6.31 中，$ABCD$ 是平行四边形，∠$ABC=120°$，$BD=AD$，点 K 是 BC 的中点，点 P 是 CD 的中点. $ABCD$ 的周长等于 32 cm. 求 KP 的长.

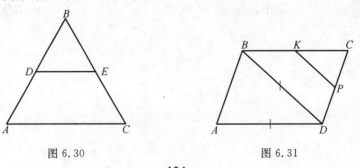

图 6.30　　　　　　　　图 6.31

707(B).　证明:三角形的三条中位线分这个三角形为四个相等的三角形.

❀ **708(B).**　证明:四边形四条边的中点是一个平行四边形的顶点,这个平行四边形的边分别平行于四边形的两条对角线且等于这两条对角线的一半.

709(H).　证明:

(a) 联结四边形对边中点的线段在交点处互相平分.

(b) 长方形各边的中点是一个菱形的顶点.

(c) 菱形各边的中点是一个长方形的顶点.

(d) 正方形各边的中点是另一个正方形的顶点.

710(H).　关于四边形各边的中点能再加什么条件就是(a) 长方形;(b) 正方形的顶点?

711.　联结 $\triangle ABC$ 的边 AB 和 AC 中点的线段比边 BC 小 3 cm,比边 AC 小 2 cm,比边 AB 小 1 cm. 求 $\triangle ABC$ 的周长.

712.　已知梯形的中位线等于 5,两底的差等于 2. 求梯形两底的长.

❀ **713.**　已知梯形的两底分别等于 7 和 5,对每个腰用三个点分为四个相等的部分,联结对应的分点,所得到的线段等于多少?

714.　在角的一边上取两条线段,它们的长分别等于 2 cm 和 5 cm. 通过这些线段的端点引平行的直线,在角的另一边形成两条对应的线段. 求形成的两条线段的长, 如果已知它们一条比另一条大 9 cm.

715.　以给定三角形各边中点为顶点的三角形的周长是给定三角形周长的多少倍?

716(П).　证明:如果四边形的对角线相等,那么这个四边形各边的中点是一个菱形的四个顶点.

717(П).　证明:如果四边形的对角线互相垂直, 那么它各边的中点是长方形的顶点.

718(П).　证明:如果联结四边形对边中点的线段互相垂直,那么它的对角线相等.

719(П).　证明:如果联结四边形对边中点的线段相等, 那么它的对角线互相垂直.

720.　已知没有平行边的四边形, 且对角线的交点不是它们的中点. 证明:它的两个对边的中点和它的两条对角线的中点是平行四边形的四个顶点.

721. 证明:联结不是平行四边形的四边形对边中点的线段的交点,平分联结它的对角线中点的线段.

722(т). 在四边形 $ABCD$ 中,点 E 是 AB 的中点,点 F 是 CD 的中点.证明:线段 AF, CE, BF, DE 的中点是平行四边形的顶点.

723(в). 通过三角形的顶点引直线平行于它的对边.证明:所得到的三角形的各边长分别是原三角形各边长的 2 倍.

724. 在 $\triangle ABC$ 的边 AB 和 AC 上分别取点 M 和 K,且 $AM = \dfrac{3}{4}AB$, $AK = \dfrac{3}{4}AC$.如果 $BC = 5$,求线段 MK 的长.

725. 已知,线段的一个端点与 $\triangle ABC$ 的顶点 A 重合,另一个端点在边 BC 上.求所有可能的这样的线段中点的轨迹.

726. 已知的三角形被分为四个相等的三角形.引进一种三角形作为例子,它能用两种不同的方法分为四个相等的三角形.

✳ **727(п).** 如果梯形的两底分别等于 a 和 b,求联结梯形对角线中点的线段的长.

728. 已知,AB 和 BC 分别是梯形 $ABCD$ 的腰和较小的底,$AB = 2.6$,$BC = 2.5$.则 $\angle A$ 的平分线交底 BC 或腰 CD 的线段等于多少?

729. 梯形一个底的两个底角的平分线的交点在第二个底上.如果梯形的腰分别等于 a 和 b,求第二个底的长.

✳ **730(в).** 在底为 AD 和 BC 的梯形 $ABCD$ 中,通过顶点 C 引直线平行于 AB 且交 AD 于点 M.证明:在 $\triangle DCM$ 中有两条边分别等于梯形的两腰,而第三条边等于梯形两底的差.

731(в). 证明,在等腰梯形中:

(a)每个底的两个底角相等.

(b)两条对角线相等.

732. 已知等腰梯形的对角线分其为两个等腰三角形,求梯形对角线之间角的度数.

733(п). 证明:如果在梯形中成立下列条件之一,那么这个梯形是等腰梯形.

(a)同一底上的两个底角相等.

(b)两条对角线相等.

❋ **734(п).** 已知四条边长,求作梯形.

735(п). 根据两底和两条对角线的长,求作梯形.

736. 通过梯形 $ABCD$ 的底边 AD 的两个端点所作的圆,交直线 AB 和 CD 于点 K 和 M.证明:点 B, C, K 和 M 位于同一个圆上.

❋ **737(в).** 分已知线段为三个相等的部分.

738. 已知点 C 分线段 AB 为两部分的比为:

(a) 由点 A 算起 $2:3$.

(b) 由点 A 算起 $3:2$.

739. 在角的一边上有长为 3 和 4 的两条线段.通过他们的端点引平行的直线,在角的另一边上也形成两条线段.其中较大线段的长等于 6.求另一条线段的长.

740(п). 已知梯形的两底分别等于 a 和 b,平行于底的两条直线分一个腰为三个相等的部分,求这些直线位于梯形内部的线段的长.

741. 证明:如果等腰梯形的对角线互相垂直,那么梯形的高等于中位线.

742. 在图 6.32 中,$ABCD$ 是梯形($BC \parallel AD$),圆心在点 O 的圆是梯形的内切圆.证明:$\angle AOB$ 和 $\angle COD$ 是直角.

743. 在梯形 $ABCD$ 中,腰 $AB = 5$,而底 $BC = 4$.这个梯形中 $\angle A$ 的平分线与边 BC 还是 CD 相交?

744(пт). 证明:如果在四边形 $ABCD$ 中联结 AB 和 CD 中点的线段,等于 AD 和 BC 之和的一半,那么 AD 和 BC 平行.

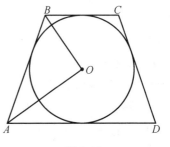

图 6.32

745. 在四边形 $ABCD$ 的边 AB 上取点 M_1.通过这点引直线,平行于对角线 AC,交 BC 于点 M_2.通过 M_2 引直线平行于 BD,交 CD 于点 M_3.然后以同样的方法得到在 DA 上的点 M_4 和在 AB 上的点 M_5.证明:点 M_5 与点 M_1 重合.

746(т). 已知等腰梯形中大底的长是小底的 2 倍.由大底的中点对小底的视角是小底的中点对大底的视角的二分之一.求这些角的度数.

747(т). 在底为 AD 和 BC 的梯形 $ABCD$ 中,顶点为 A 和 B 的角平分线相交于点 M,而顶点为 C 和 D 的角平分线相交于点 N.若 $AB = a$,$BC = b$,$CD = c$,

$AD=d$, 求 MN 的长.

748(т). 在图 6.33 中,$ABCD$ 是梯形,它的周长等于 P. AR,BR,CQ,DQ 分别是顶点为 A,B,C,D 的角的外角平分线. 求 RQ 的长.

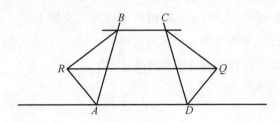

图 6.33

749(т). 怎样用一条直线的切口由三角形剪出一个梯形,使得梯形的下底等于它两腰的和?

750(т). 已知,梯形的一个腰等于梯形两底之和.证明:在这个腰上的两个角的平分线的交点在梯形的另一个腰上.

751(т). 在 $\triangle ABC$ 的边 AB 上取点 M_1.通过 M_1 引直线平行于 CA,交 BC 于点 M_2.通过 M_2 引直线平行于 AB,交 AC 于点 M_3.通过 M_3 引直线平行于 BC,交 AB 于点 M_4.点 M_1 在怎样的位置时点 M_4 与它重合?设点 M_4 不与 M_1 重合.继续这个过程,顺次得到点 M_5,M_6 和 M_7.证明:M_7 总与 M_1 重合.

752(т). 在底为 AD 和 BC 的梯形 $ABCD$ 中成立 $\angle ABD = \angle ACD$.证明:这个梯形是等腰梯形.

753(т). 底边为 AD 和 BC 的梯形的两条对角线相交于点 O.证明:$\triangle AOD$ 和 $\triangle BOC$ 的外接圆彼此相切.

754(п). 已知两圆相交于点 A 和 B.通过点 A 引直线第二次交两圆于点 K 和 M,而通过点 B 引的直线第二次交两圆于点 P 和 Q.证明:点 K,M,P 和 Q 是梯形或平行四边形的顶点.

755(т). 证明:梯形对角线的交点更靠近它的小底.

756(т). 已知梯形的两底分别等于 4 和 3,而两腰延长后相交成直角.求联结梯形两底中点的线段的长.

757(т). 已知梯形上底的两个角的和等于 $270°$.证明:两腰延长线的交点与两底的中点在一条直线上.

758. 证明:梯形两腰的中点与两对角线的中点在一条直线上.

759(т). 在图 6.34 中，$ABCD$ 是梯形（$BC \parallel AD$），P 是 BC 的中点，K 是 AD 的中点，F 是 AP 的中点，E 是 BK 的中点，M 是 KC 的中点，N 是 PD 的中点，O 是 PK 的中点. 证明：点 F，E，M，N，O 在一条直线上.

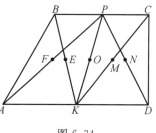

图 6.34

760(т). 在 $\triangle ABC$ 的边 CB 上取点 M，而在边 CA 上取点 P. 已知，$\dfrac{CP}{CA} = 2\dfrac{CM}{CB}$. 通过点 M 引直线平行于 CA，而通过点 P 引直线平行于 AB. 证明：所作的直线的交点在由点 A 引出的中线上.

761. 说明怎样能够将任意三角形剪成三个梯形.

762(т). 通过平行四边形 $ABCD$ 的顶点 C 引任意的直线，交边 AB 和 AD 的延长线分别于点 K 和 M. 证明：乘积 $BK \cdot DM$ 不依赖于所引的直线.

763. 证明：如果三棱锥所有的界面是彼此相等的三角形，那么沿着一个顶点引出的三条棱剪开它的表面，我们得到的展开图是引有中位线的三角形.

764. 证明：如果在三棱锥中三个顶点每一个的角的和为 $180°$，那么棱锥所有的界面是相等的三角形.

6.3　相似三角形

一、三角形相似的判定

✳ 在本章开始我们说过，存在相似图形是我们空间的基本性质之一. 根据个人直观经验，我们能很好地识别相似对象或图形，从各种图形中分出它们. 但是翻译这些为精确的数学表述，运用几何学的语言并不容易. 所以我们从基本的最简单的几何图形 —— 三角形，开始学习相似的性质.

两个三角形称为相似的，如果它们的对应角相等，而对应边成比例.

这意味着，如果 $\triangle ABC$ 和 $\triangle A_1B_1C_1$ 彼此相似，同时顶点 A，B 和 C 对应顶点 A_1，B_1 和 C_1，那么在这些顶点的角彼此相等，此外成立等式

$$\frac{A_1B_1}{AB} = \frac{B_1C_1}{BC} = \frac{C_1A_1}{CA}$$

这些比我们通过 k 表记并且称量 k 是 $\triangle A_1B_1C_1$ 对于 $\triangle ABC$ 的相似系数.

通常两个三角形相似用记号"$\backsim$"表示. 在我们的情况可以记为

$\triangle A_1B_1C_1 \backsim \triangle ABC$(图 6.35)($\triangle$ 通常是表记三角形的记号).

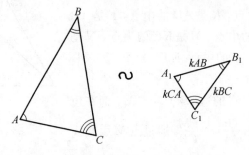

图 6.35

我们只定义了怎样的三角形叫作相似的. 然而给出的定义没有保证存在不相等,但是相似的三角形. 下面由比例线段定理得出的定理,断定了这样的三角形的存在.

二、相似三角形的基本定理

✳ **定理 6.8(相似三角形的基本定理)** 与角的边相交的平行直线,同角的边形成彼此相似的三角形.

定理指出,如果顶点为 A 的角的边与两条平行的直线相交,它们中的一条交角的边分别于点 B 和 C,而另一条分别交角的边于点 B_1 和 C_1,那么 $\triangle ABC$ 和 $\triangle AB_1C_1$ 相似. 此时 A 与 A,B 与 B_1,C 与 C_1 相对应.

证明 在 $\triangle ABC$ 和 $\triangle AB_1C_1$ 中(图 6.36),由平行线的性质直接推得对应角相等. 这确定了三角形相似的一个条件成立.

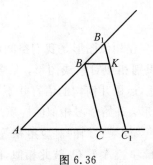

图 6.36

作为定理6.7的结论,边 AB 和 AB_1,AC 和 AC_1 成比例. 由这个定理得出等式 $\dfrac{BB_1}{AB} = \dfrac{CC_1}{AC}$. 但如果对所得的等式两边加 1,那么我们得到

$$\frac{AB + BB_1}{AB} = \frac{AC + CC_1}{AC}, \frac{AB_1}{AB} = \frac{AC_1}{AC}$$

这就是说，成对的边 AB 和 AB_1，AC 和 AC_1 成比例. 为了完成证明剩下要确立，余下的以对边 BC 和 B_1C_1 的比例与被考察的两个一样. 为此通过顶点 B 引直线，平行于 AC，且通过 K 表记它与 B_1C_1 的交点. 因为 $CBKC_1$ 是平行四边形，所以 $KC_1 = BC$. 现在根据定理 6.7，正如上面一样，我们得到

$$\frac{B_1C_1}{KC_1} = \frac{AB_1}{AB}$$

即

$$\frac{B_1C_1}{BC} = \frac{AB_1}{AB}$$

这样一来，我们就完成了定理的证明. ▼

三、三角形相似的判定方法

❋ 对应三个三角形相等的判定方法可以简述三个三角形相似的判定方法.

❋ **三角形相似的第一判别法** 如果一个三角形的角与另一个三角形的角相等，而夹这个角的两边与另一个三角形夹相等角的两边对应成比例，那么这两个三角形相似.

❋ **三角形相似的第二判别法** 如果一个三角形的两个角分别等于另一个三角形的两个角，那么这两个三角形相似.

❋ **三角形相似的第三判别法** 如果一个三角形的三条边与另一个三角形的三条边对应成比例，那么这两个三角形相似.

证明 现在对三个判别法同样地进行证明. 我们考察 $\triangle ABC$ 和 $\triangle A_1B_1C_1$，对于它们成立三个简述的条件之一(图 6.37)，并选择用下面的形式来表记.

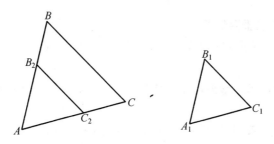

图 6.37

第一判别法：相等的角在顶点 A 和 A_1，此外，有

$$\frac{A_1B_1}{AB} = \frac{A_1C_1}{AC}$$

第二判别法：相等的角在顶点 A 和 A_1 及 B 和 B_1.

第三判别法：成立等式

$$\frac{A_1 B_1}{AB} = \frac{B_1 C_1}{BC} = \frac{C_1 A_1}{CA}$$

我们在射线 AB 上放置线段 $AB_2 = A_1 B_1$ 且通过 B_2 引直线平行于 BC，交 AC 于 C_2．根据定理 6.8，得到的 $\triangle AB_2 C_2$ 与 $\triangle ABC$ 相似．

剩下证明，$\triangle AB_2 C_2$ 与 $\triangle A_1 B_1 C_1$ 相等．

第一判别法：在 $\triangle A_1 B_1 C_1$ 与 $\triangle AB_2 C_2$ 中，在顶点 A 和 A_1 的角相等，$A_1 B_1 = AB_2$．此外，根据条件 $\dfrac{A_1 B_1}{AB} = \dfrac{A_1 C_1}{AC}$ 知，$\triangle AB_2 C_2$ 与 $\triangle ABC$ 相似，推出等式 $\dfrac{AB_2}{AB} = \dfrac{AC_2}{AC}$．由这两个等式得出（因为 $A_1 B_1 = AB_2$）$A_1 C_1 = AC_2$．也就是说，根据三角形相等的第一判别法，$\triangle A_1 B_1 C_1$ 与 $\triangle AB_2 C_2$ 相等．

第二判别法：$\triangle A_1 B_1 C_1$ 与 $\triangle AB_2 C_2$ 具有一个相等的边（$A_1 B_1 = AB_2$）．此外，夹这边的两个角相等．根据三角形相等的第二判别法，这两个三角形相等．

第三判别法：根据条件及定理 6.8 成立下列等式

$$\frac{A_1 B_1}{AB} = \frac{B_1 C_1}{BC} = \frac{C_1 A_1}{CA}, \frac{AB_2}{AB} = \frac{B_2 C_2}{BC} = \frac{C_2 A}{CA}$$

又因为 $A_1 B_1 = AB_2$，所以 $B_1 C_1 = B_2 C_2$，$C_1 A_1 = C_2 A$．

这就是说，根据三角形相等的第三判别法，$\triangle A_1 B_1 C_1$ 与 $\triangle AB_2 C_2$ 相等．▼

于是，三个判别法得证．立刻会发现，在证明定理时经常会利用第二判别法．

除三个指出的判别法外，还可以证明直角三角形相似的专门的判别法，与直角三角形相等的专门判别法相对应．但我们并不去做这件事，因为它实际上几乎不被利用．

四、相似图形的重要性质

彼此相似的三角形之间具有一个很重要的性质，它对任何相似图形是特有的．

❋ **定理 6.9（相似三角形的基本性质）** 两个相似三角形任何对应的线性元素的比等于相似比．

这意味着，如果 $\triangle ABC$ 和 $\triangle A_1 B_1 C_1$ 是相似三角形，并且相似比等于 k（$\triangle A_1 B_1 C_1$ 与 $\triangle ABC$ 相似的相似系数 k），那么一个三角形的每个点能作另一个三角形的对应点．此时，如果在 $\triangle ABC$ 中的点 M 与 $\triangle A_1 B_1 C_1$ 中的点 M_1 相对应，而 $\triangle ABC$ 中的点 K 与 $\triangle A_1 B_1 C_1$ 中的点 K_1 相对应，那么 $\dfrac{M_1 K_1}{MK} = k$．

证明 设 M 是 $\triangle ABC$ 中的某个点（图 6.38）．作它在 $\triangle A_1 B_1 C_1$ 中的这样的

对应点 M_1, 使得 $\triangle A_1 B_1 M_1$ 与 $\triangle ABM$ 相似(相同字母表记的顶点是对应的). 此时 $\triangle A_1 B_1 M_1$ 对于 $\triangle A_1 B_1 C_1$ 的位置安排正如 $\triangle ABM$ 对于 $\triangle ABC$ 的位置安排. 显然, 这两个三角形的所有点之间都能建立这个对应(例如, 放在顶点 A, A_1 和 B, B_1 一边). 现在设点 K 以同样的形式建立对应点 K_1.

$\triangle A_1 B_1 M_1$ 与 $\triangle ABM$ 相似的系数为 k. $\triangle A_1 B_1 K_1$ 与 $\triangle ABK$ 相似的系数也为 k. 由此推得

$$\frac{A_1 M_1}{AM} = \frac{A_1 B_1}{AB} = \frac{A_1 K_1}{AK} = k$$

此时

$$\angle MAK = \angle KAB - \angle MAB = \angle K_1 A_1 B_1 - \angle M_1 A_1 B_1 = \angle M_1 A_1 K_1$$

因此 $\triangle M_1 A_1 K_1$ 以系数 k 相似于 $\triangle MAK$(根据相似第一判别法). 这意味着,
$$\frac{M_1 K_1}{MK} = k. \blacktriangledown$$

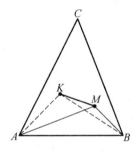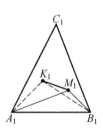

图 6.38

在下面定理证明的性质根据对任意图形相似的定义.

❋　两个图形 F 和 F_1 叫作相似的, 如果它们之间的点能够建立一一对应(也就是说, 一个图形的每个点对应着另一个图形的点, 反之亦然), 保持距离的比(图 6.39).

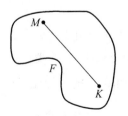　$\dfrac{M_1 K_1}{MK} = k$　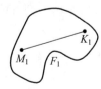

图 6.39

这意味着，如果图形 F 的点 M 和 K 与图形 F_1 的点 M_1 和 K_1 相对应，那么 $\dfrac{M_1K_1}{MK}=k$，其中 k 是常量，叫作图形 F_1 对于图形 F 的相似系数.

相似的概念可推广到空间对象 —— 体.

相似图形的点彼此对应，叫作对应点.端点是对应点的两条线段我们也叫作对应线段.

当用相似解某些问题时能够经常出现下面的事实且这个事实很有用：一个图形线段的比等于相似图形中对应线段的比.这意味着，如果一个图形的线段 a 对应着另一个图形的线段 a_1，而线段 b 对应着线段 b_1，那么 $\dfrac{a}{b}=\dfrac{a_1}{b_1}$.实际上，根据相似图形的定义有 $\dfrac{a_1}{a}=\dfrac{b_1}{b}$.也就是说，$\dfrac{a}{b}=\dfrac{a_1}{b_1}$.

▲■● 课题,作业,问题

765(н). 怎样的两个三角形叫作相似的?

766(н). 给出对任意图形相似的定义.

767(н). 写出图 6.40 中相似三角形对应边之比的等式.

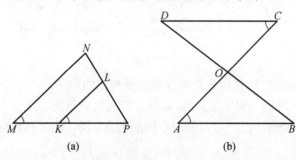

(a)　　　　　　(b)

图 6.40

768(н). 写出在相似 $\triangle AMK$ 和 $\triangle AKP$ 中对应边之比的等式(图 6.41).

769(н). 在相似 $\triangle ABC$ 和 $\triangle A_1B_1C_1$ 中，根据图 6.42 求出未知元素 x，y.

770(н). 求图 6.43 和图 6.44 中在相似三角形中的未知元素.

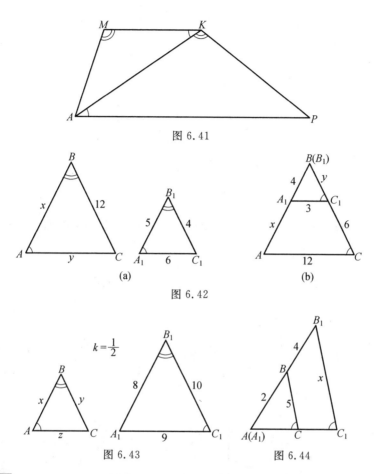

图 6.41

图 6.42

图 6.43　　　　图 6.44

771(н).　在图 6.45 中指出一对相似的三角形,证明它们相似并且写出对应边之比的等式.

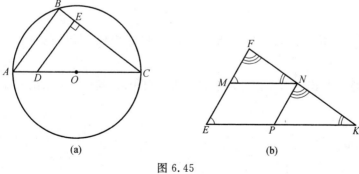

图 6.45

772(н). 在图6.46中，*ABCD*是平行四边形，指出一对相似的三角形，证明它们相似并且写出对应边之比的等式.

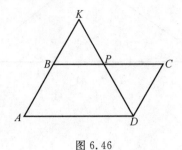

图 6.46

773(н). 根据图6.47，指出一对相似三角形并证明它们相似，写出对应边之比的等式.

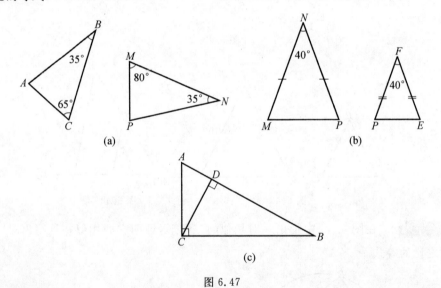

(a)   (b)

(c)

图 6.47

774(н). 指出一对相似三角形并证明它们相似，写出成对相等的角（图6.48）.

775(н). 指出一对相似三角形并证明它们相似，其中需要求出未知元素 x 和 α（图6.49）.

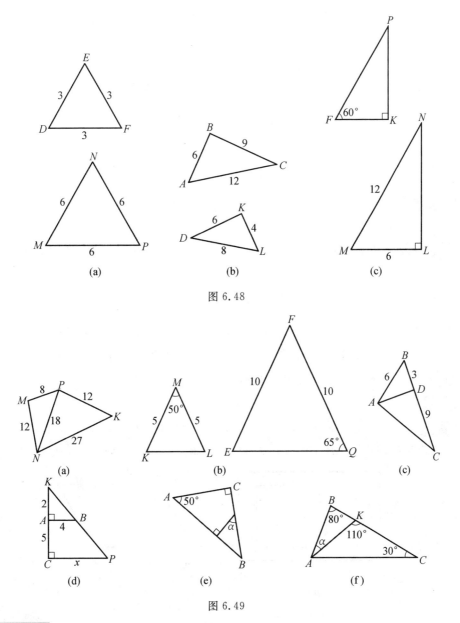

图 6.48

图 6.49

776(н).　在梯形 $ABCD$ 中(图 6.50), $BC /\!/ AD$, $CB = 4$ cm, $BO : OD = 2 : 3$.
求 AD 的长.

777(н).　在图 6.51 中, $ABCD$ 是梯形, M 是 AB 的中点, N 是 BD 的中点,

MN 交 CD 于点 P. 证明: MP 是梯形 ABCD 的中位线.

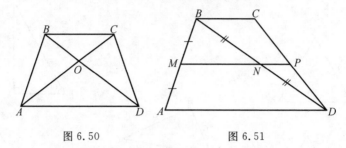

图 6.50   图 6.51

778(H). 如果在两个等腰三角形中它们每个的角中有一个角等于(a) 110°; (b) 70°, 那这两个三角形总能是相似三角形吗?

779. 如果两个三角形它们的中位线对应成比例, 那么这两个三角形相似吗?

780(H). 作同给定三角形相似的三角形, 相似系数为(a) $\frac{1}{2}$; (b) 2; (c) $\frac{1}{3}$.

781(B). 两个四边形所有的角对应相等, 那么这两个四边形相似吗?

782. 根据相似图形的性质, 给出测量房子高度的方法.

783(B). 证明: 任意两个圆彼此相似.

784(H). 如图 6.52 所示, 所标尺寸大小的两个长方形相似吗?

785(H). 如图 6.53 所示, 平行四边形 ABCD 的边 $AB = a$, $AD = b (a < b)$. 由它截出平行四边形 ABMN 与原平行四边形相似, 则线段 ND 应当是多少?

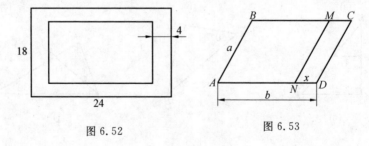

图 6.52   图 6.53

786(н). 证明:端点在梯形两腰上且平行于底边的线段,等于两底的几何中项①,该线段分这个梯形为两个相似的梯形.

787(н). 在本章开始说过关于相似的情况,我们在日常生活会遇到它,然而相似在通常意义下和数学的观点是不一样的.所以请你回答问题:容积为 3 L 和 1 L 的两个罐头相似吗?

788. 证明:顶点在给定三角形各边中点的三角形与给定的三角形相似.相似系数等于多少?

789(в). 考察 $\triangle ABC$ 和任意点 O. 在线段 OA,OB 和 OC 上分别取点 A_1,B_1 和 C_1,使得 $OA = kOA_1$,$OB = kOB_1$,$OC = kOC_1$. 证明:$\triangle A_1B_1C_1$ 与 $\triangle ABC$ 相似.相似系数等于多少?

790. 在 $\triangle ABC$ 中,顶角 A 和 B 分别等于70°和80°.在边 BC 上取点 K,使得 $\triangle ABK$ 与 $\triangle ABC$ 相似.则 $\angle BAK$ 等于多少度?

791. 在 $\triangle ABC$ 中,已知 $AB = 2$,$AC = 4$.在边 AC 上取点 M,使得 $AM = 1$.证明:$\triangle ABM$ 与 $\triangle ABC$ 相似,并求相似系数.

792. 在 $\triangle ABC$ 中,已知 $AB = 3$,$AC = 6$.在边 AB 和 AC 上分别取点 M 和 K,使得 $AM = 2$,$AK = 1$.证明:$\triangle AMK$ 与 $\triangle ABC$ 相似,并求相似系数.

793(в). 证明:梯形的对角线同两底边一起形成两个相似的三角形.

794. 梯形的两条对角线的交点分一条对角线成长分别为 2 和 3 的两条线段.梯形的小底等于 5.求梯形大底的长.

795(пт). 通过三角形最大边的中点引直线,由它截得的三角形与原三角形相似.如果原三角形的边等于:(a)6,7,8;(b)6,7,9;(c)6,7,10.求截得的三角形的最小边.在每种情况下问题具有多少个解?

796(в). 怎样的三角形能分为两个彼此相似的三角形?

797. 由长分别为 4,6,8,9,12 和 18 的线段组成两个彼此相似的三角形.求这些三角形的相似系数.

798(н). 在 $\triangle ABC$ 的边 AC 上取点 M,使得 $\angle ABM = \angle ACB$.已知 $AM = 1$,$MC = 3$.求边 AB 的长.

799. 已知三角形的所有边长均不同,一个角等于40°.这个角的平分线分

---

① 我们提醒,两个数 a 和 b 的几何中项是数 $\sqrt{ab}$,在本题中 a 和 b 是梯形两底的长.

三角形为两个三角形,其中一个与原三角形相似.求原三角形的最大角.

800. 在方格纸上画有某些对三角形(图 6.54).证明:每对三角形都是相似的.

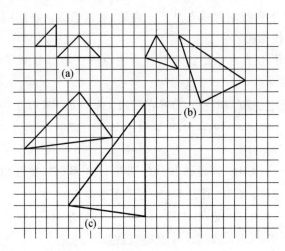

图 6.54

801(пт). 两个不相等但彼此相似的三角形具有两对分别相等的边,它们的长度分别为 12 和 18.求每个三角形剩余边的长.

802(п). 已知两个圆相交于点 A 和 B.通过点 A 引直线与已知两圆的第二个交点分别是点 C 和 D.证明:所有这样得到的 $\triangle BCD$ 彼此都相似.

803(в). 在 $\triangle ABC$ 中,引高 AA_1,CC_1(A_1,C_1 是垂足).证明:$\triangle A_1BC_1 \backsim \triangle ABC$.

804(т). 梯形的一条对角线分梯形为两个彼此相似的三角形.梯形两腰之比等于 2.求梯形两底之比.

805(п). 在 $\triangle ABC$ 中延长边 AC 在点 C 外取一点 D,使得 $\angle BDC = \angle ABC$.已知 $AB = 3$,$DC = 8$.求 AC 的长.

806. 在梯形 $ABCD$ 中,已知两底:$AD = 7$,$BC = 3$.平行于梯形底边的直线交腰 AB 和 CD 分别于点 K 和 M 且 $AK : KB = 7 : 3$.求 KM 的长.

807(пт). 证明:通过梯形对角线的交点和它两腰延长线的交点引的直线,平分梯形的大底和小底.

808(пт). 在平面上给出两条平行直线和点 N.利用上题的结果只借助直尺通过点 N 作直线平行于已知的平行线.

809(т). 已知梯形的底分别等于 a 和 b.平行于底的直线分梯形为两个彼此

相似的梯形. 求这条直线在梯形内的线段的长.

810(т).　已知梯形的底分别等于 a 和 b. 通过它对角线的交点引平行于底的直线. 求这条直线在梯形内的线段的长.

811.　半径为 R 和 r 的两个圆彼此相切. 通过切点引直线交这两个圆. 这条直线与半径为 R 的圆形成长为 a 的弦. 求这条直线截第二个圆所得的弦长.

812(п).　直径为 3 和 5 的两个圆彼此相切于点 A. 通过点 A 引直线, 第二次交小圆于点 B, 交大圆于点 C. 如果 (a) $BC = \sqrt{3}$; (b) $BC = \sqrt{5}$, 求弦 AB 和 AC 的长.

※ **813(т).**　长方形称为"黄金长方形"(说的是, 这个长方形边长的比是"黄金分割"), 具有的性质如下: 如果这个长方形能截出大正方形, 那么余下的长方形与原来的长方形相似(同样的边长比).

（a）如果长方形的小边等于 1, 求这个长方形的大边.

（b）放置长方形, 使得它的大边是水平的. 由它向右截正方形. 由余下的长方形向上截正方形, 然后向左, 向下, 依次类推, 沿着螺线. 证明: 在原来的长方形内存在点 M, 它不在任何一个截下的正方形内. 求由 M 到原长方形左边和下边的距离.

814.　在三棱锥 $ABCD$ 中, 已知棱长: $AB = 9$, $BC = 12$, $CA = 8$, $AD = 6$, $BD = 12$, $CD = 4$. 棱锥界面中存在彼此相似的三角形吗?

815.　在三棱锥 $ABCD$ 中成立等式: $\angle ADB = \angle DBC = \angle ADC = \angle ABC$, $\angle ABD = \angle BDC = \angle DAC = \angle ACB$. 对于 (a), (b), (c) 每一款说明存在这样的棱锥吗? 如果存在, 求出 $\triangle ABC$ 的周长.

（a）$DB = 10$, $DA = 8$.

（b）$DB = 27$, $CA = 8$.

（c）$DB = 21$, $BA = 8$.

第7章　在三角形和圆中的度量关系

要清楚"度量关系"一词意味着什么. 这个词在这里, 说的是与三角形和圆有联系的线段长度之间的关系, 关于在这些图形中特殊点之间的距离.

在本章中著名的毕达哥拉斯定理①占据着中心位置. 确实, 对这个定理的证明将简化, 远离古典的证法. 我们利用的方法, 在毕达哥拉斯时代还未发明(伟大的古希腊数学家和哲学家毕达哥拉斯生活在公元前6世纪).

如今普通的学生所掌握的数学知识和方法, 在毕达哥拉斯的时代是无法想象的. 稍后我们将回到毕达哥拉斯定理, 引进更接近古典的证法. 它作为定理本身虽然在古代, 但却没有失去自己的美丽和重要性.

无论在理论上还是在实际上, 毕达哥拉斯定理的作用都极其重要. 因为这个定理, 我们能够求两点之间的距离, 而不用直接测量这个距离, 甚至不用考察通过这两点的直线.

7.1　在直角三角形中的度量关系

✳ 我们考察 $\text{Rt}\triangle ABC$, 按照几何学的惯例认为, 在顶点 C 的角是直角. 这样一来, 斜边 AB 我们用字母 c 表记, 直角边 AC 和 BC 分别用字母 b 和 a 来表记.

---

① 即勾股定理. —— 译者注

在这个三角形中我们引斜边 AB 上的高 CD，如图 7.1 所示，这个图形反映了直角三角形重要的几何性质.

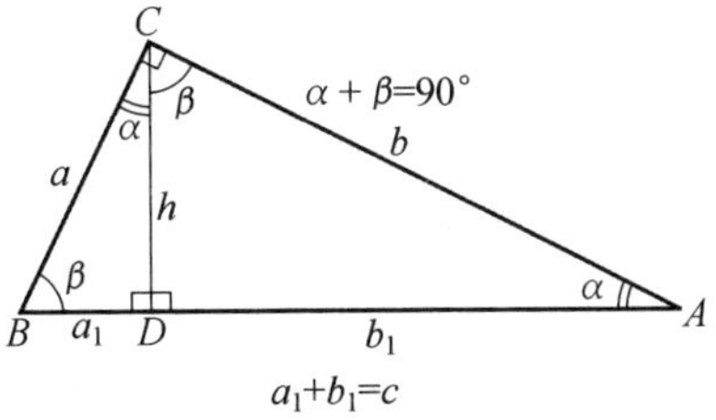

图 7.1

由第二相似判别法，得出 $\triangle ABC$，$\triangle ACD$ 和 $\triangle CBD$ 彼此相似(这些三角形中的角的相等是显然的).

能将一个直角三角形剪为两个彼此相似且与原三角形相似的三角形.

我们特别写了这三个三角形表记为这样的顶点次序：$\triangle ABC$，$\triangle ACD$ 和 $\triangle CBD$. 从而我们指出了对应的顶点.($\triangle ABC$ 中的顶点 A 对应 $\triangle ACD$ 的顶点 A 和 $\triangle CBD$ 的顶点 C，依次类推).

因为 $\triangle ACD$ 的斜边等于 b，而 $\triangle CBD$ 的斜边等于 a，$\triangle ACD$ 对于 $\triangle ABC$ 的相似系数等于 $\frac{b}{c}$，所以 $\triangle CBD$ 对于 $\triangle ABC$ 的相似系数等于 $\frac{a}{c}$.

为了方便起见通过 h 表记高 CD，而斜边上的线段 AD 和 DB 分别表记为 b_1 和 a_1.

❀ **定理 7.1(在直角三角形中的关系式)**　在直角三角形中下列关系式是正确的：

(1) $h^2 = a_1 \cdot b_1$.

(2) $b^2 = b_1 \cdot c$.

(3) $a^2 = a_1 \cdot c$.

其中 b_1 和 a_1 是直角边 b 和 a 在斜边上的射影.

所得出的关系式有时可以这样简述：

(i) 直角三角形中斜边上的高是这个高分斜边所成的两条线段的比例中项.

(ii) 直角三角形的直角边是斜边和这个直角边在斜边上的射影的比例中项.

(如果成立等式 $\frac{m}{x} = \frac{x}{n}$，即 $x^2 = m \cdot n$，那么 x 是 m 和 n 的比例中项.)

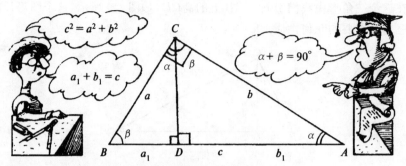

证明　三个关系式可直接由相似三角形推得.

(1) 由 △ACD 和 △CBD 相似得

$$\frac{b_1}{h} = \frac{h}{a_1}$$

所以

$$h^2 = a_1 \cdot b_1$$

(2) 由 △ADC 和 ACB 相似,得

$$\frac{b_1}{b} = \frac{b}{c}$$

所以

$$b^2 = c \cdot b_1$$

(3) 关系式 $a^2 = a_1 \cdot c$,由 △ABC 和 △CBD 相似推得. ▼

✳ **定理 7.2(毕达哥拉斯定理)**　在直角三角形中,斜边的平方等于两直角边的平方之和

$$c^2 = a^2 + b^2$$

证明　将定理 7.1 中等式(2) 和(3) 相加,我们得到

$$b^2 + a^2 = c \cdot b_1 + c \cdot a_1 = c(b_1 + a_1) = c^2$$

你们可能感到疑惑这就是定理的证明吗? 这个定理是多么的重要,而它的证明过程就为两行.这里必须指出,实际上,毕达哥拉斯定理的证明从引进直角三角形的高就开始了.

如果你指的是古代几何学家定理证明的问题,那么原因是他们缺乏代数工具.两条线段之间的比,他们完全可以理解.虽然现在的学生对转换比的等式到乘积的等式理解为显然的,但是对古代的几何学家来说要想理解为显然的是不可能的,因为线段的乘积对他们来说不具有几何意义.

毕达哥拉斯定理简述为面积等式.在这个简述中,带来相应的证明,它成为合乎真理的几何学定理,它是一颗珍珠.所以我们还转回到它,开始学习平面图形的面积.

没有提出毕达哥拉斯代数公式的重要性是不正确的.它能够测量任何意义的"离开直线"的距离,超出平面甚至空间.关于毕达哥拉斯定理在理论和实际上开辟的这个重要作用毕达哥拉斯本人可能只是猜测.

我们发现,毕达哥拉斯定理的逆命题也是正确的.

✳　**定理 7.3(毕达哥拉斯定理的逆定理)**　如果在边为 a,b 和 c 的三角形中成立等式 $c^2 = a^2 + b^2$,那么这个三角形是直角三角形,同时边 c 所对的是直角.

　　证明　我们考察边为 a 和 b 所夹角为直角的三角形.根据毕达哥拉斯定理,第三边的平方等于 $a^2 + b^2$,也就是这个边等于 c.即我们作的三角形根据三角形相等的第三判别法与已知三角形相等. ▼

由相似三角形的性质出发,可以简述更一般形式的毕达哥拉斯定理.

✳　**定理 7.4(一般的毕达哥拉斯定理)**　设 $\triangle ABC$ 是斜边为 AB 的直角三角形.考察在 $\triangle ABC$,$\triangle ACD$,$\triangle CBD$ 中的三条对应的线段(CD 是 $\triangle ABC$ 的高),我们分别通过 l_c,l_b 和 l_a 表记它们,则等式 $l_c^2 = l_b^2 + l_a^2$ 是正确的.

　　证明　正如我们知道的,$\triangle ABC$,$\triangle ACD$ 和 $\triangle CBD$ 相似(图 7.2).根据相似三角形的性质,它们中任意两条对应线段的比是一样的.

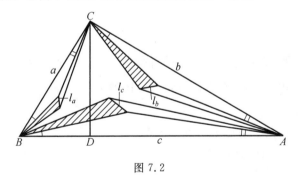

图 7.2

这意味着,$\dfrac{l_c}{c} = \dfrac{l_b}{b} = \dfrac{l_a}{a}$,每个比值用 λ 表示,则 $l_c = \lambda c$,$l_b = \lambda b$,$l_a = \lambda a$.如果我们在等式 $c^2 = b^2 + a^2$ 两边逐项乘以 λ^2,那么我们得到 $l_c^2 = l_b^2 + l_a^2$. ▼

▲■● 课题,作业,问题

816(в). 边长是整数的直角三角形叫作毕达哥拉斯三角形(边长为 3,4,5 的三角形叫作埃及三角形).而整数三数组中满足毕达哥拉斯定理的直角三角形,叫作毕达哥拉斯三数组.请检验,下面的三数组是毕达哥拉斯三数组:3,4,5;5,12,13;7,24,25.再检验,对任意 m 和 $n(m>n)$,数 m^2-n^2,$2mn$,m^2+n^2 是毕达哥拉斯三数组.

817(н). 写出以 1.2 和 0.3 为三角形两边的线段比例中项的比例式,并计算比例中项的值.

818(н). 利用图 7.3,求 x 和 y 的值.

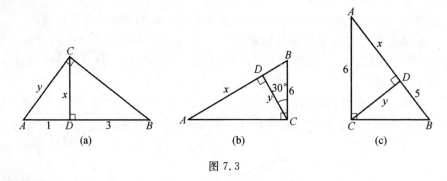

图 7.3

819(н). 证明:直角边在斜边上的射影与直角边的平方成比例.

820(н). 已知,直角三角形两直角边的比为 4:3,而斜边等于 75.求直角边在斜边上的射影.

821(н). 在直角三角形中两直角边在斜边上射影的差等于 10 cm,如果直角边的比是 3:2,求斜边的长.

822(н). 证明:直角三角形中斜边上的高满足等式 $h=\dfrac{ab}{c}$.

823(н). 如图 7.4 所示,△ABC 中 ∠C 是直角,$c=10$,$h_c=4.8$.求 a,b.

824(н). 根据图 7.4 回答下面的问题.

(1) 引入一条线段是另外两条线段的比例中项的例子.

(2) 为什么直角边 BC 是斜边和它在斜边上射影的比例中项?

(3) 证明:△BDC 和 △BCA 相似,并写出为了确认(2)问所需要的等式.

（4）还有哪一对三角形能够证明是相似的？由这对相似三角形能得到怎样的等式？

（5）求值：

（a）如果 $a_c = 36$，$b_c = 25$，求 h_c，b.

（b）如果 $c = 3$，$h_c = \sqrt{2}$，求 a_c，a.

（c）如果 $b = 12$，$b_c = 6$，求 a_c，h_c.

（d）如果 $a = 6$，$c = 9$，求 a_c，b_c，b.

（6）求表达式：

（a）用 a 和 a_c 表示 c.

（b）用 b 和 b_c 表示 c.

（c）用 a 和 b 表示 c.

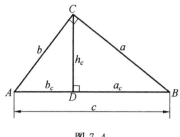

图 7.4

825.　在直角边为 3 和 4 的直角三角形中作斜边上的高. 求这个高以及它分斜边所得的两条线段的长.

826.　已知，直角三角形的高分斜边得长为 1 和 2 的两条线段. 求这个三角形两条直角边的长.

827(н).　根据图 7.5 求 BD 的长.

828(н).　如图 7.6 所示，$ABCD$ 是正方形，$AC = a$. 求 AD 的长.

829(н).　如图 7.7 所示，$ABCD$ 是菱形，$AC = 8$ cm，$BD = 6$ cm. 求菱形的周长.

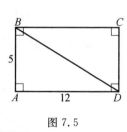

图 7.5

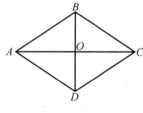

图 7.6　　　　　图 7.7

830(н).　已知三角形的边等于 6，8 和 10，对大边作高. 求高分大边得到的两个线段的长，以及这个高的长.

❋ **831.**　已知，直角三角形中两直角边的和等于 17，而斜边等于 13. 求这个三角形两直角边的长.

❋ **832.**　分割直角三角形为三个彼此相似的三角形.

❋ **833.**　已知，直角三角形的斜边等于 $\sqrt{17}$，而直角边的乘积等于 4. 求这个三角形两直角边的长.

✳ **834.** 已知,直角三角形的斜边比一个直角边大 1,而直角边的和比斜边大 4.求这个三角形的斜边.

835. 已知,直角三角形的斜边等于 5,而斜边上的高等于 2.求这个三角形较小的直角边.

836. 在图 7.8 中 AB 是切线.求 AB 的长.

837. 如图 7.9 所示,△ABC 内接于圆 O.边 $AC=8$,边 $CB=6$.求圆 O 的半径.

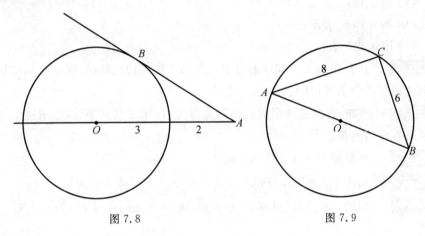

图 7.8   图 7.9

838. 已知,直角三角形中直角边等于 5 和 $5\sqrt{3}$.求斜边上中线的长.

839. 已知,等边三角形的边长等于 $18\sqrt{3}$.求这个三角形角平分线的长.

840. 已知,等边三角形的角平分线等于 $2\sqrt{3}$.求这个三角形的边长.

841. 已知,直角三角形的斜边等于 $5\sqrt{3}$,而一个直角边等于 5.求另一个直角边的长.

842. 在等腰梯形中腰长等于 5,而两底等于 6 和 12.求梯形的高.

843. 在等腰梯形中两底等于 3 和 13,高等于 3.求梯形的腰长.

844. 在半径为 17 的圆中引一条弦长等于 16.求由圆心到该弦的距离.

845. 在一个圆中,由圆心到该圆的长为 8 的弦的距离等于 3.求该圆的半径.

846. 已知,正方形的边长等于 6.确定该正方形外接圆的半径.

847.　已知,正方形外接圆的半径等于 $4\sqrt{2}$.确定这个正方形的边长.

848.　已知,平行四边形的边等于 6 和 10,其中一条对角线等于 8.求这条对角线和平行四边形小边之间夹角的度数.

�֍ **849(в).**　已知,等边三角形的边长等于 a .求这个三角形的高,外接圆的半径和内切圆的半径.

850.　边长为 a 的正方形内接另一个正方形,它的顶点分已知正方形的边为 3∶4.求内接正方形的边长.

�֍ **851(в).**　求边长为 a 的正方形对角线的长.

852(п).　证明:在已知三角形中每条边与引向这条边的高的乘积彼此相等.

853(п).　直角三角形的高分它为两个三角形,这两个三角形内切圆的半径分别等于 1 和 2.求原三角形内切圆的半径.

854(в).　证明:在直角三角形中,外接圆的半径等于斜边上的中线,且等于斜边长的一半.

855(п).　证明:在直角三角形中,内切圆的半径可以根据公式

$$r = \frac{1}{2}(a + b - c)$$

来计算.

856(п).　证明:在直角三角形中,直角的平分线同时是由这个顶点引的高和中线之间的角的平分线.

857(п).　在边长等于 6,7 和 9 的三角形中对大边引高线.求高线和这个高分这条边所成的两条线段的长.

858.　如果等腰三角形底边上的高等于 5,而腰上的高等于 6.求等腰三角形底边的长.

859(п).　证明:如果三角形的边成立不等式 $a^2 + b^2 < c^2$,那么引向边 a 和 b 的高在三角形的外面(即这两边之间的角是钝角).

860(п).　已知,梯形的底边等于 10 和 20,腰等于 6 和 8.求延长梯形的两腰相交形成的角的度数.

861.　求边等于 25,一条对角线等于 14 的菱形的内切圆的半径.

862(п).　证明:如果半径为 R 和 r 的两个圆,它们圆心间的距离等于 a ,那么这两个圆外公切线的长 d (切点之间的距离)可以根据公式 $d^2 = a^2 - (R - r)^2$

来求.

863(п). 在直角的一个边上取到顶点的距离为 a 和 b 的点 A 和 B. 求通过点 A 和 B 且与这个角的另一边相切的圆的半径.

864(т). 已知,梯形的底边等于 20 和 10,腰等于 6 和 8. 求通过较小腰的两个端点且与另一腰所在直线相切的圆的半径.

865(т). 在 Rt△ABC 中,顶角 A 等于 60°,O 是斜边 AB 的中点,P 是内切圆的圆心. 求 ∠POC 的度数.

866(т). 已知,与直角三角形中一直角边相邻的锐角等于 15°,斜边等于 1,求这条直角边的长.

867(т). 直角三角形中斜边的高分这个三角形为两个三角形. 这两个三角形的内切圆圆心间的距离等于 1. 求内切于原三角形的圆的半径.

❋ **868.** 长方体由一个顶点引出的三条棱等于 a,b 和 c. 求这个长方体对角线的长.(你们可由一个可能的空间的一般的毕达哥拉斯定理得到所需的公式.)

869(т). 在空间给出点 A,B,C 和 D. 已知,$AB=BC=25$,$AD=DC=39$,$AC=30$,$BD=56$. 证明:给出的点在一个平面上.

870(т). 在空间给出这样的点 A,B,C 和 D,使得 $AC=BD=CD=5$,$AB=\sqrt{5}$,$BC=\sqrt{10}$,$AD=2\sqrt{5}$. 证明:给出的点在一个平面上.

7.2 三角函数

一、锐角的正弦和余弦

❋ 我们考察 Rt△ABC,顶角 C 是直角,设顶角 A 等于 α,如图 7.10 所示. 比值 $\dfrac{BC}{AB}$,也就是,角 α 所对的直角边与斜边的比,叫作角 α 的正弦,写作

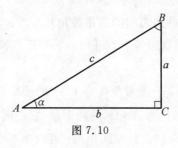

图 7.10

$$\sin \alpha = \frac{BC}{AB} = \frac{a}{c}$$

角 α 的余弦是与角 α 相邻的直角边与斜边的比,即

$$\cos \alpha = \frac{AC}{AB} = \frac{b}{c}$$

所有的带有锐角 α 的直角三角形彼此相似,所以定义的正弦和余弦,对所有这样的三角形都是一致的,因此只依赖于量 α,是 α 的函数. 正弦和余弦,是两个最重要的三角函数.(词"тригонометрия(三角学)"的第二部分"метрия"意味着"测量". 因此"тригонометрия"的字面意思是 ——"三角形测量".)三角学是数学的篇章,它研究正弦、余弦、正切、余切以及其他三角函数的性质.

如果在等式 $a^2 + b^2 = c^2$(毕达哥拉斯定理)两边同除以 c^2,那么得到

$$\left(\frac{a}{c}\right)^2 + \left(\frac{b}{c}\right)^2 = 1$$

或者

$$(\sin \alpha)^2 + (\cos \alpha)^2 = 1$$

最后的三角等式等价于毕达哥拉斯定理,是基本的三角等式,它是全部三角学的基础,可以说全部三角学起源于毕达哥拉斯定理.

二、锐角的正切和余切

❉　除了正弦和余弦,最常遇到的三角函数是正切(写作 tan)和余切(写作 cot),即

$$\tan \alpha = \frac{BC}{AC} = \frac{a}{b}, \cot \alpha = \frac{AC}{BC} = \frac{b}{a}$$

角 α 的正切是 α 所对的直角边与相邻的直角边的比.

角 α 的余切是与 α 相邻的直角边与所对的直角边的比.

由四个三角函数得出关系式

$$\tan \alpha = \frac{\sin \alpha}{\cos \alpha}, \cot \alpha = \frac{\cos \alpha}{\sin \alpha}, \tan \alpha \cdot \cot \alpha = 1$$

三、在区间 $[0°, 90°]$ 三角函数的变化

❉　现在我们考察 $\mathrm{Rt}\triangle ABC$ 中的 $\angle B$(图 7.10). $\angle B$ 的度数与 $\angle A$ 的和是 $90°$,也就是它等于 $90° - \alpha$. 从另一方面,按照比对这个角直角边 AC 是对边,直角边 BC 是邻边. 根据三角函数的定义我们有

$$\sin(90° - \alpha) = \frac{AC}{AB} = \cos \alpha$$

$$\cos(90° - \alpha) = \sin \alpha, \cot(90° - \alpha) = \tan \alpha$$

我们注意,当角度由 $0°$ 到 $90°$ 变化时,引起三角函数值的变化.

尽管当 $\alpha=0°$ 和 $\alpha=90°$ 时,直角三角形不存在,显然,当 $\alpha=0°$ 时,我们应当取 $\sin 0°=0$, $\cos 0°=1$;而当 $\alpha=90°$ 时,取 $\sin 90°=1$, $\cos 90°=0$.

当角由 $0°$ 增加到 $90°$ 时,正弦值由 0 增加到 1,而余弦值由 1 减小到 0.同时,这两个函数都取到 0 到 1 的所有值.用下面的例子不难确认这个结果.

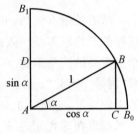

我们考察四分之一单位圆(即半径等于 1 的圆),限界弧 $\overset{\frown}{B_0BB_1}$,它的一个端点 B_0 在射线 AC 上.设点 C 是点 B 在 AB_0 上的射影,点 D 是点 B 在 AB_1 上的射影,则 $AC=\cos\alpha$, $AD=\sin\alpha$(图 7.11).

当点 B 由点 B_0 变到点 B_1 的过程中,$\sin\alpha$ 由 0 增加到 1,而 $\cos\alpha$ 相应地由 1 减小到 0.

图 7.11

❋ 除了要知道 $0°$ 和 $90°$ 的正弦值和余弦值,还必须要知道这些函数当 α 等于 $30°$, $45°$ 和 $60°$ 的值.

我们考察顶角 A 等于 $30°$ 的 $\text{Rt}\triangle ABC$(图 7.12).作点 B 关于 AC 的对称点 B_1.在 $\triangle ABB_1$ 中,所有的角都等于 $60°$.这意味着,$\triangle ABB_1$ 为等边三角形,且

$$\sin 30°=\cos 60°=\frac{BC}{AB}=\frac{1}{2}$$

根据毕达哥拉斯定理,为了方便,认为 $AB=1$,求得 $AC=\sqrt{1-\frac{1}{4}}=\frac{\sqrt{3}}{2}$,因此

$$\cos 30°=\sin 60°=\frac{\sqrt{3}}{2}$$

为了确定 $45°$ 角的三角函数值,我们考察直角边都等于 1 的直角三角形(图 7.13).这个三角形的斜边等于 $\sqrt{2}$,也就是说

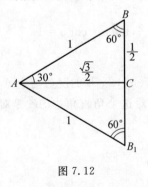

图 7.12

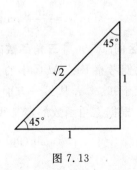

图 7.13

$$\sin 45° = \cos 45° = \frac{\sqrt{2}}{2}$$

利用表达正切和余切的公式，我们得到 $\tan 0° = 0$. 当角增加且趋近90°时，正切值增加，当逼近90°时，正切值任意大，所以不存在 90°的正切值($\tan \alpha = \frac{\sin \alpha}{\cos \alpha}$,当 α 由0°变到90°时,这个分数的分子由0增加到1,而分母由1减小到0).

对于余切全都反过来($\cot \alpha = \frac{\cos \alpha}{\sin \alpha}$).当角由90°减小到0°时,余切无限地增加,所以 0°角的余切值不存在,此外,有下面的等式

$$\tan 30° = \cot 60° = \frac{\sqrt{3}}{3}, \tan 60° = \cot 30° = \sqrt{3}, \tan 45° = \cot 45° = 1$$

四、钝角的三角函数

✳ 现在定义钝角的三角函数值.

我们考察圆心为 A 的单位半圆,限界弧 $B_0 B_1 B_2$(图 7.14,AB_1 是垂直于直径 $B_0 B_2$ 的半径).在半圆上取点 B 和 B',对应着角 α 和180° $-\alpha$.这两个点关于 AB_1 对称,也就是它们在 AB_1 上的射影是重合的.但 $AD = \sin \alpha$,自然认为,$\sin(180° - \alpha) = \sin \alpha$.

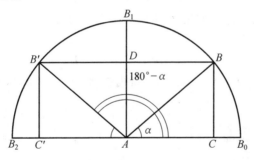

图 7.14

再来考察余弦.为了区别射线 AB_0 和 AB_2,我们着手使射线 AB_0 对应正方向,而射线 AB_2 对应负方向.因为点 C 和点 C' 关于点 A 对称,且 $AC = \cos \alpha$,所以自然有 $\cos(180° - \alpha) = -\cos \alpha$.

在许多几何学定理和公式中利用三角函数,最重要的是正弦定理和余弦定理.

✳ **定理 7.5(余弦定理)** 我们考察 $\triangle ABC$,它的角分别为 A,B 和 C,且它们的对边长分别为 a,b 和 c,则

$$a^2 = b^2 + c^2 - 2bc\cos A$$

证明 在已知三角形中引高线 BD(图 7.15).根据正弦和余弦的定义,不依赖于角 A 的量,我们有(注意钝角的情况)

$$CD = |b - c\cos A|, BD = c\sin A$$

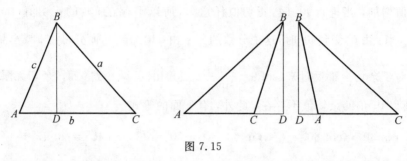

图 7.15

现在根据毕达哥拉斯定理

$$a^2 = BD^2 + CD^2 = (b - c\cos A)^2 + (c\sin A)^2$$

$$= b^2 - 2bc\cos A + c^2(\cos^2 A + \sin^2 A) = b^2 + c^2 - 2bc\cos A \qquad ▼$$

我们发现,余弦定理不利用毕达哥拉斯定理也能够证明.引高线 BD(图 7.16),我们得到

$$b = c\cos A + a\cos C \qquad ①$$

同时这个等式对无论怎样的角 A 和 C 都是正确的.再写两个类似的等式

$$c = a\cos B + b\cos A \qquad ②$$

$$a = b\cos C + c\cos B \qquad ③$$

现在式 ① 乘以 b,式 ② 乘以 c,而式 ③ 乘以 $-a$,相加,变换得到的表达式(检验),得到等式

$$b^2 + c^2 - a^2 = 2bc\cos A$$

是另外形式的余弦定理.

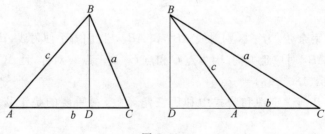

图 7.16

❋ 余弦定理对于确定三角形的形状是方便的(是锐角、直角或者钝角三角形),因为对此确定对应的最大角的余弦符号就足够了.

如果 a 是三角形的最大边,那么这个三角形将是锐角、直角或者钝角三角形取决于 $b^2 + c^2 - a^2$ 大于 0、等于 0 还是小于 0.

✳ **定理 7.6(正弦定理)**　$\triangle ABC$ 的边和角的表记同余弦定理,R 是 $\triangle ABC$ 的外接圆半径,则

$$\frac{a}{\sin A} = \frac{b}{\sin B} = \frac{c}{\sin C} = 2R$$

证明　在某个圆中引弦 KM(图 7.17).这条弦分圆为两条弧.弦 KM 所对的不同弧上的圆周角彼此互补(和为 180°).设顶点在大弧的角等于 α,则另一个圆周角是 $180° - \alpha$.正如我们知道的,这两个角的正弦值相等.

在考察的圆中引入直径 KP.因为 $\angle KPM$ 等于 α,所以 $\dfrac{KM}{KP} = \sin \alpha$,即

$$\frac{KM}{\sin \alpha} = KP = 2R$$

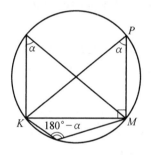

图 7.17

从而我们证明了正弦定理,因为 $\triangle ABC$ 的边是它的外接圆的弦,而 $\triangle ABC$ 的角是这些弦所对的圆周角.▼

正弦定理在求外接圆半径的问题中很有用.

五、对于正弦与余弦的加法公式

✳ 一般地,正弦和余弦定理当解所有可能的几何问题和证明定理时经常被利用.现在告诉大家,如何借助正弦定理得到关于 $\sin(\alpha + \beta)$ 的公式.

设 α 和 β 是锐角.我们考察具有公共直角边 $AD = 1$ 的两个 $Rt\triangle ABD$ 和 $Rt\triangle ACD$,如图 7.18 所示.设 $\angle BAD = \alpha$,$\angle CAD = \beta$,则 $BD = \tan \alpha$,$DC = \tan \beta$,$AB = \dfrac{1}{\cos \alpha}$,$\angle ACD = 90° - \beta$.对于 $\triangle ABC$,根据正弦定理 $\dfrac{BC}{\sin A} = \dfrac{AB}{\sin C}$,我们有

$$\frac{\tan \alpha + \tan \beta}{\sin(\alpha + \beta)} = \frac{1}{\cos \alpha \cdot \sin(90° - \beta)}$$

由此得(因为 $\sin(90^\circ - \beta) = \cos \beta$)

$$\sin(\alpha + \beta) = \cos \alpha \cdot \cos \beta \cdot (\tan \alpha + \tan \beta)$$

又因为 $\tan \alpha = \dfrac{\sin \alpha}{\cos \alpha}$,$\tan \beta = \dfrac{\sin \beta}{\cos \beta}$,所以我们得到

$$\sin(\alpha + \beta) = \sin \alpha \cdot \cos \beta + \cos \alpha \cdot \sin \beta$$

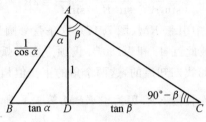

图 7.18

这个公式是在约定 α 和 β 是锐角的条件下证明的,实际上它对任意的角 α 和 β 都是正确的.

如果 α 和 β 是锐角,且 $\alpha > \beta$,那么借助于同样的方法不难证明

$$\sin(\alpha - \beta) = \sin \alpha \cdot \cos \beta - \cos \alpha \cdot \sin \beta$$

对于余弦成立下面的类似公式

$$\cos(\alpha + \beta) = \cos \alpha \cdot \cos \beta - \sin \alpha \cdot \sin \beta$$

$$\cos(\alpha - \beta) = \cos \alpha \cdot \cos \beta + \sin \alpha \cdot \sin \beta$$

作为例子,我们证明第一个公式.我们有

$$\cos(\alpha + \beta) = \sin(90^\circ - (\alpha + \beta)) = \sin((90^\circ - \alpha) - \beta)$$

$$= \sin(90^\circ - \alpha) \cdot \cos \beta - \cos(90^\circ - \alpha) \cdot \sin \beta$$

$$= \cos \alpha \cdot \cos \beta - \sin \alpha \cdot \sin \beta$$

▲■● 课题,作业,问题

871(H). 根据所给的图 7.19,求 $\triangle ABC$ 中各锐角的三角函数.

872(H). 根据所给的图 7.20,求 $\triangle PMN$ 中各锐角的三角函数,并求出它们中哪个最小.

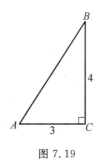

图 7.19

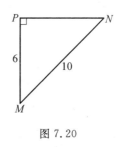

图 7.20

873(н).　根据所给的图 7.21,求 △EDF 底角的正弦和余弦值.

874(н).　根据所给的图 7.22,求 △ABC 中各锐角的三角函数.

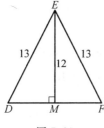

图 7.21　　　　图 7.22

875(н).　求作角:

(a) 该角的正弦值等于 0.4.

(b) 该角的余弦值等于 0.6.

(c) 该角的正切值等于 2.

876(н).　直角三角形中锐角的正弦(或余弦)能够等于下列值吗?

(a)0.9;(b)1;(c)$\sqrt{3}$;(d)$\dfrac{2}{3}$.

877(н).　同一个锐角的正弦和余弦能够同时等于下列值吗?

(a)0.6 和 0.8;(b)$\dfrac{7}{25}$ 和 $\dfrac{24}{25}$;(c)$\dfrac{1}{3}$ 和 $\dfrac{2}{3}$.

878(н).　求角 α 的余弦,如果它的正弦等于 $\dfrac{1}{3}$.

879(н).　求角 α 的正弦,如果它的余弦等于 $\dfrac{2}{3}$.

880(н).　求角 α 的正弦、余弦和余切,如果 $\tan \alpha = \dfrac{3}{4}$.

881(н).　根据所给的图 7.23,求 AC 和 BA 的长.

882(н). 根据所给的图 7.24,求 AC 和 BD 的长.

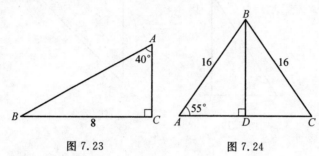

图 7.23   图 7.24

883(н). 在 Rt△ABC 中(角 C 是直角),求:

(a)b,c,β,已知 CB 和角 A.

(b)a,c,已知 AC 和角 A.

(c)a,b,已知 AB 和角 A.

884(н). 根据所给的图 7.25,求长方形 ABCD 的周长.

885(н). 在图 7.26 中,KM 是边 AD 上的高.求 KM,KD 和 AD 的长.

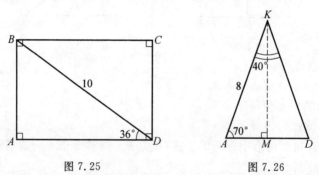

图 7.25   图 7.26

886(н). 如果角 α 的余弦等于 0.2,求 △ABC 的周长(图 7.27).

887(н). 在图 7.28 中,ABCD 是菱形,对角线 BD＝16,∠BAD＝70°.求 AD 和 AC 的长.

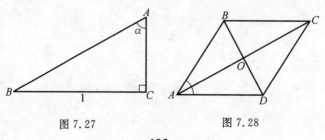

图 7.27   图 7.28

888(H).　如图 7.29 所示,设 Rt△ABC 中,∠A=α,AC=26,BC=24,求 sin α,cot α.

889(H).　如图 7.30 所示,设 Rt△ABC 中,∠A=α,AC=26,AB=10,求 cos α,tan α.

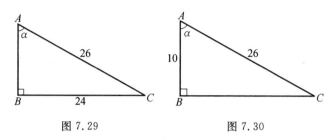

图 7.29　　　　　　图 7.30

890(H).　如图 7.31 所示,∠MNP=26°,PN=7,求 MN 和 MP 的长.

891(H).　如果 $\cos \alpha = \dfrac{5}{13}$,求 sin α.

892(H).　如果 $\sin \alpha = \dfrac{12}{13}$,求 cos α.

893(H).　如图 7.32 所示,求 BD 和 AD 的长.

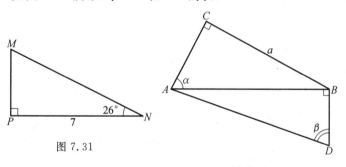

图 7.31

图 7.32

894(B).　在 Rt△ABC 中,∠C 为直角,斜边等于 1,∠B=30°.求这个三角形各锐角的正弦、余弦、正切和余切.

895(B).　在 Rt△ABC 中,∠C 为直角,且直角边都等于 1.求这个三角形各锐角的正弦、余弦、正切和余切.

896.　求下列表达式的值:

(a)$\cos^2 30° - 3\cot 45°$.　　　　(b)$\sin^2 45° - 5\cos 60°$.

(c)$\cos^2 39° + \cos^2 51°$.　　　　(d)$\tan 28° \cdot \tan 62°$.

897(н).　　比较大小：

(a) sin 42° 和 sin 45°.　　　　(b) cos 42° 和 cos 45°.

(c) tan 45° 和 1.　　　　　　(d) cot 45° 和 1.

898(н).　　将下列三角函数按递增的次序排列：cos 17°, sin 52°, cos 52°.

899(н).　　将下列三角函数按递减的次序排列：sin 73°, sin 56°, cos 26°.

900(н).　　比较锐角 α 和 β 的大小，如果：

(a) $\sin \alpha = \dfrac{2}{3}$, $\sin \beta = 0.6$.

(b) $\cos \alpha = 0.3$, $\cos \beta = \dfrac{1}{3}$.

(c) $\tan \alpha = 2.6$, $\tan \beta = \dfrac{5}{2}$.

(d) $\cot \alpha = 2\sqrt{3}$, $\cot \beta = 3$.

901(н).　　在 Rt△CDK 中（图 7.33），∠C 是直角，CM 是高，∠K = 60°，CD = $\sqrt{2}$. 求 CM 的长.

902(н).　　在 Rt△MNP 中（图 7.34），∠N 是直角，NK 是高，∠M = α，线段 KP = a. 求 NP 的长.

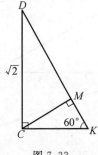

图 7.33

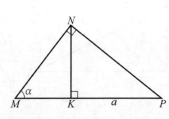

图 7.34

903(н).　　在 △DEF 中（图 7.35），DE = DF，∠F = 75°，DM 是高，线段 EM = $\sqrt{3}$. 求 DM 和 MF 的长.

904(н).　　在图 7.36 中，ABCD 是梯形. 求 x 和 y.

905(н).　　在图 7.37 中，ABCD 是梯形. 求 x 和 y.

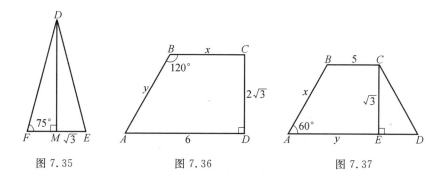

图 7.35　　　　　　　图 7.36　　　　　　　图 7.37

❋ 906(в).　　对于角 $0°,30°,45°,60°,90°,120°,135°,150°,180°$ 计算四种三角函数值,并用列表的形式简述答案.

907(н).　　已知 $\sin \alpha = 1$. 求 $\cot \alpha$.

908(н).　　已知 $\cos \alpha = -\dfrac{\sqrt{3}}{2}$. 求 $\tan \alpha$.

909(н).　　已知 $\sin \alpha = \dfrac{\sqrt{2}}{2}$. 求 $\tan \alpha$.

910(н).　　已知 $\sin \alpha = \dfrac{\sqrt{2}}{2}, 90° < \alpha < 180°$. 求 $\cos \alpha, \tan \alpha$.

911(н).　　如果角的正弦相等,那么能够断言角本身相等吗?

912(н).　　化简表达式:

(a) $1 - \cos^2 \alpha$.

(b) $(1 + \sin \alpha)(1 - \sin \alpha)$.

(c) $\sin^2 \alpha + \cos^2 \alpha - 1$.

(d) $\sin^2 \alpha + \cot^2 \alpha \cdot \sin^2 \alpha$.

913(н).　　根据给出的图 7.38,求每种情况下的 x.

914(н).　　根据给出的图 7.39,求 $\cos E$.

915(н).　　根据给出的图 7.40,求 MK 的长.

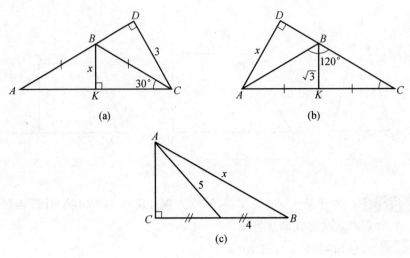

图 7.38

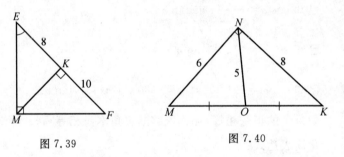

图 7.39　　　　　　　图 7.40

916(в). 对于锐角 α,证明

$$\sin(90°+\alpha)=\cos\alpha,\cos(90°+\alpha)=-\sin\alpha$$

917. 求角 $\alpha(0°\leqslant\alpha\leqslant180°)$ 的另外三个三角函数,如果:

(a)$\sin\alpha=\dfrac{3}{5}$;(b)$\cos\alpha=-\dfrac{1}{3}$;(c)$\tan\alpha=2$.

918. 证明下列等式:

(a) $\tan^2\alpha+1=\dfrac{1}{\cos^2\alpha}$;(b) $\dfrac{1}{\sin^2\alpha}-1=\cot^2\alpha$.

919. 已知 $\sin\alpha=\dfrac{1}{3}$,$\cos\beta=\dfrac{1}{4}$(α 和 β 是锐角),求 $\sin(\alpha+\beta)$ 和 $\cos(\alpha+\beta)$.

920. 已知,$\triangle ABC$ 的边 AB 等于 3,$\angle BAC=60°$,$\angle ABC=75°$.求 BC 的长和这个三角形外接圆的半径.

921.　求边长为 5,6 和 10 的三角形各角的余弦.

922.　在 △ABC 中,边 AB 的长是 BC 的 2 倍,设 M 是边 AC 上的任一点. 证明:△ABM 的外接圆半径是 △BCM 外接圆半径的 2 倍.

✳ **923.**　如果:(a) $\tan \alpha = \frac{1}{3}$;(b) $\cot \alpha = -\frac{3}{4}$;(c) $\tan \alpha + \cot \alpha = \frac{5}{2}$,其中 α 是 0° 到 180° 的角. 求 $\cos \alpha$ 和 $\sin \alpha$.

✳ **924.**　求作角 α,使角 α 满足:

(a) $\sin \alpha = \frac{2}{3}$;(b) $\cos \alpha = -\frac{1}{3}$;(c) $\tan \alpha = 7$;(d) $\cot \alpha = -9$.

925(B).　存在边长为下列数值的三角形吗?

(a)6,6,6.　　　(b)20,21,29.　　　(c)6,8,12.

(d)0.6,0.8,12.　(e) 8,10,12.　　　(f) 5,9,3.

如果存在,那么确定它们的形状(锐角三角形、直角三角形或者钝角三角形).

926(B).　确定下列各三角形的形状(锐角三角形、直角三角形或者钝角三角形),如果已知它们的边:

(a)5,6,7.　　　(b)5,6,8.　　　(c)1,$\sqrt{17}$,4.

(d) $\frac{1}{3}$,$\frac{1}{4}$,$\frac{1}{5}$.　(e) $\sqrt{5}$,$\sqrt{6}$,$\sqrt{10}$.　(f) $\frac{1}{2}$,$\frac{\sqrt{3}}{2}$,$\sqrt{1+\frac{\sqrt{3}}{2}}$.

927(H).　在 △ABC 中,边 $BC = 5\sqrt{3}$,$AC = 4$,$\angle C = 30°$. 求 AB 的长.

928(H).　在 △ABC 中,边 $BC = 4$,$AB = \sqrt{13}$,$\angle C = 60°$. 求 AC 的长.

929(H).　在 △ABC 中,边 $AC = 3$,$AB = 4$,$BC = \sqrt{13}$,. 求 $\angle A$.

930(H).　在 △ABC 中,$\angle C$ 是直角(图 7.41),$AB = 9$,$BC = 5$,点 M 分 AB 为 1:2 两部分(由点 A 算起). 求 CM 的长.

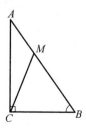

图 7.41

931(н). 在边长为 9 的等边 △ABC 中,分别在边 AB 和 AC 上标出两点 K 和 M,使得 AK : KB = 2 : 1,而 AM : MC = 1 : 2.求线段 KM 的长.

932(н). 已知,三角形的一条边等于 $3\sqrt{2}$,而另两条边形成 30° 的角,且比为 1 : 3.求这两条边的长.

933(н). 已知,三角形一条边的长是另一条边的 2 倍,且这两条边之间的角等于 60°.证明:这个三角形是直角三角形.

934(н). 已知,平行四边形的一条边长等于 13,对角线等于 10 和 24.求平行四边形对角线所夹角的度数.

935(н). 已知,平行四边形的边等于 $4\sqrt{2}$ 和 6,且平行四边形的一个角等于 45°.求平行四边形较大对角线的长.

936(н). 在图 7.42 中,ABCD 是平行四边形,BD ⊥ AB,AB = 2,BD = 3.求 AC 的长.

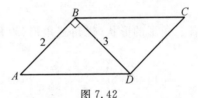

图 7.42

937(н). 在 △ABC 中,边 AB = 10,∠A = 30°,∠B = 45°.求 AC 和 BC 的长.

938(н). 在 △ABC 中,边 BC = 6,边 AC = 8,∠A = 30°.求 AB 的长和 ∠B,∠C.

✳ 939. 在 △ABC 中,∠A = 60°,AB = 3,BC = 4.求边 AC 的长.

940. 在 △ABC 中,∠A = α,AB = 1,BC = a.求边 AC 的长,并依据 a 和 α 的值确定问题有多少个解.

941. 在三角形的三条边中,中间大小的边比最小边大 1 且比最大边小 1,中间大小的角的余弦等于 $\frac{2}{3}$.求这个三角形的周长.

942. 在 △ABC 中,边 AB = 3,BC = 5,CA = 6,在边 AB 上取点 M,使得 BM = 2AM,在边 BC 上取点 K,使得 3BK = 2KC.求线段 MK 的长.

943. 在 △ABC 中,边 AC = 2,AB = 3,BC = 4,在直线 AC 上取点 D(不同于点 C),使得 △ABD ∽ △ACB.求 BD 的长,并求由点 D 到 BC 中点的距离.

944. 在 △ABC 中,联结 AB 和 BC 中点的线段等于 3,边 AB = 7,∠C =

120°. 求边 BC 的长.

945(п).　三角形的边等于 a,b 和 c,m_a 是对边 a 引的中线. 证明

$$m_a^2 = \frac{1}{4}(2b^2 + 2c^2 - a^2)$$

946.　在边长为 3,4 和 6 的三角形中引最大边的中线. 求这条中线同三角形的最小边形成的角的余弦.

947(пт).　计算 15° 角的三角函数值.

948(пт).　我们考察等腰 $\triangle ABC$, 底边是 AC, 且顶角等于 36°. 证明: 底角的平分线分这个三角形为两个等腰三角形, 其中一个与原三角形相似. 凭借这个事实, 求 18° 角的三角函数值.

949.　在 $\triangle ABC$ 中, $\angle A$ 和 $\angle B$ 分别等于 75° 和 60°. 求边 AB 和 AC 之比等于什么?

950(п).　已知三角形的两条边等于 a 和 b, 而第三条边上的高等于 h. 求这个三角形的外接圆半径.

951.　已知三角形的一条边等于 2, 夹这条边的两个角等于 30° 和 45°. 求三角形其余两边的比.

952(в).　设等腰三角形的底边等于 a, 腰等于 b, 引向底边的高等于 h. 通过三个量 a,b 和 h 中的任意两个表示这个三角形的外接圆半径. 用列表的形式简述答案.

953.　已知直角三角形的直角边等于 3 和 4. 求通过这个三角形的两个锐角的顶点和大直角边的中点引的圆的半径.

954.　已知三角形的边等于 2,3 和 4. 求通过最大边的两个端点和最小边的中点引的圆的半径.

955(п).　与等腰三角形的底边相交且过底边所对顶点的直线, 分等腰三角形为两个三角形. 证明: 这两个三角形的外接圆半径相等.

956.　已知正方形的边长为 1. 求通过正方形的一个顶点, 不包含这个顶点的一条边的中点, 和正方形的中心的圆的半径.

957(п).　在凸四边形 $ABCD$ 中, 已知 $\angle ABD = \angle ACD = 45°$, $\angle BAC = 30°$, $BC = 1$. 求 AD 的长.

958(т).　已知三角形的一个角等于 α, 它的内切圆半径和外接圆半径分别等于 r 和 R. 求三角形的周长.

959(т). 在四边形 $ABCD$ 中，$AB = CD = a$，$\angle BAD = \angle BCD = \alpha < 90°$，$BC \neq AD$. 求四边形 $ABCD$ 的周长.

960(т). 在 $\triangle ABC$ 的外接圆上取点 M. 直线 MA 交直线 BC 于点 L，而直线 CM 同直线 AB 交于点 K. 已知，$AL = a$，$BK = b$，$CK = c$. 求 BL 的长.

961(т). 已知，点 A，B 和 C 在一条直线上，通过点 B 引一条直线. 设 M 是这条直线上的任一点. 证明：$\triangle ABM$ 和 $\triangle CBM$ 的外接圆圆心之间的距离与点 M 的位置无关. 如果 $AC = a$，$\angle MBC = \alpha$，求这个距离.

962. 在棱锥 $ABCD$ 中，已知棱 $AD = BC = a$，$BD = CA = b$，$CD = AB = c$. 求 AD 和 BC 中点间的距离.

963(т). 在空间放置着四个点 A，B，C 和 D. 已知 $AB = AD = 15$，$BC = 7$，$CD = 25$，$AC = 20$，$BD = 24$. 证明：所给的四个点在同一平面上.

7.3 直线和圆相交产生的线段之间的关系

一、圆和与它相交的两条直线

✳ 我们考察在平面上相交于点 A 的两条直线. 设某个圆交其中的一条直线于点 B 和 B_1，而交另一条直线于点 C 和 C_1. 此时产生的图形，在各种几何定理和课题中经常遇到，具有一个很重要的性质. 显现出，$\triangle ABC$ 和 $\triangle AC_1B_1$ 彼此相似. 在这里我们重新表记三角形的顶点，使得它们得到相应的次序(图 7.43).

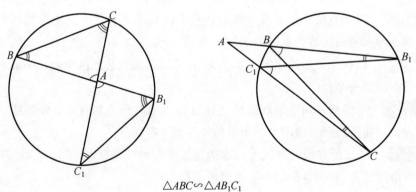

$\triangle ABC \backsim \triangle AB_1C_1$

图 7.43

我们发现，实际上在这个图中有两对相似的三角形：$\triangle ABC$ 和 $\triangle AC_1B_1$，以及 $\triangle AB_1C$ 和 $\triangle AC_1B$. 此时，点 A 的位置，在圆内还是在圆外，完全不重要.

二、圆中弦的性质

✳ **定理 7.7(关于弦的线段)** 设点 A 在半径为 R 的圆内,它与圆心的距离为 a. BB_1 是通过点 A 的任意一条弦,则乘积 $BA \cdot AB_1$ 是常值,且

$$BA \cdot AB_1 = R^2 - a^2$$

换句话说,如果通过圆内某个点引两条弦,那么这个点分一条弦所得的两条线段的乘积,等于它分另一条弦所得的两条线段的乘积.

证明 我们考察通过点 A 的两条弦 BB_1 和 CC_1(图 7.44). 根据三角形相似的第二判别法,$\triangle ABC$ 和 $\triangle AC_1B_1$ 相似,注意在顶点 B 和 C_1 的角是同弧所对的圆周角.

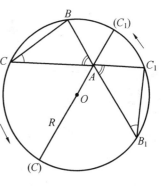

因此,$\dfrac{AC}{AB_1} = \dfrac{AB}{AC_1}$,即 $AB \cdot AB_1 = AC \cdot AC_1$. 弦 CC_1 可以取作直径,则这个弦上的一条线段等于 $R - a$,而另一条等于 $R + a$. 这意味着,$AB \cdot B_1A = R^2 - a^2$. ▼

图 7.44

三、圆的割线的性质

✳ **定理 7.8(关于圆的割线)** 设点 A 在半径为 R 的圆外,它与圆心的距离为 a. 通过点 A 引直线交圆于点 B 和点 B_1,则线段的乘积 $AB \cdot AB_1$ 是常值,且 $AB \cdot AB_1 = a^2 - R^2$.

在此时,$a^2 - R^2$ 是由点 A 引向已知圆的切线的平方.

证明 可以像定理 7.7 一样,通过点 A 引两条割线(与圆相交的直线),分别交圆 O 于点 B 和 B_1,C 和 C_1(图 7.45). 由 $\triangle ABC$ 和 $\triangle AC_1B_1$ 相似(仍根据第二判别法,请指出怎样的角相等并说明为什么),我们得到 $\dfrac{AC}{AB_1} = \dfrac{AB}{AC_1}$,即

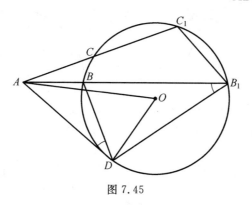

图 7.45

$$AB \cdot AB_1 = AC \cdot AC_1$$

然而,第二条割线可以替换为切线(同圆的两个交点为重合的). 如果 AD 是切线,那么 $\triangle ABD$ 和 $\triangle ADB_1$ 相似($\angle BAD = \angle DAB_1$,此外,$\angle ADB$ 和 $\angle AB_1D$ 相等,因为用夹于 $\angle ADB$ 内的弧 DB 的一半来度量). 因此,$\dfrac{AB}{AD} = \dfrac{AD}{AB_1}$,所以

$$AB \cdot AB_1 = AD^2 = a^2 - R^2$$

▲■● 课题,作业,问题

964(H). 根据图 7.46,求 $\angle AOB$ 的度数.

965(H). 根据图 7.47,求 $\angle D$ 的度数.

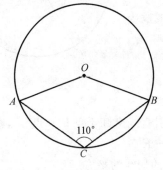

图 7.46

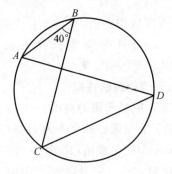

图 7.47

966(H). 在图 7.48 中,NE 是切线,N 是切点,$\angle M = 40°$. 求 $\angle PNE$ 的度数.

967(H). 根据图 7.49,写出成比例的线段.

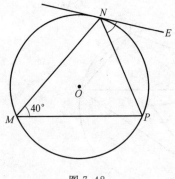

图 7.48

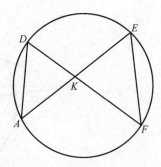

图 7.49

968(H).　根据图 7.50,求 AK 的长.

969(H).　根据图 7.51,写出成比例的线段.

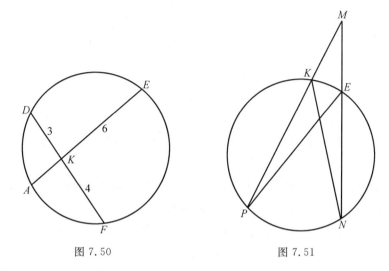

图 7.50　　　　　　　　　　图 7.51

970(H).　在图 7.52 中,AB 是圆心为点 O 的圆的直径,线段 $BF=2$,$CB=8$,$EF=1$,$EF \parallel AC$.求 AC 的长和圆 O 的半径.

971(H).　在图 7.53 中,AA_1 和 BB_1 是 $\triangle ABC$ 的高,线段 $A_1B_1=2$,$AB=4$.求 $\angle C$ 的度数.

972(H).　已知,$\triangle ABC$ 的外接圆圆心为点 O,半径为 R.根据图 7.54 中给出的条件求 R.

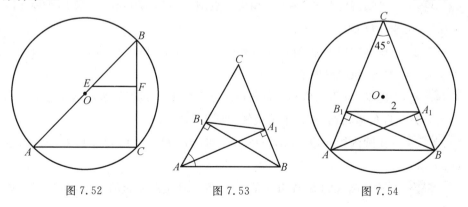

图 7.52　　　　　　图 7.53　　　　　　图 7.54

❊ **973.** 通过点 M 引两条直线.它们中的一条直线交某个圆于点 A 和 B,而另一条交这个圆于点 A_1 和 B_1.已知,$MA=6$,$MB=4$,$MA_1=8$.求 MB_1 的长.其中,答案与点 M 处于圆内或圆外有关系吗?

❊ **974.** 设 A,B 和 C 是直线上顺次的三个点,通过点 A 和 B 作任意一个圆,而由点 C 引圆的切线,用 M 表记切点.求点 M 的轨迹.

❊ **975.** 在圆上取点 A,B,C 和 D,直线 AB 和 CD 相交于点 M.已知,$AC=3$,$BD=6$,$BM=4$,$DM=5$.求 AM 和 CM 的长.(考察点的位置的不同情况)

976. 在圆中引两条相交的弦,$AB=7$,$CD=5$,它们的交点分 CD 为 $2:3$.求这个点分弦 AB 的比.

977(в). 已知,两个圆相交于点 A 和 B,设 M 是直线 AB 上位于线段 AB 外的任一点.证明:由 M 对两圆引的切线彼此相等.

978(т). $ABCD$ 是圆中的内接四边形,M 是它对角线的交点.已知 $AB=2$,$BC=1$,$CD=3$,$CM:MA=1:2$.求 AD 的长.

979. 已知三角形的两边等于 3 和 5,通过这两边的中点和它们公共顶点的圆,与三角形的第三边相切.求第三边的长.

980. 在 $\triangle ABC$ 中,边 $AB=2$,$CA=4$.求通过点 B,C 和 AB 中点的圆分边 AC 的比.

981. 在圆中引一条弦等于该圆直径的 $\dfrac{3}{4}$,点 M 位于这条弦上,分此弦为 $1:2$,而由点 M 到圆心的距离等于 1.求圆的半径.

982. 已知圆的弦 AB 和 CD 相交于点 M,$AM:MB=2:3$,$CM:MD=1:2$,$AC=3$.求 BD 的长.

983(п). 在圆中引的弦 AB 和 CD 相交于点 M,且 $AM=4$,$MB=1$,$CM=2$.求 $\angle OMC$ 的度数(O 是圆心).

984(т). 已知,直角三角形的直角边等于 3 和 4.通过斜边和小直角边的中点的圆与另一直角边相切.求这个圆截斜边所得弦的长.

985(т). 在圆内接四边形 $ABCD$ 中,已知 $AB:DC=1:2$,$BD:AC=2:3$.求 $DA:BC$.

986(п). 通过圆内的点 M 引三条弦.已知,M 是两条弦的中点,求点 M 分第三条弦的比.

987(т). 在直线上放置点 A，B，C 和 D，依指出的次序一个在另一个的后面.已知，$BC=3$，$AB=2CD$.通过点 A 和 C 作某个圆，而通过点 B 和 D 作另一个圆，它们的公共弦交 BC 于点 K.求 BK 的长.

988(т). 通过位于相交圆的公共弦的某个点引两条直线.第一条直线交一个圆于点 A 和 B，第二条直线交另一个圆于点 C 和 D.证明:点 A，B，C，D 在同一个圆上.

989. 已知，在棱锥 $ABCD$ 中，$AB=4$，$BC=7$，$CA=9$，$CD=8$，通过点 A，B，D 和 CD 中点的球交 CB 和 CA 于点 K 和 M.求 KM 的长.

第8章　几何定理和问题

　　在这一章你们将认识某些事实和几何定理, 它们按照某个理由显示出选择由我们建构几何学理论的方法的侧面. 顺便指出, 建构几何理论可以有不同的选择, 且选择的方法不是唯一的.

　　本章的内容涉及不同的类型. 在这里考察与三角形几何学有关的某些定理, 它们只是使这个最简单的几何图形中隐藏的丰富的世界稍微地"揭开面纱". 在它里面包含某些节, 讲述了解几何问题的方法. 如利用相似的基本性质和度量理论的方法; 在考察内接的或外切的四边形性质时的某些特殊的事实.

8.1　三角形中的巧合点

※　同每个三角形都有联系的一系列的、具有许多有趣的、美妙性质的点, 就叫

作三角形的巧合点. 它们中的某些个巧合点你们已经知晓. 外接圆的圆心就是这样的点, 它是三角形三边中垂线的交点. 三角形内角平分线的交点是三角形内切圆的圆心. 我们还知道, 三角形的高线相交于一点. 正如我们见到的, 所有这些点的有趣之处在于, 它们都是三条确定的直线的交点.

什么是巧合点 !!!

给出的回忆, 正如我们前面证明过的对应的命题.

一、内切圆和外接圆的圆心

※　说到内切圆和外接圆的圆心, 这里我们的讨论是极其相似的. 根据它们对应的轨迹的性质.

正如我们知道的, 线段的中垂线是到它的端点等距离的点的轨迹. 所以, 我们对 △ABC 的边 AB 和 BC 引两条中垂线 (图 8.1), 那么, 它们的交点, 到顶点 A 和 B 的距离相等, 到点 B 和 C 的距离也相等. 这样一来, 得到的点 O 到三角形三个顶点的距离均相等, 且以点 O 为圆心, OA 为半径的圆通过三角形的三个点, 即为三角形的外接圆, 显然, AC 的中垂线通过点 O.

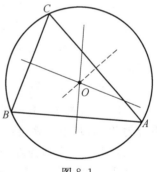

图 8.1

反之, 如果任意点距三角形三个顶点的距离相等, 那么它位于 AB 和 BC 的中垂线上, 也就是与点 O 重合.

现在我们考察内切圆的圆心. 做类似的讨论. 角平分线是与角的两边距离相等的点的轨迹 (考察只是角内部的点). △ABC 中 ∠A 和 ∠B 的平分线的交点通过 J 表记 (图 8.2). 点 J 到边 AB 和 BC 的距离相等, 到边 CA 和 BC 的距

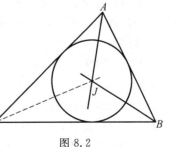

图 8.2

离也相等. 这意味着,它到三角形所有边的距离均相等,所以存在以 J 为圆心的圆,它与三角形的三条边都相切,即 $\triangle ABC$ 的内切圆. 此外,$\angle C$ 的平分线必定通过点 J.

像前面的情况一样,进行相反的讨论. 如果某个圆与三角形所有边都相切,那么它的圆心应当在 $\angle A$ 和 $\angle B$ 的平分线上,而这意味着,它同点 J 重合.

在 5.4 节中,证明了三角形的三条高相交于一点. 这里我们利用的是辅助圆法. 现在,我们引入这个事实的另外一种,也是极为有趣的证明,给出下面重要的定理.

❋ **定理 8.1(关于三角形的高)** 三角形的三条高交于一点.

证明 考察 $\triangle ABC$(图 8.3). 通过它的顶点引平行于对边的直线. 这三条直线形成 $\triangle A_0 B_0 C_0$. $\triangle ABC$ 的边是 $\triangle A_0 B_0 C_0$ 的中位线. 实际上,$ACBC_0$ 是平行四边形. 这意味着,$AC_0 = CB$,类似地,有 $AB_0 = CB$. 因此,A 是 $C_0 B_0$ 的中点,另外两个顶点 B 和 C 分别是 $A_0 C_0$ 和 $A_0 B_0$ 的中点.

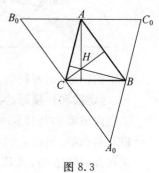

现在作 $\triangle ABC$ 的三条高. 高所在的直线,分别是 $\triangle A_0 B_0 C_0$ 三边的中垂线,而这意味着,它们交于一点. 它们相交的这个点是 $\triangle A_0 B_0 C_0$ 外接圆的圆心. ▼

图 8.3

还能够得到如下结论.

❋ **定理 8.2(关于三角形的中线)** 三角形的中线相交于一点,且中线被这个点分为 $2:1$(从顶点算起).

三角形的三个巧合点:外接圆圆心、中线的交点和高的交点在一条直线上,这条直线叫作欧拉线. 它是根据伟大的数学家,莱昂哈德·欧拉(1707—1783)的名字命名的. 在影响科学发展的杰出著作中,这位学者是举世无双的. 欧拉出生于瑞士,长年居住在俄罗斯. 在俄罗斯他创造了大量的成果,并且他也在这里去世. 因此我们有充分的根据可以说他是俄罗斯的数学家.

证明 设 D 是 $\triangle ABC$ 中边 BC 的中点,点 O 是 $\triangle ABC$ 外接圆的圆心,H 是 $\triangle ABC$ 高的交点(图 8.4). 由上面的讨论我们知道,H 是 $\triangle A_0 B_0 C_0$ 外接圆的圆心. 但 $\triangle A_0 B_0 C_0$ 与 $\triangle ABC$ 相似,相似系数为 2. $\triangle A_0 B_0 C_0$ 中的点 H 对应于 $\triangle ABC$ 中的点 O. 对于这两个三角形,线段 AH 和 OD 是相对应的. 也就是说,$AH = 2OD$. 此外,AH 和 OD 平行.

我们通过 M 表记 AD 和 OH 的交点. 由 $\triangle AHM$ 和 $\triangle DOM$ 相似,得 $2OM = HM$,$2DM = AM$.

于是，M 分线段 OH 为 $2 : 1$，而中线 AD 通过点 M 并且也被这个点分为 $2 : 1$ 的两部分.

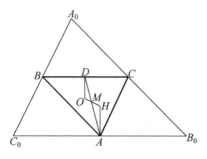

图 8.4

同样的讨论对于三角形的任意中线也是正确的. 这意味着，三条中线通过线段 OH 上的同一个点 M，也就是，交于一点，并且正如我们证明了的，被这个点分为 $2 : 1$ 的两部分. 这样一来，定理的所有论断都证明了. ▼

我们再引入一个关于三角形中线交于一点的证明. 它只通过考察，虽然没有这样丰富的几何推导.

我们考察 $\triangle ABC$，D 和 E 分别是 BC 和 AC 的中点（图 8.5）. 通过 M 表记 AD 和 BE 的交点. 因为 ED 是

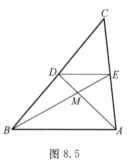

图 8.5

$\triangle ABC$ 的中位线，由它的性质可得，$\triangle ABM$ 和 $\triangle DEM$ 相似，相似系数等于 2，即

$$\frac{AB}{DE} = 2.$$

这样一来，任意两条中线的交点分它们每一条为 $2 : 1$ 的两部分（$\dfrac{AM}{MD} = \dfrac{BM}{ME} = \dfrac{AB}{DE} = 2$）.

由此推得，三条中线相交于一点——点 M（如果我们由点 C 引中线，那么它也分 AD 为 $2 : 1$ 的两部分. 也就是，通过点 M）. ▼

＊二、一个点的三个作用

❀　于是，我们确立了，点 H（图 8.4）是 $\triangle ABC$ 高的交点和 $\triangle A_0B_0C_0$ 的外接圆圆心. 但是它的性质远不限于这些.

在第 1 章提过下面的问题.

问题　证明：在锐角三角形中高的交点是以给出的高线足为顶点的三角形的内切圆圆心.

如果你们当时对这个问题没解对或没完成,那么我们现在来进行解答.

解 设 AA_1, BB_1, CC_1 是锐角 $\triangle ABC$ 的高, H 是它们的交点(图8.6).点 C, A_1, H 和 B_1 在直径为 HC 的圆上.因为 $\angle HB_1A_1$ 和 $\angle HCA_1$ 是同弧上的圆周角,所以 $\angle HB_1A_1 = \angle HCA_1$.同理 $\angle HB_1C_1 = \angle HAC_1$.我们证明角的等式 $\angle HCA_1 = \angle HAC_1$.同样有 $\angle C_1CB = \angle A_1AB$.但在 $\mathrm{Rt}\triangle C_1CB$ 和 $\mathrm{Rt}\triangle A_1AB$ 中有公用角——$\triangle ABC$ 中的 $\angle B$.因此 $\angle C_1CB = \angle A_1AB$.而这意味着, $\angle HB_1A_1 = \angle HB_1C_1$,即 B_1H 是 $\triangle A_1B_1C_1$ 中 $\angle B_1$ 的平分线.

类似地可以证明, HA_1 和 HC_1 也分别是 $\triangle A_1B_1C_1$ 中 $\angle A_1$ 和 $\angle C_1$ 的平分线.问题的结论获证. ▼

现在我们考察 $\triangle ABC$, $\triangle A_1B_1C_1$ 和 $\triangle A_0B_0C_0$.作为 $\triangle ABC$ 和 $\triangle A_0B_0C_0$ 的联系在定理8.1中已经证明了.$\triangle ABC$ 高的交点为点 H,是 $\triangle A_0B_0C_0$ 外接圆的圆心,而对于 $\triangle A_1B_1C_1$,点 H 是其内切圆的圆心(图8.7).

我们提醒,图8.7中对应的是锐角 $\triangle ABC$.那么,如果 $\triangle ABC$ 是钝角三角形将如何呢? 在回答这个问题之前我们再引入一个概念.事实证明,每个三角形有四个与形成这个三角形的三条直线相切的圆.

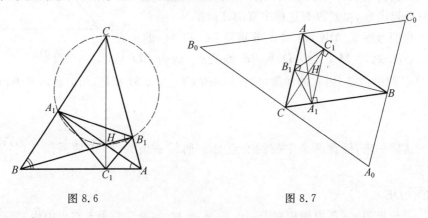

图8.6   图8.7

它们中的一个,是已知的内切圆,另外三个叫作旁切圆,它们的圆心在给出的三角形的外部.

*三、三角形的旁切圆

❊ 考察 $\triangle ABC$.引 $\angle B$ 和 $\angle C$ 的外角平分线(图8.8).这两条外角平分线分别垂直于内角平分线.

它们的交点用 J_a 表记,点 J_a 到射线 AB 和 BC 的距离相等且到射线 AC 和 CB 的距离也相等.这意味着, J_a 到三条直线 AB, BC 和 CA 的距离均相等,所

以存在圆心为 J_a 的圆与边 BC 和边 AB,AC 的延长线相切,且 $\triangle ABC$ 中 $\angle A$ 的平分线也通过点 J_a.

　　同样可以得到另外两个圆心为 J_b 和 J_c 的旁切圆. 在图 8.9 中作出了对于 $\triangle ABC$ 的内切圆和旁切圆的全部四个圆心.

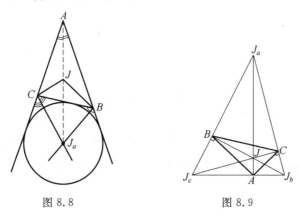

图 8.8　　　　　　　　　　图 8.9

　　正如所见,对于 $\triangle J_a J_b J_c$,线段 $J_a A$,$J_b B$,$J_c C$ 是它的高,J 是高的交点.

　　再次考察 $\triangle A_0 B_0 C_0$,$\triangle ABC$ 和 $\triangle A_1 B_1 C_1$,其中 A,B,C 是 $\triangle A_0 B_0 C_0$ 各边的中点,而 A_1,B_1,C_1 是 $\triangle ABC$ 的高线足,H 是它们的交点.

　　设 $\angle A$ 是钝角(图 8.10). 在这种情况,点 H 正如前述,对于 $\triangle A_0 B_0 C_0$ 它是其外接圆的圆心,对于 $\triangle A_1 B_1 C_1$ 它是旁切圆的圆心.(请独立证明)

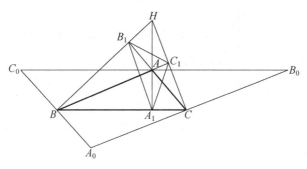

图 8.10

▲■● 　课题,作业,问题

990(H). 　只许折叠三角形纸片,对于锐角三角形,直角三角形和钝角三形,找出它的内切圆圆心和外接圆圆心.

991(в). 在 △ABC 中,∠B 和 ∠C 分别等于10°和100°.求 ∠BOC,∠COA,∠AOB 的度数,其中 O 是外接圆的圆心.

992(в). 证明:锐角三角形的外接圆圆心在三角形的内部,而钝角三角形的外接圆圆心在三角形的外部.

✳ **993(в).** 求三角形各内角的度数,如果由外接圆的圆心对各边的视角为:(a) 110°,130°,120°;(b) 10°,30°,40°.

994. 已知,点 O 是 △ABC 的旁切圆圆心,∠BAC =120°,△ABC 的周长等于20 cm.求 AO 的长.

995(п). 在 △ABC 中,∠A =α.设 J 是这个三角形内切圆的圆心,而 J_a,J_b 是两个旁切圆的圆心(圆 J_a 与 BC 相切,圆 J_b 与 AC 相切).求 ∠BJC,∠BJ_aC,∠BJ_bC 的度数.

996. 在 △ABC 的内部取点 M.已知,∠A =30°,∠B =70°,△BMC 是等边三角形.求 ∠MAB 的度数.

997(п). 已知,六边形 AKBPCM 内接于圆.AK = KB,BP = PC,CM = MA.证明:这个六边形的对角线 AP,KC 和 BM 相交于一点.判明它们的交点对 △ABC 和 △KPM 每一个是你们已知的巧点.是哪一个?

998(в). 证明:以已知三角形各边中点为顶点的三角形的中线的交点,与已知三角形中线的交点重合.

999(п). 设 ABCD 是平行四边形.证明:△ABC 和 △CDA 中线的交点在对角线 BD 上,并且分它为三个相等的部分.

1000. 已知,圆上的点 B 和 C 的切线相交于点 A.证明:△ABC 内切圆的圆心与在三角形内的弧 BC 的中点重合.

1001(н). 仅用折叠三角形纸片的方法找出三角形高的交点.这总是可能的吗?

1002(т). 在 △ABC 中,∠A =α,H 是高的交点.求 ∠BHC 的度数.

1003(пт). 在 △ABC 中,设 O 是外接圆圆心,J 是内切圆圆心,H 是高的交点.证明:如果 ∠A =60°,那么点 B,C,O,J,H 在同一个圆上.求 ∠OJC 的度数.

1004. 设 H 是 △ABC 高线的交点.证明:点 A 是 △BHC 高线的交点.

1005(п). 设 H 是 $\triangle ABC$ 高线的交点. 证明: $\triangle ABC$, $\triangle AHB$, $\triangle BHC$, $\triangle CHA$ 外接圆的半径彼此相等.

1006(п). 证明: 三角形高线的交点关于它的边的对称点, 位于这个三角形的外接圆上.

1007(п). 仅用折叠三角形纸片的方法找出三角形中线的交点.

1008(п). 证明: 由任意三角形的三条中线能作成一个三角形(也就是, 存在三角形, 它的边等于任意指出的三角形的三条中线).

1009(п). 设 AA_1, AA_2, AA_3 分别是 $\triangle ABC$ 由顶点 A 引出的高、角平分线和中线, AA_2 的延长线交 $\triangle ABC$ 的外接圆于点 D. 证明: $DA_3 /\!/ AA_1$, 并证点 A_2 位于点 A_1 和点 A_3 之间.

1010. 利用通过三角形的边表达中线的公式(问题945), 求三角形三条中线的平方和与三角形三条边的平方和之比.

在问题 $1011 \sim 1015$ 中, 已画出了三角形, 然后将它擦掉, 只剩下所指出的元素:

1011. 根据高线的交点和一边, 恢复三角形.

1012. 根据中线的交点 M 和一边, 恢复三角形.

1013. 根据等腰三角形外接圆的圆心和一腰, 恢复三角形.

1014. 根据内切圆的圆心和一边, 恢复三角形.

1015. 根据等边三角形外接圆的圆心和一边, 恢复三角形.

1016. 锐角 $\triangle ABC$ 的高 CC_1 和 BB_1 相交于点 H. 证明:

(a) $C_1H \cdot CH = BH \cdot B_1H$; (b) $AB_1 \cdot CB_1 = BB_1 \cdot HB_1$.

(c) $AB \cdot AC_1 = AC \cdot AB_1$; (d) $AC_1 \cdot BC_1 = CC_1 \cdot HC_1$.

(e) 对于给定的三角形垂心分高线所成的两部分的乘积是常值.

1017(т). 在锐角 $\triangle ABC$ 中, 高 CN 和 AM 延长后交 $\triangle ABC$ 的外接圆分别于点 Q 和 P, 如果 $AC = a$, $PQ = 1.2a$. 求 $\triangle ABC$ 外接圆的半径.

在问题 $1018 \sim 1019$ 中, 所指出的线段的长是已知的.

✻ **1018(пт).** 根据由一个顶点引出的高、角平分线和中线作三角形.

1019(п). 根据三条中线作三角形.

1020(пт). 设 B 和 C 是圆上固定的点, A 是圆上任意一点. 求下列轨迹:

(a) $\triangle ABC$ 中高的交点.

(b)$\triangle ABC$ 中角平分线的交点.

(c)$\triangle ABC$ 中线的交点.

1021(т). 设 H 是 $\triangle ABC$ 中高的交点.证明:BC 和 AH 中点间的距离等于 $\triangle ABC$ 外接圆的半径.

1022(т). 在 $\triangle ABC$ 的边 AB 上作长方形 $ABDE$.由点 E 和 D 引直线分别垂直于 CB 和 AC,通过 M 表记它们的交点.证明:直线 $CM \perp AB$.

1023(т). 设 R 和 r 是某个三角形外接圆和内切圆的半径.证明:$R \geqslant 2r$.

1024. 设 O,J,M,H 分别是某个三角形的外接圆圆心,内切圆圆心,中线的交点和高的交点.证明:如果这些点中任意两个点重合,那么这个三角形是等边三角形.

1025(п). 设 J 是 $\triangle ABC$ 的内切圆圆心,直线 AJ 交外接圆于点 D.证明:$JD = DB = DC$.

1026(т). 设 J 是 $\triangle ABC$ 的内切圆圆心.证明:$\triangle AJB$,$\triangle BJC$,$\triangle CJA$ 的外接圆圆心在已知 $\triangle ABC$ 的外接圆上.

1027. 在问题 1025 的表记中,通过 R,r(外接圆和内切圆的半径)和 $\angle A$ 表示线段 JD 和 AJ.

✲ **1028(т).** 证明欧拉公式:$d^2 = R^2 - 2Rr$,其中 R 和 r 分别是三角形的外接圆和内切圆的半径,d 是它们圆心之间的距离.

1029. 证明:联结三棱锥顶点同所对界面中线交点的四条线段相交于一点且被这点分为比 $3:1$.

8.2 某些几何定理和问题.相似法

在上一节中,我们用两种方法证明了三角形的中线相交于一点.这两种方法是利用由于补充的作图产生的某些三角形的相似.实质上,这是相似法.

相似法经常在证明定理和解涉及关于线段比的问题时显得很方便.

一、三角形内角平分线的一个性质

例如,能够证明三角形内角平分线的一个重要定理.

✲ **定理 8.3(三角形角平分线的性质)** 如果 AA_1 是 $\triangle ABC$ 中 $\angle A$ 的平分线,那么

$$\frac{BA_1}{A_1C} = \frac{BA}{AC}$$

换句话说,三角形的内角平分线分对边为两部分,与夹它们的边成比例.

证明　通过 B 引直线平行于 AC,且通过 D 表记这条直线与 AA_1 延长线的交点(图 8.11).

根据平行线的性质,我们有 $\angle BDA = \angle CAD$. 因为 AA_1 是角平分线,所以 $\angle CAD = \angle DAB$. 于是,$\angle BDA = \angle DAB$,所以 $BD = BA$.

由 $\triangle CAA_1$ 和 $\triangle BDA_1$ 相似(根据三角形相似第二判别法 $\angle BDA_1 = \angle CAA_1$,$\angle BA_1D = \angle CA_1A$),我们得到 $\dfrac{BA_1}{A_1C} = \dfrac{BD}{AC} = \dfrac{BA}{AC}$,这就是所要证明的.

我们发现,通过点 B 引直线平行于角平分线 AA_1,与边 CA 的延长线相交于点 E,同样能够成功(图 8.12).

则 $EA = AB$ 且 $\dfrac{CA_1}{A_1B} = \dfrac{CA}{AE} = \dfrac{CA}{AB}$. ▼

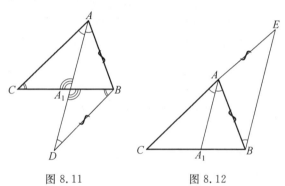

图 8.11　　　　　图 8.12

* 二、在三角形中相交的线段

利用证明定理 8.3 的方法,帮助解下面的问题.

问题 1　在 $\triangle ABC$ 的边 AC 上取点 M,在边 BC 上取点 K,使得 $AM:MC = 2:3$,$BK:KC = 4:3$.求 AK 分线段 BM 的比?

解　通过 B 引平行于 AC 的直线,通过 P 表记它同 AK 延长线的交点(图 8.13).

由 $\triangle BKP$ 和 $\triangle CKA$ 相似,我们有

$$\frac{BP}{AC} = \frac{BK}{KC} = \frac{4}{3}$$

也就是,$BP = \dfrac{4}{3}AC$.

此外,我们发现 $AM = \dfrac{2}{5}AC$.

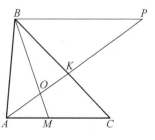

图 8.13

现在,由 $\triangle BPO$ 和 $\triangle MOA$ 相似,其中 O 是 AK 和 BM 的交点,我们得到

$$\frac{BO}{OM} = \frac{BP}{AM} = \frac{\dfrac{4}{3}AC}{\dfrac{2}{5}AC} = \frac{10}{3}$$

▼

在某些情况可以绕过补充作图,因为相似三角形在图中已经存在.需要你们自己去发现它们.

* 三、三角形角平分线长的公式

问题 2　在 $\triangle ABC$ 中引角平分线 AA_1.在边 AC 上取点 K,使得 $CK = CA_1$,而在边 AB 的延长线上取点 M(点 B 的外面),使得 $BM = A_1B$.如果 $AK = k$,$AM = m$,求 AA_1.

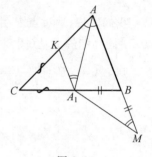

解　显然,$\triangle AKA_1$ 和 $\triangle AA_1M$ 根据相似第二判别法是相似的(图 8.14).在这两个三角形中容易找一对相等的角.要知道 AA_1 是角平分线,这意味着,$\angle KAA_1 = \angle A_1AM$.

进一步,$\angle A_1MA$ 等于 $\triangle ABC$ 中 $\angle B$ 的一半,因为 $\angle B$ 是对于等腰 $\triangle A_1MB$($A_1B = BM$)的外角.

我们求 $\angle AA_1K$,得

$$\angle AA_1K = 180° - \frac{\angle A}{2} - \angle AKA_1$$

$$= 180° - \frac{\angle A}{2} - (180° - \angle CKA_1)$$

$$= \angle CKA_1 - \frac{\angle A}{2} = \frac{1}{2}(180° - \angle C) - \frac{\angle A}{2}$$

$$= 90° - \frac{\angle A + \angle C}{2}$$

$$= 90° - \frac{180° - \angle B}{2}$$

$$= \frac{\angle B}{2}$$

图 8.14

$\triangle AKA_1$ 和 $\triangle AA_1M$ 相似得证.现在我们得到

$$\frac{AK}{AA_1} = \frac{AA_1}{AM}$$

即

$$AA_1 = \sqrt{AK \cdot AM} = \sqrt{km}$$　▼

刚刚解的问题，还有关于三角形内角平分线的定理（定理 8.3）可以证明三角形角平分线长的公式.

❋ **问题 3**　证明：如果 AA_1 是 $\triangle ABC$ 中内角的平分线，那么

$$AA_1^2 = BA \cdot AC - BA_1 \cdot A_1C$$

换句话说，三角形内角平分线的平方等于夹它两边的乘积，减去第三边同角平分线的交点在第三条边产生的两条线段的乘积.

解　由问题 2 得出（图 8.14）

$$AA_1^2 = AK \cdot AM = (AC - CA_1)(AB + BA_1)$$
$$= AC \cdot AB - CA_1 \cdot A_1B + (AC \cdot BA_1 - AB \cdot CA_1)$$

由定理 8.3，有 $\dfrac{BA_1}{CA_1} = \dfrac{AB}{AC}$. 这意味着，括号中的表达式等于零，问题得解.

我们再引入这个问题的一个解法，也是利用相似和一个标准的辅助作图. 这个辅助作图如下：作 $\triangle ABC$ 的外接圆且延长 $\angle A$ 的平分线同这个圆交于点 D（图 8.15）.

我们知道 $CA_1 \cdot A_1B = AA_1 \cdot A_1D$. 此外，由 $\triangle CAA_1$ 和 $\triangle DAB$ 相似（$\angle CAA_1 = \angle DAB$，$\angle ACA_1 = \angle ADB$），得出 $\dfrac{AC}{AD} = \dfrac{AA_1}{AB}$，即

$$AC \cdot AB = AA_1 \cdot AD$$

写出得到的两个等式

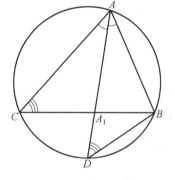

图 8.15

$$AA_1 \cdot A_1D = CA_1 \cdot A_1B \qquad ①$$

$$AA_1 \cdot AD = BA \cdot AC \qquad\qquad ②$$

由 ② − ①，以及 $AD - A_1D = AA_1$，我们有

$$AA_1^2 = BA \cdot AC - BA_1 \cdot A_1C$$　▼

＊四、梯形的一个性质

自然地，这些三角形出现在不同的梯形问题中，我们解决下面的问题，其中也提出了一个有用的事实.

问题 4　证明：通过梯形对角线的交点和通过它两腰延长线的交点引的直线平分梯形的底边.

解　通过 E 和 F 表记梯形 $ABCD$ 底边 AD 和 BC 的中点，K 是梯形对角线

的交点,M 是两腰延长线的交点(图 8.16).

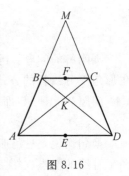

我们发现,点 M,E 和 F 在一条直线上.这可由 $\triangle BMC$ 和 $\triangle AMD$ 相似推得.在它们每一个中线段 ME 和 MF 分别是中线,而这意味着,它们分在顶点 M 的角为相同的部分.

恰好点 K,E 和 F 也在一条直线上(由 $\triangle BKC$ 和 $\triangle DKA$ 相似推得).也就是说,点 M,E,K 和 F 位于一条直线上,即直线 MK 通过点 E 和 F. ▼

图 8.16

▲■● 课题,作业,问题

1030. 已知,四边形的边(依次环绕)等于 8,6,9,12.证明:四边形两对角的平分线相交在它的对角线上.

1031(в). 已知,在 $\triangle ABC$ 中,$AB=2$,$AC=3$.$\angle A$ 的平分线分边 AC 的中线为怎样的比?

1032(п). 在 $\triangle ABC$ 中,通过点 A 和由点 B 引出的中线的中点的直线分边 BC 为怎样的比?

1033. 证明:通过平行四边形一个顶点和对应这个顶点的边的中点的两条直线,分平行四边形的一条对角线为三个相等的部分.

1034(п). 在 $\triangle ABC$ 的边 AB 和 BC 上分别取点 K 和 M,使得 $AK:AB=BM:BC=1:3$.CK 和 AM 的交点分这些线段的每一条为怎样的比?

1035. 在两条直角边等于 3 和 4 的直角三角形中,引两个锐角的平分线.求这两个角平分线在直角边上的端点之间的距离.

1036. 已知,在 $\triangle ABC$ 中,边 $AB=4$,$BC=6$,$AC=7$,AA_1 是这个三角形中 $\angle A$ 的平分线,J 是内切圆的圆心.求 AA_1,AJ 的长.

❋ **1037(п).** 在 $\triangle ABC$ 的边 AB 和 BC 上取点 K 和 M,O 是 CK 和 AM 的交点.表记 $\dfrac{AK}{KB}=k$,$\dfrac{BM}{MC}=m$,$\dfrac{CO}{OK}=p$,$\dfrac{AO}{OM}=l$.设四个数 k,m,p,l 中已知两个.求剩下的两个数.如果:

(a)$k=2$,$m=\dfrac{1}{3}$;(b)$k=\dfrac{2}{3}$,$m=\dfrac{1}{2}$;(c)$k=3$,$p=2$.

(d)$k=2$,$l=3$;(e)$m=\dfrac{1}{3}$,$l=\dfrac{1}{3}$;(f)$p=2$,$l=1$.

✾ **1038(п).** 在 $\triangle ABC$ 的边 AB 和 BC 上取点 K 和 M,直线 KM 交直线 AC 于点 P.求 $CP:AP$,如果:

(a)$AK:KB=2,BM:MC=1:3$.

(b)$AK:KB=3,BM:MC=4$.

(c)$AK:KB=2:5,BM:MC=2$.

1039(т). 已知,两个圆交于点 A 和 B.在这两个圆的每一个中引弦 AC 和 AD,使得一个圆的弦与另一个圆相切.如果 $CB=a$,$DB=b$,求 AB 的长.

1040(т). 在 $\triangle ABC$ 中,点 O 是外接圆圆心.通过点 B 引垂直于 AO 的直线和直线 AC 交于点 K,而通过点 C 引直线,也垂直于 AO 且交 AB 于点 M.如果 $BK=a$,$DB=b$,求 BC 的长.

1041(т). 已知,两个圆彼此内切于点 A.大圆的弦 BC 切小圆于点 D.直线 AD 第二次交大圆于点 M.如果 $MA=a$,$MD=b$,求 MB 的长.

1042(т). 在 $\triangle ABC$ 中,通过顶点 A 引直线 l,切这个三角形的外接圆.如果由 B 和 C 到 l 的距离分别等于 a 和 b,求 $\triangle ABC$ 中引向边 BC 的高.

1043(т). 对圆引两条直线切圆于点 A 和 B.设 M 是圆上任一点.如果由 M 到切线的距离分别等于 a 和 b,求由 M 到 AB 的距离.

1044(т). 在 $\triangle ABC$ 中,边 AB 和 AC 的中垂线交边 BC 上的高于点 K 和 M.如果 $AK=a$,$AM=b$,求 $\triangle ABC$ 外接圆的半径.

1045(т). 已知,等腰梯形外切于圆.梯形的腰等于 a,联结腰与圆的切点的线段等于 b.求圆的直径.

1046(т). 在圆中引直径 AB.另一圆心在 B 的圆交第一个圆于点 C 和 D.M 是第二个圆内第一个圆上的点.线段 AM 交第二个圆于点 E.如果 $MC=a$,$MD=b$,求 ME 的长.

1047. 证明:联结三角形一个角的顶点且分对边为与这个角的邻边成比例的点的线段,是这个角的平分线.

1048(т). 在 $\triangle ABC$ 中,$\angle C$ 的平分线分边 AB 为两条线段等于 a 和 b $(a>b)$.通过点 C 引 $\triangle ABC$ 外接圆的切线,交直线 AB 于点 D.求 CD 的长.

1049. 在三棱锥 $ABCD$ 中,在棱 AB,BD 和 DC 上分别取点 K,M 和 P,使得 $\dfrac{AK}{KB}=1$,$\dfrac{BM}{MD}=2$,$\dfrac{DP}{PC}=3$.通过点 K,M 和 P 的平面交直线 AD,BC 和 CA 于点 E,F 和 G.求 $\dfrac{AE}{ED}$,$\dfrac{BF}{FC}$,$\dfrac{CG}{GA}$.点 E,F 和 G 哪个在棱锥的棱上?

8.3 根据公式求作线段 —— 作图问题中的相似法

在本节开始我们解根据已知公式求作线段的标准化的问题. 或者,更为精确地说,求作线段,它的长通过已知线段的长借助已知公式来表示.

我们考察最简单的问题组成 —— 基本代数方法解作图问题. 该方法说的是,将给出的作图问题化归为某一个未知线段的作图. 这个线段可以通过已知的线段和量来表达. 求给出这样的表达式的公式. 然后提出一种方法按照所求公式作线段. 这个方法通常说的是利用标准化作图的组成,我们开始作某些辅助的线段,然后才是求作的线段.

一、根据公式 $x = \dfrac{bc}{a}$ 求作线段

❋ **问题 1** 已知三条线段 a, b 和 c. 求作通过 a, b 和 c 按公式 $x = \dfrac{bc}{a}$ 表达的线段 x.

我们发现,等式 $x = \dfrac{bc}{a}$ 等价于 $\dfrac{a}{b} = \dfrac{c}{x}$,这意味着,$x$ 是线段 a, b 和 c 的第四比例项.

解 作图,根据比例线段的定理. 在任意角的一边上由顶点起依次标出线段 a 和 c,而在角的另一边上标出线段 b(图 8.17).

通过线段 a 和 b 的端点引直线 l,然后通过线段 c 的另一个端点引直线平行于 l. 这两条平行线将限定对 b 所需要的 x. 因为根据指出的理论 $\dfrac{a}{b} =$

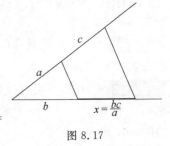

图 8.17

$\dfrac{c}{x}$. ▼

二、根据直角三角形的性质作图

❋ **问题 2** 已知两条线段 a 和 b. 求作线段:

(a) $x = \sqrt{a^2 + b^2}$;(b) $x = \sqrt{a^2 - b^2}$;(c) $x = \sqrt{ab}$.

解 前两个作图根据毕达哥拉斯定理.

(a) x 是直角边为 a 和 b 的直角三角形的斜边(图 8.18).

(b) x 是直角三角形的一条直角边,它的另一条直角边等于 b,而斜边等于 a (图 8.19).

（c）这里可以建议根据直角三角形的高和斜边上线段之间的关系来作图：如果 a 和 b 是斜边上被高分成的线段，那么高刚好等于 $\sqrt{ab}$. 现在作图明了了. 作线段 $a+b$，然后以这个线段为直径画圆，由线段 a 和 b 的分点引直径的垂线，与半圆相交（图 8.20）. 得到的这个垂线上的线段即为所求,因为我们知道,直径上的圆周角是直角.

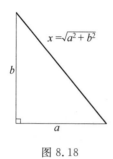

图 8.18

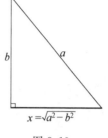

图 8.19

能够由直角三角形的其他关系来进行作图如图 8.21 所示.

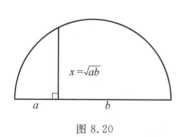

图 8.20

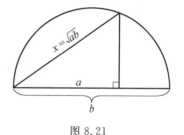

图 8.21

联系下面的作图做一个注释. 量 $\dfrac{a+b}{2}$ 叫作 a 和 b 的算术平均,而量 $\sqrt{ab}$ 叫作几何平均. 由我们的作图（图 8.20）得出两个非负数的算术平均和几何平均之间的已知不等式：$\dfrac{a+b}{2} \geqslant \sqrt{ab}$. 这可由圆中任意的弦不超过它的直径推得. ▼

我们考察一个问题,为的是指出更加复杂的作图怎样能够分解为这些初等的作图.

二、一个非标准的问题

问题 3　已知线段 a 和 b . 求作由公式① $x = \sqrt[4]{a^4 + b^4}$ 给出的线段.

解　变换根号下的表达式 $a^4 + b^4 = a^2\left(a^2 + \dfrac{b^4}{a^2}\right)$. 首先作辅助线段 $y = \dfrac{b^2}{a}$.
在给出的情况可以利用在本节问题 1 中提出的方法.

现在得到 $a^4 + b^4 = a^2(a^2 + y^2)$. 再一次作辅助线段 $z = \sqrt{a^2 + y^2}$. 由于有 $x = \sqrt[4]{a^2 z^2} = \sqrt{az}$. 因为 a 和 z 是已知线段,问题归结为已经考察过的内容(本节的问题 2) ▼

下面的两个作图问题是用相似法解题的例子.

四、用相似法解两个问题

✳ **问题 4**　根据两个内角以及内切圆半径与外接圆半径之和求作三角形.

解　实际上,前两个条件——三角形的两个内角——决定三角形,作为数学的说法,精确到相似.任何两个内角给出的三角形,所求的是相似的.

于是,作任意 $\triangle A_0 B_0 C_0$ 具有需要的两个角(图 8.22). 边 $A_0 B_0$ 能够任意选择.

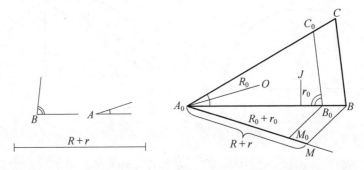

图 8.22

在这个三角形中作内切圆的圆心和外接圆的圆心(这我们已经会作),找出它们的半径 r_0 和 R_0,然后作出 $R_0 + r_0$.

通过 A_0 引射线,在它上面由 A_0 起标出线段 $R_0 + r_0$ 和已知线段 $R + r$. 我们得到点 M_0 和 M. 联结点 M_0 和 B_0 且通过 M 引直线平行于 $M_0 B_0$,在 $A_0 B_0$ 上确定点 B. 然后在 $A_0 C_0$ 上作点 C(作 $BC \parallel B_0 C_0$ 即可交得).

---

①　$\sqrt[4]{m}$ 可以定义为等式 $\sqrt[4]{m} = \sqrt{\sqrt{m}}$.

$\triangle A_0BC$ 即为所求,它与 $\triangle A_0B_0C_0$ 相似,相似系数为 $\dfrac{R+r}{R_0+r_0}$. 也就是说,它的内切圆半径与外接圆半径之和等于 $R+r$. ▼

❋　**问题 5**　已知 $\triangle ABC$,求作正方形,使它的两个顶点在直线 AC 上,而另外两个顶点分别在边 AB 和 BC 上.

　解　我们在 AB 上任取一点 M_0 并且作正方形 $M_0K_0P_0L_0$,点 P_0 和 L_0 在 AC 上(图 8.23).引直线 AK_0 交 BC 于点 K,它是所求作的正方形 $MKPL$ 的一个顶点. ▼

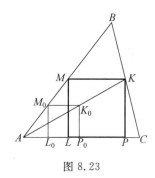

图 8.23

▲■●　课题,作业,问题

❋　1050(в).　已知线段长为 1.作长为 $\sqrt{2},\sqrt{3}$ 和 $\sqrt{7}$ 的线段.请指出作长为 $\sqrt{n}$ 的线段的方法.

1051(н).　已知线段 a,b,c,d,e.求作线段,使它们的长是:

(a)ka,其中 $k\in\mathbf{N}$;(b)$\dfrac{a}{k}$,其中 $k\in\mathbf{N},k>1$;(c)$\sqrt{ab+cd}$.

(d)$\sqrt{a^2-bc}$;(e)$\dfrac{2ab}{a+b}$;(f)$\dfrac{a^2}{\sqrt{a^2+b^2}}$;(g)$\dfrac{abc}{d^2+e^2}$.

❋　1052(вп).　已知线段 a,b,c,d,e.求作线段 x,如果:

(a)$x=\sqrt{a^2+2b^2}$;(b)$x=\sqrt{2ab}$;(c)$x=\sqrt[4]{abcd}$;(d)$x=\dfrac{abc}{de}$.

(e)$x=\dfrac{a^5}{b^4}$;(f)$\dfrac{1}{x}=\dfrac{1}{a}+\dfrac{1}{b}+\dfrac{1}{c}+\dfrac{1}{d}+\dfrac{1}{e}$.

1053.　已知一条直角边和另一条直角边在斜边上的射影,求作直角三角形.

1054. 已知长为 a 的线段和等于 α 的角，求作线段，使它的长等于：

(a)$a\cos\alpha$；(b)$\dfrac{a}{\cos\alpha}$；(c)$a\sin\alpha$；(d)$\dfrac{a}{\sin\alpha}$.

1055(н). 如图 8.24 所示，在给出的圆的部分（它叫作弓形）中作一个正方形，使得它的两个顶点在弦上，而另两个顶点在弓形弧上.

1056(н). 给出直线 XY 和直线外两个点 A，B. 在直线 XY 上求作一点 M，使得 $\angle AMX$ 和 $\angle BMY$ 相等（图 8.25）.

1057(н). 通过两个圆的交点 A（图 8.26）求作一条直线，使它在两圆中截出相等的弦.

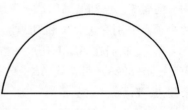

图 8.24

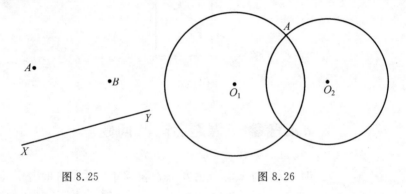

图 8.25　　　　　　　图 8.26

✳ **1058(п).** 已知两个角和三条中线的和，求作三角形.

1059. 已知两条直角边的和 $a+b$ 以及斜边，求作直角三角形.

1060. 已知一条直角边 a 以及另一条直角边 b 与斜边 c 的和，求作直角三角形.

1061(п). 已知一个内角，夹这个角的两边之比，内切圆的半径，求作三角形.

1062. 已知两条边和它们夹角的平分线，求作三角形.

✳ **1063(п).** 给出一个角和角内一个点. 求作一个圆，使它与角的两边相切，并且通过已知点.

✳ **1064(п).** 给出直线和它一侧的两个点. 求作一个圆，使它通过两个已知点且与已知直线相切.

1065(T). 已知一条中线同夹它的边形成的两个角和另一条中线,求作三角形.

1066(T). 证明:如果 d 是任意线段,h_a,h_b,h_c 是某个三角形的三条高.那么边为 $\dfrac{d^2}{h_a}$,$\dfrac{d^2}{h_b}$,$\dfrac{d^2}{h_c}$ 的三角形与已知三角形相似.利用这个事实,根据三角形的三条高线求作三角形.

1067(T). 在平面上画出了圆弧 AB 和圆心.只利用圆规平分圆弧 AB.

*8.4 一个重要的轨迹

一、垂直于已知线段的直线的性质

我们考察轨迹问题.

这个问题所断言的事实,在解某些十分有趣和用定理证明的困难问题时,是极为有益的.

问题 证明:使得 AM^2-BM^2 是常量,其中 A 和 B 是平面上给定的点 M 的轨迹,此轨迹为垂直于 AB 的直线.

解 设 M 是我们的轨迹上的任一点.由 M 作 AB 的垂线(图 8.27),我们得到点 D.根据毕达哥拉斯定理,有

$$AM^2-AD^2=MD^2=MB^2-BD^2$$

由此得

$$AM^2-BM^2=AD^2-BD^2$$

但 AM^2-BM^2 是常量,由此推出,点 D 是我们轨迹的全部点中的一个.

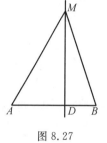

图 8.27

事实上,设 $AM^2-BM^2=k(k>0)$,$AB=a$,$AD=x$,成立方程 $x^2-(a-x)^2=k$,解得 $x=\dfrac{k+a^2}{2a}$.

于是,我们的轨迹的所有点在 AB 通过求得的点 D 的一条垂线上,显然,这条垂线上的所有点属于我们的轨迹.因为对于所有这样的点 M 成立等式 $AM^2-BM^2=AD^2-BD^2=k$. ▼

二、两条直线垂直的条件

刚才所解问题给出了两条直线垂直的条件.

如果直线 AB 和 KM 垂直,那么 $AK^2-BK^2=AM^2-BM^2$.反之,如果 $AK^2-BK^2=AM^2-BM^2$,那么直线 AB 和 KM 垂直.

为了避免分开表述原命题和逆命题,在数学上利用必要和充分来进行表述.在给出的情况条件将简述为:

为了使直线 AB 和 KM 垂直必须且只需成立等式

$$AK^2 - BK^2 = AM^2 - BM^2$$

这个等式还可以写成

$$AK^2 + BM^2 = AM^2 + BK^2$$

或者简述为:

为了四边形的两条对角线垂直必须且只需它的对边的平方和相等(图 8.28).

利用这个条件,我们再引进一个关于三角形高线定理的第三个证明.

✳ **定理 8.4(关于三角形的高线)**   三角形的高相交于一点.

证明   我们考察 $\triangle ABC$. 设由点 A 和 B 引出的高相交于点 H(图 8.29).

直线 AH 和 BH 分别垂直于 BC 和 AC,所以根据条件,有

$$AB^2 - AC^2 = BH^2 - CH^2 \qquad ①$$
$$BA^2 - BC^2 = HA^2 - HC^2 \qquad ②$$

由 ①-②,得

$$CB^2 - CA^2 = HB^2 - HA^2$$

也就是说,HC 和 AB 垂直. 定理得证(第三次证明). ▼

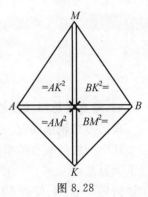

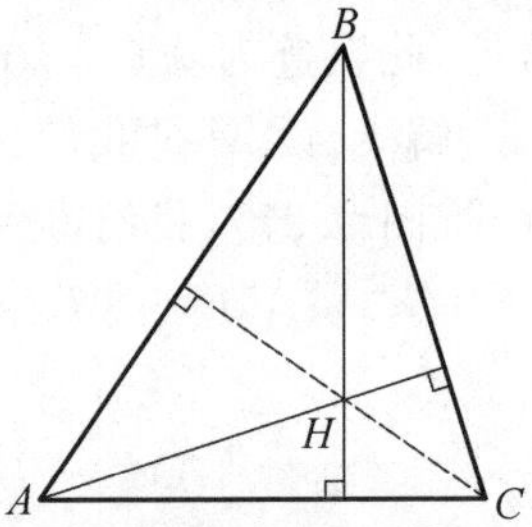

图 8.28

图 8.29

▲■● 　课题,作业,问题

1068(B).   简述等腰三角形的必要充分条件.

1069(B).   简述毕达哥拉斯定理的原命题与逆命题为一个定理.

1070.   由你们已知的几何课本中,引入必要和充分条件的例子.

1071(П).   已知,四边形的三条边按旋转次序等于 7,1,4. 如果它的两条对角线垂直,求这个四边形的第四条边.

1072.   考察对应边相等的两个不同的四边形. 证明:如果其中一个四边形

的对角线垂直,那么另一个四边形的对角线也垂直.

1073(т). 在四边形 $ABCD$ 中,已知边 $AB=12$, $BC=9$, $CD=1$, $DA=8$.顶点 A 和 B 不动,而 C 和 D 移动,使得这个四边形的边长不变.求在此情况下四边形对角线的交点的轨迹?

1074(т). 已知两个圆的圆心为 O_1 和 O_2,半径为 R 和 r.证明:对已知圆的切线相等的点 M 的轨迹是垂直于 O_1O_2 的直线,或者是这条直线的一部分.在什么情况下轨迹是整条直线?

1075. 已知两个圆的半径为 7 和 1.它们圆心之间的距离等于 2.在通过圆心的直线上取点 M,使得由 M 对两圆引的切线彼此相等.那么这些切线等于多少?

1076(т). 已知三个两两相交的圆.通过两个圆的两个交点引直线,证明:所引的三条直线交于一点.

❋ **1077(т).** 已知圆和点 A.考察通过点 A 交已知圆于点 B 和 C 的任一个圆.直线 BC 和所作的圆在点 A 的切线相交于点 M.求点 M 的轨迹.

1078(т). 在平面上给出两个点 A 和 B.点 C 沿平面移动,使得 ABC 是一个三角形,其中 $AB-BC=a$,这里 a 是已知线段,$a<AB$.在这种情况下,求 $\triangle ABC$ 内切圆的圆心的轨迹?

8.5　内接与外切四边形

本节将考察两种形式的四边形:(圆)内接四边形和(圆)外切四边形.这些四边形我们已经遇到过,尽管没有进行精确的定义.所以我们从定义开始.

四边形叫作内接的,如果它的顶点位于一个圆上.

❋ 四边形叫作外切的,如果它的边都与一个圆相切(图 8.30).

内接四边形　　外切四边形

图 8.30

这两类四边形的某些性质,你们在第 5 章已经熟悉.此外,即将被证明的两个定理中的第一个,我们已经知道(定理 5.9),但表述略有不同.

一、内接四边形

定理 8.5(内接四边形的性质和判定) 为了使四边形 $ABCD$ 是内接的,必须且只需成立下列任一条件:

(a)$ABCD$ 是凸四边形且 $\angle ABD = \angle ACD$.

(b)四边形两个对角的和等于180°.

证明 (a)必要性.如果 $ABCD$ 是内接四边形(图 8.31),那么必定是凸的且 $\angle ABD$ 和 $\angle ACD$ 相等,因为它们是同弧上的圆周角.

充分性.因为 $ABCD$ 是凸四边形,那么点 B 和 C 在直线 AD 的同一侧.

作 $\triangle ABD$ 的外接圆(图 8.32).点 C 不能落在圆外,因为这时 $\angle ACD$ 作为圆外角,由弧 AD 还有另一段弧来度量,即小于 $\angle ABD$.

同样点 C 也不能落在圆内,因为在这种情况 $\angle ACD$ 将大于 $\angle ABD$.

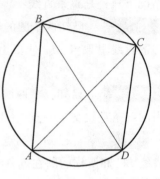

图 8.31

这意味着,点 C 位于四边形 $ABCD$ 的外接圆上,并且这个四边形是圆内接的.

(b)必要性.由圆周角的性质推得.

充分性.由条件得出,四边形所有的角都小于180°,即它是凸的.进一步像在款(a)一样进行讨论.我们考察两个对角 $\angle B$ 和 $\angle D$,它们的和等于180°.作 $\triangle ABC$ 的外接圆(图 8.33).点 D 落在 B 对 AC 的另一侧.但对于不含 B 的弧 AC 上的所有点,圆周角与 $\angle B$ 互补.也就是说,点 D 既不能在圆外(否则,$\angle ADB$

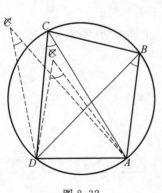

图 8.32

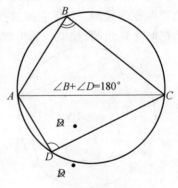

$\angle B + \angle D = 180°$

图 8.33

将小于$180° - \angle B$），也不能在圆内（否则它将大于$180° - \angle B$）. 这样一来，点 D 在 $\triangle ABC$ 的外接圆上，且四边形 $ABCD$ 是内接的. ▼

二、外切四边形

定理 8.6（外切四边形的性质和判定）　对于凸四边形 $ABCD$ 是外切的，必 需且只需成立条件 $AB + CD = BC + AD$（对边的和相等）.

证明　必要性. 定理的这个部分你们知道. 于是， 四边形 $ABCD$ 是外切的. 通过点 K，P，M 和 H 分别 表记内切圆与边 AB，BC，CD 和 DA 的切点（图 8.34）. 我们知道，通过一个点引圆的切线相等.

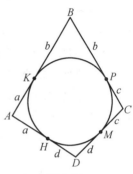

设 $AK = AH = a$，$BK = BP = b$，$CP = CM = c$，$DM = DH = d$. 则 $AB = a + b$，$BC = b + c$，$CD = c + d$，$DA = d + a$. 而这意味着，$AB + CD = a + b + c + d$，$BC + DA = b + c + d + a$，即 $AB + CD = BC + DA$.

图 8.34

充分性. 我们必须证明，如果对于凸四边形成立 定理的条件（对边之和相等），那么它是外切的.

对这个论断我们引进两个证明.

第一个证明. 我们利用反证法. 设对四边形 $ABCD$ 成立条件 $AB + CD = BC + DA$（图 8.35）. 引 $\angle A$ 和 $\angle B$ 的平分线，通过 O 表记它们的交点.

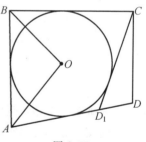

点 O 到边 AD 和 AB 的距离相等，到 BA 和 BC 的距离也相等. 这意味着，点 O 到边 AB，AD 和 BC 的距离均相等. 所以我们可以作以 O 为圆心的圆， 与四边形 $ABCD$ 的这三条边相切. 设此圆不与边 CD 相切. 为确定起见，可以认为，它不同边 CD 相交.

图 8.35

我们通过 C 引直线与这个圆相切，且通过 D_1 表记它同 AD 的切点. 我们有 两个四边形 $ABCD$ 和 $ABCD_1$，在它们每一个中对边之和相等. 在第一个是根据 定理的条件，而第二个因为它是外切的. 写出这两个等式

$$AB + CD = BC + AD \qquad ①$$
$$AB + CD_1 = BC + AD_1 \qquad ②$$

由 ① － ②，我们得到

$$CD - CD_1 = DD_1$$

或者

$$CD = CD_1 + DD_1 \qquad ③$$

等式 ③ 意味着,点 C,D 和 D_1 在一条直线上,因为在相反的情况它与三角形不等式矛盾.也就是说,点 D 与 D_1 重合,四边形 $ABCD$ 是外切的.

附注 在几何学(不止在几何学)中,重要的是看到不同的可能性.在给出的情况下产生这样的问题:如果所作的圆超出四边形的范围,即与边 CD 相交会如何呢? 通过 C 对圆引的切线,不可能要么平行于 AD,要么交直线 AD 在点 A 的另一侧.

我们显示,对于任意的凸四边形存在与它三边相切的圆且整个地位于四边形的内部.事实上,如果圆切 AB,BC 和 AD 且交 CD(图 8.36),那么切 AB,BC 和 CD 的圆具有较小的半径并且整个地位于四边形 $ABCD$ 的内部.

第二个证明.我们证明,如果在凸四边形 $ABCD$ 中成立 $AB+CD=BC+AD$(图 8.37),那么存在与这个四边形所有的边等距的点.

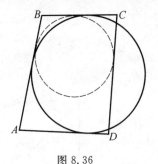

图 8.36　　　　　　　图 8.37

为此确定三个角,例如 $\angle A$,$\angle B$ 和 $\angle D$ 的平分线交于一点就足够了(当角平分线的交点分别与 AB 和 AD,BA 和 BC,AD 和 DC 等距,即与四条边等距).

为了确定起见,设 $AB > BC$.由条件 $AB+CD=BC+AD$ 得出,$AB-BC=AD-CD$.我们在 AB 上取点 K,使得 $BK=BC$,$AK=AB-BC$,又在 AD 上取点 M,使得 $MD=CD$,$AM=AD-CD$.正如所见,$AK=AM$.

因为 $\triangle MAK$,$\triangle KBC$ 和 $\triangle CDM$ 是底边为 MK,KC 和 CM 的等腰三角形,$\angle A$,$\angle B$ 和 $\angle D$ 的平分线是线段 MK,KC 和 CM 的中垂线.而这意味着,它们交于一点,即 $\triangle MKC$ 的外接圆圆心. ▼

现在,我们证明定理 8.6 的论断更为加强的定理.

*定理 8.7(关于外切四边形性质与判定的广义定理) 设在凸四边形 $ABCD$ 中没有平行的边.通过 E 和 F 分别表记直线 AB 和 DC,BC 和 AD 的交点.我们认为,点 A 在线段 BE 上,而点 C 在线段 BF 上.

为了使四边形 $ABCD$ 是外切的,必须且只需成立下列条件的任一个:

(a)$AB + CD = AD + BC$.

(b)$ED + BF = DF + BE$.

(c)$EA + AF = EC + CF$.

证明　正如所见,定理 8.6 是定理 8.7 的款(a)(对于这一款不需要平行边的要求).

在所有款的讨论是一致的.款(a)我们会证了,所以只需证明款(c).

必要性.设点 A,B,C,D,E,F 对圆的切线分别等于 a,b,c,d,e,f(图 8.38).则 $EA = e - a$,$AF = a + f$,$EC = e + c$,$CF = f - c$.也就是说

$$EA + AF = (e - a) + (a + f) = e + f$$
$$EC + CF = (e + c) + (f - c) = e + f$$

故　　　　　　　　　　　$EA + AF = EC + CF$

充分性.设成立等式 $EA + AF = EC + CF$.我们证明,$\angle BAD$,$\angle BCD$ 和 $\angle BEC$ 的平分线交于一点.由此将推得,$ABCD$ 是外切四边形.(这些平分线的交点到 AB 和 AD,BC 和 CD,AB 和 CD 的距离相等)

在射线 EA 上点 A 的外面取点 T,使得 $AT = AF$,在射线 EC 上点 C 的外面取点 S,使得 $CS = CF$(图 8.39).因为 $ET = EA + AF$,而 $ES = EC + CF$,由定理条件得出,$ET = ES$.

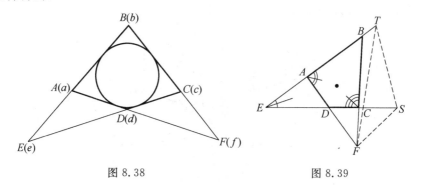

图 8.38　　　　　　　　　　　　　图 8.39

我们考察 $\triangle TFS$.这个三角形的边 TS 的中垂线是 $\angle TES$(或 $\angle BEC$)的平分线.这可由等腰 $\triangle TES$ 推得.

同样,由等腰 $\triangle TAF$ 可推得,TF 的中垂线是 $\angle TAF$(或 $\angle BAD$)的平分线.而由等腰 $\triangle SCF$ 我们得出,SF 的中垂线是 $\angle SCF$(或 $\angle BCD$)的平分线.

这样一来,所有指出的角平分线交于一点 ——$\triangle TFS$ 的外接圆圆心.

就这样款(c)完全得证.请尝试独立证明款(b).▼

▲■● 课题,作业,问题

1079. 引进四边形 $ABCD$ 的例子,使它成立等式 $\angle ABD = \angle ACD$,但它却不是内接的.

✳ **1080.** 证明:如果四边形能够剪成两个外切的四边形,那么这个四边形要么是梯形,要么是平行四边形.

1081(B). 在 $\triangle ABC$ 中,引高 AA_1,BB_1,CC_1,H 是它们的交点.列举出顶点在 A,B,C,A_1,B_1,C_1,H 中的所有内接四边形.

1082(B). 已知,四边形 $ABCD$ 内接于圆,P 是四边形对角线的交点.证明:$AP \cdot PC = BP \cdot PD$.

1083(B). 证明:问题 1082 命题的逆命题.

1084. 已知,四边形 $ABCD$ 外切于圆心为点 O 的圆.证明:两个角度数的和(a)$\angle AOB$ 和 $\angle COD$;(b)$\angle BOC$ 和 $\angle AOD$ 都等于180°.

1085. 设 $ABCD$ 是梯形,$AD = 10$,$BC = 5$,F 是圆心为 O_1 的内切圆与边 AB 的切点,$AF = 4$,$FB = 3$.圆心为 O_2 的圆切 CD 于点 P,与边 BC 和 AD 的延长线分别切于点 N 和 T.求 EP 的长(图 8.40).

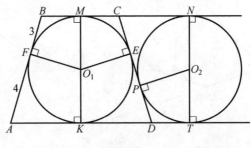

图 8.40

1086. 由正方形 $ABCD$ 的顶点 A 引彼此间形成45°角的两条射线.一条射线交对角线 BD 于点 M,另一条射线与边 BC 交于点 N.证明:$\triangle AMN$ 是等腰直角三角形.

1087. 在 $\triangle ABC$ 中引角平分线 AA_1 和 BB_1.证明:如果四边形 AB_1A_1B 是内接的,那么 $\triangle ABC$ 是等腰三角形.

1088(п). 设 O 是 $\triangle ABC$ 的外接圆圆心,J 是内切圆圆心.证明:如果点 A,

B，O 和 J 在一个圆上，那么 $\angle C = 60°$.

1089(Π). 设 H 是 $\triangle ABC$ 高的交点，J 是它的内切圆圆心.已知，点 A，B，H 和 J 在一个圆上.求三角形中 $\angle C$ 的度数.

1090. 有边对应相等的两个凸四边形.证明：它们中的一个是外切的，那么另一个也是外切的.

1091(T). 已知，$\triangle ABC$ 和 $\triangle AB_1C$ 具有相等的周长，点 B 和 B_1 在 AC 的一侧.通过 D 表记直线 AB 和 CB_1 的交点，通过 E 表记直线 AB_1 和 CB 的交点.证明：$EB + B_1D = EB_1 + BD$（点 D 和 E 对 AC 与 B 同侧）.

1092(Π). 在 $\triangle ABC$ 的边 AB，BC 和 CA 上分别取点 C_1，A_1 和 B_1.证明：$\triangle AB_1C_1$，$\triangle A_1BC_1$ 和 $\triangle A_1B_1C$ 的外接圆相交于一点（这个点叫作密克点）

1093(T). 在圆中有内接四边形 $ABCD$，它的对角线相交于点 M.已知，$AB = a$，$CD = b$，$\angle AMB = \alpha$.求圆的半径.

1094. 已知，平行四边形的边等于 2 和 3.与平行四边形两条大边相交且垂直于它们的直线，分这个平行四边形为两个四边形，它们每一个都是圆外切的.求这个平行四边形的锐角.

❋ **1095.** 已知，外切于圆的 $\triangle ABC$ 的边 $AB = 5$，$BC = 7$，$CA = 10$.与这个圆相切的直线交边 AB 和 BC 分别于点 M 和 K.求 $\triangle MBK$ 的周长等于多少？

❋ **1096(Π).** 平面上四个圆的摆放形式是，每个圆恰与另外两个圆外切.证明：这四个圆产生的四个切点在一个圆上.

1097(T). 已知，$\triangle ABC$ 的内切圆圆心为 J 且切边 AC 和 BC 分别于点 B_1 和 A_1.$\angle B$ 的平分线交直线 A_1B_1 于点 K.证明：点 A，J，B_1 和 K 在一个圆上，并求 $\angle AKB$ 等于多少度？

1098(T). 在凸四边形中引它的内角平分线.证明：相邻的角平分线两两的交点是内接四边形的顶点.

1099(T). 已知，内接四边形的一条边是圆的直径.证明：比邻这条边的两条边在第四条边上（在第四条边的直线上）的射影彼此相等.

＊8.6　几何中的计算方法，或者关于阿基米德的一个问题

❋ 由于我们在每一步都能看到科学和技术的惊人进步，所以几何学看起来有点不现代，也不发达，生活中融入了计算机，飞机，激光和许多其他的东西.

是的,总的来说,人类在其漫长的一生中变得更加聪明和完美.人类自身的智慧和完美就是这样形成的吗? 今天我们知道大量的自己的先贤,因为我们"站在他们的肩膀上".

人类的发展 —— 需要发展人类的思想.几何学的历史是人类思想发展历史的一面镜子,是存放人类基因高级成就的宝库,伟大的思想创立了它的每一粒珍珠.

大家基本都听说过古希腊惊人的学者阿基米德! 这位伟大的学者生活在公元前 3 世纪西西里岛的叙拉古城,阿基米德的一生有许多重要的发现,并做出了许多伟大的发明.作为一名成熟的学者,他在 50 岁的时候学习了几何学,并在余生中一直坚持学习几何学.当罗马士兵杀害他的时候,阿基米德最后说的话是:"当心,不要踩踏我的圆."

如今八年级的学生已掌握阿基米德未知的方法,但我们仍然考察一个有关他的问题.我们分拆阿基米德的解法,思考一下,现代的学生能够怎样解它,并且比较这些解法.

一、阿基米德关于鞋匠刀形的一个问题

在阿基米德的几何学活动中,他花了很多时间研究鞋匠刀,或者说是研究类似鞋匠使用的刀的图形的性质.这个图形与鞋匠为了切皮革利用的刀的外形相似而得名.

如果在直线上取三个顺序的点 A,B 和 C,并且以 AB,BC 和 AC 为直径在这条直线的同一侧作三个半圆,那么这三个半圆所限界的图形就是鞋匠刀形(图 8.41).

图 8.41

由阿基米德发现的这个图形的许多性质中,我们只考察一个.

✳ **问题 1** (阿基米德问题)在鞋匠刀形中通过点 B 引垂直于 AC 的直线,通过 D 表记它同大半圆的交点.我们考察所形成的两个曲线三角形中的内切圆.第一个圆切于线段 BD,半圆 AB 和弧 DA.第二个圆切于线段 BD,半圆 BC 和弧 DC. 证明:这两个内切圆相等.

阿基米德的解法依靠相切的圆的一个简单性质,我们称它为阿基米德引理. (在数学中主要定理前面的辅助命题叫作引理.)

✳ **阿基米德引理** 设直线交已知圆于点 K 和 M.我们考察切已知圆于点 P, 又切直线 KM 于点 L 的任一个圆.则直线 PL 通过由直线 KM 分已知圆所成的两个弧 KM 之一的中点.

这个引理曾以问题的形式推荐过(见问题 639).

引理的证明 为了确定起见,我们考察图 8.42 所示的情形.设 O 是已知圆的圆心,O_1 是所作圆的圆心.点 O,O_1 和 P 在一条直线上.设直线 PL 交已知圆于点 E.则 $\triangle PO_1L$ 和 $\triangle POE$ 是等腰三角形.它们具有公共角 $\angle P$.也就是说,它们相似,且 O_1L 平行于 OE.但 O_1L 垂直于 KM.因此,OE 也垂直于 KM.这意味着,E 是弧的中点.引理得证.

我们再引进阿基米德引理的一个证明.我们考察切两个圆于点 P 的直线.通过 Q 表记它同直线 KM 的交点;E 是 PL 同大圆的交点(图 8.43).$\angle PLM$ 和 $\angle QPL$ 相等,因为是切线,所以 $PQ = LQ$.但 $\angle PLM$ 用弧 KE 和 PM 的和的一半来度量,又 $\angle QPL = \angle QPE$ 且用弧 PME 的一半或弧 PM 和 ME 的和的一半来度量.这意味着,弧 KE 和 ME 相等.

圆的位置的其他情况可类似考察.我们注意,点 K 和 M 可以重合,也就是所考察的直线可以是两个圆的切线.在这种情况下,直线 PL 通过的点 E 是这样的 —— KE 是已知圆的直径.▼

241

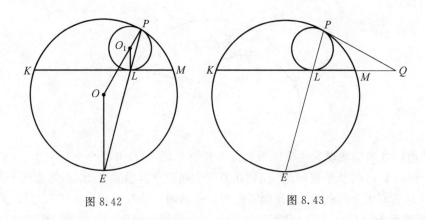

图 8.42　　　　　　　　　　　图 8.43

阿基米德的解　　我们考察切 BD 于点 L，切弧 AD 于点 P 和半圆 AB 于点 F 的圆(图 8.44).根据引理，直线 PL 通过点 C，而直线 FL 通过点 A.

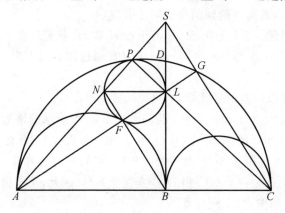

图 8.44

通过 L 在所作的圆中引直径 LN.$\angle NPL$ 和 $\angle APC$ 是直角(作为对应的圆的直径上的圆周角)，所以点 P，N 和 A 在一条直线上.同理点 N，F 和 B 也在一条直线上($\angle NFL$ 和 $\angle AFB$ 是直角).

现在通过 G 表记 AL 同大圆的交点.我们考察 $\triangle ALC$.它的高是 LB，AP 和 CG，它们的延长线交于一点，通过 S 来表记它.

由 $\triangle SNL$ 和 $\triangle SAB$ 相似，得到 $\dfrac{NL}{AB} = \dfrac{NS}{AS}$.但直线 NB 和 SC 平行，因为它们都垂直于 AL.也就是说，$\dfrac{NS}{AS} = \dfrac{BC}{AC}$.于是，我们有 $\dfrac{NL}{AB} = \dfrac{BC}{AC}$.由此推出，$NL =$

$\dfrac{AB \cdot BC}{AC}$，此时，NL 是内切于部分鞋匠刀形的一个圆的直径. 显然，求得第二个圆的直径时，我们得到同一个等式. ▼

这就是阿基米德的证明，那么现代的优秀学生能够怎样或者应当解这个问题呢？

二、阿基米德问题的计算解法

为了简便，设 $AB = 2a$，$BC = 2b$，x 是与半圆 AB，线段 BD 和弧 AD 相切的圆的半径，O 是这个圆的圆心. O_1 和 O_2 是 AB 和 AC 的中点（图 8.45，O_1 和 O_2 分别是半圆的圆心）. 在 $\triangle O_1 O_2 O$ 中，我们可以通过 a, b 和 x 表示所有的边，得到：$O_1 O = a + x$（可由圆心为 O 和 O_1 的圆相切得出），$O_2 O = a + b - x$（可由圆心为 O_2 和 O 的圆相切得出），则

$$O_1 O_2 = AO_2 - AO_1 = (a + b) - a = b$$

为了方便，我们给出 $\triangle O_1 O_2 O$ 和直线 BD（图 8.46）. 由点 O 向边 $O_1 O_2$ 引垂线 OT. 我们有

$$TB = x,\ O_2 T = |O_2 B - TB| = |a - b - x|,\ O_1 T = |a - x|$$

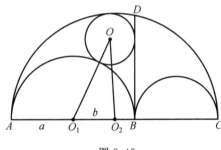

图 8.45

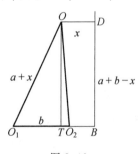

图 8.46

根据毕达哥拉斯定理

$$O_1 O^2 - O_1 T^2 = OO_2^2 - O_2 T^2$$

代换通过 a, b 和 x 所表达的所有线段，得到方程

$$(a + x)^2 - (a - x)^2 = (a + b - x)^2 - (a - b - x)^2$$

由此得 $4ax = 4(a - x)b$，$x = \dfrac{ab}{a + b}$. ▼

这样一来，我们得到了与阿基米德相同的内切圆半径公式，但使用的是纯代数的方法. 哪个更好，请自己判断. 我们的观点是，阿基米德的解法是一种技巧类型，而代数解法可以理解为"工厂的产品".

基本步骤,且十分标准化的,是顶点在考察的圆的圆心的三角形,通过已知和未知量表示线段的长,组成方程或方程组.在这里,是利用毕达哥拉斯定理来列的方程.但通常利用余弦定理来获得方程.

三、在鞋匠刀形中的内切圆

问题 2　设形成鞋匠刀形的两个小半圆的半径等于 a 和 b.求内切在鞋匠刀形中的圆的半径,即内切于大半圆同时与两个小半圆外切的圆的半径.

解　我们通过 O_1,O_2 和 O_3 表记形成鞋匠刀形的三个半圆的圆心(图 8.47).它们的半径分别为 a,b 和 $a+b$,O 是所求圆的圆心,它的半径为 x.

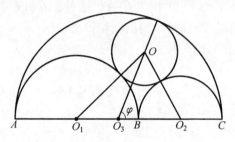

图 8.47

两两联结点 O_1,O_2,O_3 和 O 的所有线段,可以通过 a,b 和 x 来表达,即

$$O_1O_3=b,O_3O_2=a,O_1O=a+x$$

$$O_2O=b+x,O_3O=a+b-x$$

我们记 $\angle OO_3O_2=\varphi$,$\angle OO_3O_1=180°-\varphi$.对于 $\triangle OO_3O_2$ 和 $\triangle OO_3O_1$ 使用余弦定理,得

$$(b+x)^2=a^2+(a+b-x)^2-2a(a+b-x)\cos\varphi$$

$$(a+x)^2=b^2+(a+b-x)^2+2b(a+b-x)\cos\varphi$$

化简,得

$$(2b+a)x=a^2+ab-a(a+b-x)\cos\varphi \qquad ①$$

$$(2a+b)x=b^2+ab+b(a+b-x)\cos\varphi \qquad ②$$

由 ①$\times b+$②$\times a$,再消掉 $\cos\varphi$,我们得到

$$2(b^2+ab+a^2)x=2(ba^2+ab^2)$$

由此得 $x=\dfrac{(a+b)ab}{a^2+ab+b^2}$. ▼

▲■● 课题,作业,问题

✳ **1100.**   在圆心为 O 半径为 1 的圆中引半径 OA 和 OB. 如果:
(a) $\angle AOB = 60°$;(b) $\angle AOB = 90°$,求与 OA,OB 和弧 AB 相切的圆的半径.

✳ **1101.**   在半径为 R 的圆内引一条直径,在它上面取与圆心相距为 a 的点 A. 求与已知圆内切且和直径切于点 A 的圆的半径.

✳ **1102(п).**   求内接于半径为 R 的半圆的正方形的边长.

✳ **1103(п).**   求内接于半径为 R 的四分之一圆的正方形的边长,其中正方形的两个顶点在半径上,另两个顶点在圆弧上.

✳ **1104.**   证明:形成鞋匠刀形的两个小半圆的公切线的长等于线段 BD (BD 是在阿基米德问题中同样的线段).(外公切线是与圆心联结的线段不相交的切线.)

✳ **1105(пт).**   半径为 r 的圆内切于半径为 R 的圆. 求与两个已知圆相切并且和通过它们圆心的直线相切的第三个圆的半径.

1106(т).   求圆心在边长为 7,8,9 的三角形的顶点且两两相切的三个圆的半径.

1107(т).   求半径等于 R 和 r,圆心之间的距离等于 1 的两个圆的公切线的长.

1108(т).   半径为 $\sqrt{3}$ 的三个圆彼此外切. 求与三个已知圆相切的圆的半径.

✳ **1109(т).**   已知半径为 R 的半圆,内切一个半径为 $\dfrac{R}{2}$ 的圆. 第二个圆在半圆内,与半圆的直径,以及内切圆都相切. 求第二个圆的半径. 我们再作第三个圆,它区别于第一个圆且内切于原来的半圆及直径,并与第二个圆外切. 求第三个圆的半径.

✳ **1110(т).**   在单位半径的圆中引长为 1 的弦. 求两个顶点在弦上,另两个顶点在圆上的正方形的边长.

✳ **1111(т).**   已知正方形 $ABCD$ 和 $KLMN$ 在一张平面上,使得顶点 B,C,K 和 N 在一条直线上,而剩余的四个顶点位于 BC 的不同侧面且在一个圆上. 已知,一个正方形的边比另一个正方形的边大 1. 求圆心到直线 BC 的距离.

✳ **1112(т).**   在直线上有点 A,B 和 C,且 $AB = BC = 3$. 有圆心在 A,B 和 C

半径为 R 的三个圆. 求与三个已知圆相切的第四个圆的半径, 如果: (a)$R=1$;
(b)$R=2$;(c)$R=5$.

❋ **1113(т).** 　圆心在直角三角形的顶点的三个圆彼此两两外切. 这些圆与第四个圆相内切. 如果直角三角形的周长等于 $2p$, 求第四个圆的半径.

1114(пт). 　半径为 R 和 $r(R > r)$ 的两个圆彼此外切. 求与已知圆和它们的外公切线都相切的圆的半径.

8.7　为了复习的问题

1115. 　在 $\triangle ABC$ 中, $\angle A$ 和 $\angle B$ 分别等于 α 和 β. 以 C 为圆心 CA 为半径的圆第二次交 AB 于点 K. 以 K 为圆心 KB 为半径的圆第二次交 CB 于点 M. 如果: (a)$\alpha=40°,\beta=60°$;(b)$\alpha=100°,\beta=40°$;(c) $\alpha=70°,\beta=100°$. 求 $\triangle CKM$ 各角的度数.

1116. 　能使三角形的一个角的平分线平分另一个角的平分线吗?

1117. 　已知三角形的两个角等于 $40°$ 和 $80°$. 求顶点在内切圆与三角形各边的切点的三角形各内角的度数.

1118(т). 　在 $\triangle ABC$ 的外接圆上取不同于它的顶点的点 K, M, P. 使得 $AK=AB$, $BM=BC$, $CP=CA$. 如果 $\triangle ABC$ 中 $\angle A$ 和 $\angle B$ 分别等于: (a) $28°$, $58°$;(b) $58°,84°$;(c) $84°,28°$. 求 $\triangle KMP$ 各角的度数.

1119(п). 　在圆中引直径 AB, C 是圆上任一点, J 是 $\triangle ABC$ 的内切圆圆心. 当 C 在圆上不同于 A,B 而运动时, 求点 J 的轨迹?

1120(в). 　证明: 在直角三角形中内切圆和外接圆的直径之和等于两直角边的和.

1121. 　在直角三角形中斜边上的高分斜边所成的两条线段等于 24 和 54. 求这个三角形两条直角边的长.

1122. 　直角三角形的一条直角边等于 6, 这条直角边在斜边上的射影等于 2. 求这个三角形的斜边以及另一条直角边的长.

1123. 　直角三角形的一条直角边等于另一直角边在斜边上的射影. 求这个三角形最小角的正弦值.

1124(в). 　如果由直角三角形的直角顶点引出的中线分这个角为 $2:1$ 的两部分, 求该直角三角形最小锐角的度数.

1125.　已知,直角三角形的直角边等于 8 和 15. 由直角顶点到在这个三角形中的内切圆最近的距离等于多少?

1126.　已知,直角三角形的一条直角边等于 5, 而它的另一条直角边在斜边上的射影等于 2.25. 求这个三角形的斜边长.

1127.　在直角三角形中,内切圆的半径等于它的两直角边之差的一半. 求这个三角形最大锐角的正切值.

1128(т).　直角三角形两条直角边的差是它们在斜边射影之差的 1.2 倍. 斜边上的高等于 1. 求这个三角形较小的直角边的长.

1129.　在半径为 $\sqrt{2}$ 的圆上引弦 AB 等于 2. 设 M 是圆上不同于 A 和 B 的任意点. 求 $\angle AMB$ 等于多少度?

1130(в).　求内接在半径为 R 的圆中的等边三角形的边长.

1131(в).　已知,等边三角形的边长等于 a. 求外接圆的半径和内切圆的半径.

1132.　如果三角形的边长等于 9,40 和 41. 求由三角形中线的交点到它各边的距离.

1133(п).　求能容纳边长为 7,9 和 12 的三角形的最小圆的半径.

1134(п).　在 △ABC 中引高 AA_1 和 BB_1. 求 AC. 如果:

(a) $AA_1 = 4, BB_1 = 5, BC = 6$.

(b) $A_1C = 8, B_1C = 5, BB_1 = 12$.

1135(в).　通过等边三角形内切圆的半径 r 表示它的边长和外接圆的半径.

1136.　在 △ABC 中, $\angle A = 32°$, $\angle C = 24°$. 圆心在点 B 且通过点 A 的圆, 交边 AC 于点 M, 交边 BC 于点 K. 则 $\angle KAM$ 等于多少度?

1137.　已知,在 △ABC 中, 边 $AB = 2$, $BC = 4$. 通过点 B 和 C 的圆交直线 AC 于点 M, 交直线 AB 于点 P, 且 $AM = 1$. 求 PM 的长.

1138.　边长为 5,6 和 7 的三角形内接于圆. 求平分三角形的边长于一边的中点且通过这条边所对的顶点引出的这个圆的弦的长.

1139(т).　设 M 是圆心为 O 的圆的直径 AB 上一点. C 和 D 是圆上在 AB 一侧的点, 且 $\angle CMA = \angle DMB$, $\angle OCM = \alpha$. 则 $\angle ODM$ 等于多少度?

1140(п).　设 AB 是圆的直径, C 是平面上一点. 直线 AC 和 BC 分别第二次交圆于点 M 和 K. 直线 MB 和 KA 相交于点 P. 则直线 CP 与 AB 所夹的角等于多少度?

1141(в). 底为 5 和 3 的等腰梯形内接于圆.求这个圆的半径.

1142. 由圆外一点对圆引切线和割线.切线长等于 6.割线被圆截得的弦长为 5.求割线在圆外的线段的长.

1143. 半径为 r 的圆截四边形的各边为相等的弦,均等于 d.证明:这个四边形能够有内切圆,并求这个四边形内切圆的半径.

1144(п). 已知,梯形外切于一个圆.证明:梯形腰的端点和圆心是一个直角三角形的顶点.并证明:一腰被切点分成的两条线段的乘积等于圆半径的平方.

1145(т). 对圆引两条切线,它们分别切圆于直径 AB 的两个端点.对圆引的任意切线交前两条切线的第一条(通过点 A 的)于点 K,而交第二条于点 M.证明:$AK \cdot BM$ 是常值.

1146(т). 在正方形 $ABCD$ 的边 AB 和 AD 上取点 K 和 M,使得 $3AK = 4AM = AB$.证明:直线 KM 与这个正方形的内切圆相切.

1147(в). 在 $\triangle ABC$ 中,$\angle A = 60°$,$AB = 1$,$BC = a$.求边 AC 的长.

1148. 已知,圆的一条弦长等于 2,它与圆心的距离等于 3.求这个圆内接正三角形的周长.

1149. 在长方形 $ABCD$ 中,已知 $AB = 2$,$BC = \sqrt{3}$.点 M 分边 CD 为 $1:2$(从点 C 算起),K 是 AD 的中点.问线段 BK 或 AM 哪个大?

1150(п). $\triangle ABC$ 的角满足条件 $\angle A > \angle B > \angle C$.内切圆圆心的所有位置中哪个离顶点近?关于高的交点和中线的交点回答同样的问题.外接圆的圆心,高的交点,中线的交点离哪条边近?

1151(п). 在 $\triangle ABC$ 中,$\angle C = 60°$,外接圆的半径等于 2.在直线 AC 上取点 D,使得 $\angle ADB = 45°$.求 $\triangle ADB$ 的外接圆半径.

1152. 在 Rt$\triangle ABC$ 中,直角的平分线分斜边 AB 为 7 和 24 两条线段.D 是 $\triangle ABC$ 中线的交点.求 $\triangle ABD$ 的外接圆半径.

1153(в). 证明:圆外切等腰梯形的中位线,等于该梯形的一个腰.

1154(п). 在平面上给出点 A 和 B.求使得 $\triangle ABC$ 是锐角三角形的点 C 的轨迹,并且(a)$\angle C$ 是最大角;(b)$\angle C$ 是 $\triangle ABC$ 角的平均值.

1155(т). 在平面上给出点 A 和 B.求这个平面上点 C 的轨迹,使得 $\triangle ABC$ 中边 BC 的中线与边 AC 垂直.

1156(т). 在平面上给出点 A 和 B.求这个平面上点 C 的轨迹,使得边 AC 上

的中线等于边 BC 上的高.

1157(п).　已知,在 $\triangle ABC$ 中,边 $AB=\sqrt{17}$,$BC=4$,$CA=5$.在边 BC 上取点 D,使得 $BD=1$.求 $\angle ADB$ 的度数以及 $\triangle ADB$ 和 $\triangle ADC$ 的内切圆圆心之间的距离.

1158.　等腰 $\triangle ABC$ 中边 AC 是底.O 和 J 分别是外接圆和内切圆的圆心.求 $\triangle AOJ$ 各角的度数,如果:(a)$\angle B=80°$;(b)$\angle B=100°$.

1159.　求直角边为 3 和 4 的直角三角形内切圆和外接圆的圆心之间的距离.

1160.　在 $\triangle ABC$ 中,$\angle B$ 和 $\angle C$ 分别等于50°和70°.求 $\triangle DH_1H_2$ 各角的度数,其中 D 是 AB 上的点,H_1 和 H_2 分别是 $\triangle ACD$ 和 $\triangle BCD$ 的高的交点.

1161(п).　已知由三角形一个顶点引出的中线和高分对应的角为三个相等的部分.求三角形各角的度数.

1162.　在 $Rt\triangle ABC$ 的边 AB 和 AC 上取点 K 和 M,使得 $BK=KM=MC$.如果 $\cos\angle BAC=\dfrac{2}{3}$,那么点 K 分斜边 AB 为怎样的比?

1163.　已知,菱形 $ABCD$ 的边等于6,$\angle BAD=60°$.在边 BC 上取点 E,使得 $CE=2$.求点 E 到菱形中心的距离.

1164(п).　求彼此相切的两个圆的半径的比,如果它们每一个都与度数等于 α 的角的两边相切.

1165(т).　在顶点为 O 度数为 $\alpha(\alpha<90°)$ 的角的一边上取点 A 和 B,且 $OA=a$,$OB=b$.求通过点 A 和 B 且和角的另一边相切的圆的半径.

1166(т).　底为 AD 和 BC 的梯形 $ABCD$ 内接于一个圆,它的锐角 $\angle A=\alpha$,K 是圆上的点,使得 $BK \parallel CD$,$KD \parallel AC$.求 $BC:AD$.

1167(т).　已知,等腰梯形的锐角等于75°.通过梯形一个底的端点引平行于所对腰的直线,与梯形的外接圆相交.求梯形两底的比.

1168(п).　在底边为 AB 的等腰 $\triangle ABC$ 中,作圆心在 AC 上且通过点 A,并与 BC 相切于点 M 的圆.求 $\angle BAM$ 的度数.

1169(т).　在 $\triangle ABC$ 中,边 $BC=4$,BC 上的中线等于3.通过点 A 作两个与 BC 相切的圆,其中一个切 BC 于点 B,另一个切 BC 于点 C.求这两个圆公共弦的长.

1170(п).　证明:联结四边形两组对边的中点,以及对角线中点的三条线段,相交于一点.

1171(т). 底边为 AD 和 BC 的等腰梯形 $ABCD$ 外切于圆, M 和 K 是该圆同 AB 和 CD 相切的切点, P 是同 AD 相切的切点. 则线段 MK 分线段 BP 为怎样的比?

1172. 在直线上排列点 A, B, C 和 D, 使得 $AB = BC = CD$. 线段 AB, BC, CD 是圆的直径. 由点 A 对以 CD 为直径的圆引切线 l. 求直线 l 截以 AB 和 BC 为直径的圆所得的弦长之比.

1173(т). 在底边为 AC 的等腰 $\triangle ABC$ 中, CD 是 $\angle C$ 的平分线. 在直线 AC 上取点 E, 使 $\angle EDC = 90°$. 如果 $AD = 1$, 求 EC 的长.

1174(п). 已知, 正方形的边是位于正方形外的直角三角形的斜边. 证明: 这个三角形中直角的平分线通过正方形的中心.

1175(п). 位于直角内部的某个直角三角形的两个锐角的顶点沿着这个角的两边运动. 求这个三角形直角顶点的轨迹?

1176. 已知, $70°$ 角的顶点是与角的边形成 $30°$ 和 $40°$ 角的射线的始点. 自平面上某一点 M 向这条射线和角的两边引垂线, 垂足为 A, B 和 C. 求 $\triangle ABC$ 各角的度数.

1177(т). 通过等边 $\triangle ABC$ 的顶点 C 引任意直线, K 和 M 是 A 和 B 在这条直线上的射影, P 是 AB 的中点. 证明: $\triangle KMP$ 是等边三角形.

1178(т). 边 AD 是内接四边形 $ABCD$ 外接圆的直径, M 是对角线的交点, P 是 M 在 AD 上的射影. 证明: M 是 $\triangle BCP$ 的内切圆圆心.

1179(т). 在顶点为 O 的角的内部取某点 M. 射线 OM 同角的两边形成的角, 一个比另一个大 $10°$; A 和 B 是 M 在角的边上的射影. 求直线 AB 和 OM 所夹的角.

1180(т). 在 $\triangle ABC$ 中引中线 AA_0 和角平分线 AA_1. 平行于 AC 且通过点 A_1 的直线交 AA_0 于点 K. 证明: 直线 $CK \perp AA_1$.

1181(пт). 设 M 是等边 $\triangle ABC$ 外接圆上的任一点. 证明: 线段 MA, MB, MC 中一条等于另外两条的和.

1182(п). 在 Rt$\triangle ABC$ 中, CD 是斜边上的高. 在线段 CD 和 DA 上分别取点 E 和 F, 使得 $\dfrac{CE}{CD} = \dfrac{AF}{AD}$. 证明: 直线 $BE \perp CF$.

1183(н). 在 $\triangle ABC$ 和 $\triangle ABC_1$ 中引高线 CD 和 C_1D_1. 证明: 直线 CD 和 C_1D_1

平行或者重合.

1184. 求三角形各角的度数,如果它们的比值是 5,6 和 7.

1185. 已知,三角形的一个角等于35°,它的一个外角等于100°.求这个三角形最大角的度数.

1186. 已知,三角形的小角是大角的三分之一且比中角小20°.求三角形各角的度数.

1187(н). 在等边 △ABC 中引高线 BD.求 △ABD 各角的度数.

1188. △ABC 被中线 BD 截出一个等边 △DAB.确定 △CDB 各角的度数.

1189. 证明:在等边三角形中,由两条角平分线的交点到边的距离是这个点到顶点距离的一半.

1190. 如果等腰三角形一个底角的外角等于112°,求这个三角形各角的度数.

1191. 已知三角形的一个外角等于它的一个内角,求三角形最大角的度数.

1192. 凸多边形的内角和是每个顶点取的一个外角之和的二分之一,求这个多边形的边数.

1193. 如果凸多边形的全部外角都是钝角,则这个凸多边形有多少条边?

1194. 已知,凸多边形的所有内角都相等,如果它的所有外角与一个内角之和等于480°,则这个凸多边形有多少条边?

1195. 如果凸多边形的全部内角同一个外角之和等于2 250°,则这个凸多边形有多少条边?

1196. 将圆分为两条弧,并且它们中一条弧的度数是另一条弧的 3 倍.则这两条弧所对的圆心角分别等于多少度?

1197. 以圆的直径为边作等边三角形.确定三角形的边分圆所得弧的度数.

1198. 由半圆上一点向直径的端点引两条弦.它们中的一条等于 17 cm 且与直径形成的角等于45°.求第二条弦的长.

1199. 求三角形各内角的度数,如果由它的外接圆圆心对各边的视角是:(a) $100°,120°$ 和 $140°$；(b) $30°,80°$ 和 $110°$.

1200. 　在圆上标出点 A，B，C 和 D.已知，弧 AB，BC 和 CD 分别等于 $80°,110°$ 和 $70°$.那么直线 AC 和 BD 所夹的角等于多少度？

1201. 　证明：在等边三角形中，三角形的高等于内切圆半径的 3 倍.

1202. 　已知，三角形的两个内角分别等于 $80°$ 和 $70°$.由它的内切圆圆心看每条边的视角各等于多少度？

1203. 　如果一个三角形的内切圆圆心与它的外接圆圆心重合.试确定这个三角形的形状.

1204. 　在平行四边形 $ABCD$ 中，引 $\angle A$ 的平分线，它交直线 BC 于点 F.证明：$\triangle ABF$ 是等腰三角形.

1205. 　已知，在平行四边形中一个角比另一个角小 $12°$.这两个角能是对角吗？求平行四边形各角的度数.

1206(H). 　在平行四边形 $ABCD$ 中，对角线 $BD=12\text{ cm}$，O 是平行四边形对角线的交点.则线段 DO 等于多少？

1207. 　已知，平行四边形 $ABCD$ 的边 AD 等于 9 cm，而它的对角线等于 14 cm 和 10 cm，O 是对角线的交点.则 $\triangle AOD$ 的周长等于多少？

1208(H). 　在 $\triangle ABC$ 中引中线 BF，在它的延长线上点 F 的外面标出线段 FD，且 $FD=BF$.证明：四边形 $ABCD$ 是平行四边形.

1209(H). 　在 $\triangle ABC$ 中，将边 AB 和 BC 向点 B 外延长.在延长线上标出线段 $BF=AB$ 和 $BD=CB$.证明：四边形 $ADFC$ 是平行四边形.

1210(H). 　在两个同心圆的每一个中分别引直径 AC 和 BD.证明：四边形 $ABCD$ 是平行四边形.

1211. 　在平行四边形 $KLMN$ 中，$\angle LKM$ 和 $\angle MNL$ 相等.请确定，平行四边形 $KLMN$ 是否是长方形？

1212(H): 　已知，$ABCD$ 是长方形，O 是对角线的交点.证明：$\triangle AOB$ 是等腰三角形.

1213(H). 　圆心在点 O 和 O_1 且半径相等的两个圆相交于点 A 和 B.证明：四边形 AO_1BO 是平行四边形.

1214. 　已知，菱形的边等于 18 cm，且一个角等于 $150°$.求菱形对边之间的距离.

1215(н). 在 △QRP 中引中位线 ST，OT 和 OS. 证明：△QSO，△SRT，△OTP 和 △TOS 相等.

1216(н). 在 △QRP 中标出点 S，T 和 O，它们分别是边 QR，RP 和 QP 的中点. 证明：四边形 QSTO 是平行四边形.

1217. 在等边 △QRP 中标出点 S，T 和 O，它们分别是边 QR，RP 和 QP 的中点. 如果 △SRT 的周长等于 27，求平行四边形 QSTO 的周长.

1218. 已知，四边形对角线之和等于 26. 求顶点是已知四边形各边中点的四边形的周长.

1219. 已知，梯形的两条对角线分它的中位线为三个相等的部分. 求这个梯形两底的比？

1220. 证明：等腰梯形各边的中点是菱形的顶点.

1221. 在平行四边形 ABCD 中引对角线 BD 和线段 AF（F 在边 BC 上）. 已知，$BO=6$ cm，$OD=18$ cm，O 是 AF 和 BD 的交点. 指出相似的三角形并确定它们的相似系数.

1222. 如果两个等腰三角形有一个角相等，那么这两个三角形相似吗？

1223. 如果两个等腰三角形有一个角相等且它们是钝角，那么这两个三角形相似吗？

1224. 如果两个等腰三角形，其中一个的顶角等于 54°，而另一个的底角等于 63°，那么这两个三角形相似吗？

1225(н). 一个等腰三角形的腰和底边分别等于 34 cm 和 20 cm，而另一个等腰三角形的腰和底边分别等于 17 cm 和 10 cm，则这两个三角形相似吗？

1226(н). 证明：平行于三角形一边且交另外两边的直线，截出与原三角形相似的三角形.

1227. 在直角三角形中一条直角边等于 20 cm，而斜边比第二条直角边大 8 cm. 计算三角形的周长.

1228. 在直角三角形中，由直角顶点 C 引的高 CD 分斜边 AB 所得的线段 $AD=9$ cm，$DB=16$ cm. 求这个三角形的直角边 AC 和高 CD 的长.

1229(н). 已知，正方形外接圆的半径等于 3 cm. 确定正方形的边长.

1230(н). 已知，正方形的边长等于 7 cm. 确定这个正方形外接圆的直径.

1231(н). 求正方形的对角线与它的边之比.

1232(н). 对半径为 10 cm 的圆引切线,在切线上取点 M 与切点的距离为 24 cm. 求点 M 到圆心的距离.

1233(н). 由与圆心距离 29 cm 的点 M,引切线 $KM=21$ cm,其中 K 是切点. 求圆的半径.

1234(н). 在半径为 17 cm 的圆中作一条弦等于 16 cm. 求由圆心到弦的距离.

1235. 半径分别等于 20 cm 和 5 cm 的两个圆相外切,且具有公切线 AB. 求线段 AB 的长.

1236. 证明:如果四边形 $ABCD$ 的对角线互相垂直,那么 $AB^2 + CD^2 = BC^2 + AD^2$.

1237. 已知,等腰梯形的两底等于 30 cm 和 72 cm,腰等于 75 cm. 求梯形的高.

1238. 已知,等腰梯形的两底等于 22 cm 和 42 cm,腰等于 26 cm. 求梯形的对角线.

1239. 已知,梯形的两底等于 13 cm 和 53 cm,腰等于 13 cm 和 37 cm. 求梯形的高.

1240. 证明:平行四边形中大的对角线联结的是锐角的顶点.

1241. 一块方形的土地围有篱笆. 由篱笆保全在平行边上的两个柱子(点 M 和 N)以及在土地中心的柱子(点 O). 请你恢复此方形土地的边界.

1242. 图 8.48 是一个正方形的残片. 图中没有正方形的四个顶点也没有一条完整的边. 请你恢复正方形的中心.

1243. 根据顶点 C 和边 AB 的中点 M 以及 AD 的中点 N 的位置,求作平行四边形 $ABCD$.

1244. 已知凸四边形 $MKPT$ 和它内部的一点 O. 求作平行四边形 $ABCD$,使得点 M,K,P,T 分别在直线 AB,BC,CD,DA 上,点 O 是它对角线的交点.

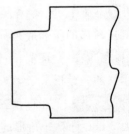

图 8.48

1245. 已知直线 a 和它上面的点 O 以及位于直线 a 一侧的任意点 P 和 K,且线段 PK 不与 a 平行. 求作菱形,使得直线 a 包含菱形的一条对角线,而直线 PK 包含菱形的一条边并且点 O 是菱形对角线的交点.

1246. 求作菱形,使它的对称中心是已知点 O,而三个顶点属于三条已知的直线.

1247. 求作正方形,使它的一条对角线属于已知直线 a,而另一条对角线的端点属于两个已知的圆,它们的圆心在直线 a 的不同侧.

1248(т). 求作梯形,使它的腰 AB 和 CD 分别属于两条已知的直线,对角线 AC 的中点是已知点 O,而大底(或它的延长线)包含点 M.

1249(т). 在正方形的每条边上标出一个点.然后擦掉标出点之外的所有点.请借助圆规和直尺恢复这个正方形.

1250. 作一个正方形,使它的边通过四个已知点.问题总有解吗?

1251(т). 在三角形的各边向形外作三个正方形.标出并保留这三个正方形的中心,其余全部擦掉.怎样根据三个正方形的中心来恢复三角形?

1252. 求作梯形,如果已知它的两条对角线的长为 d_1 和 d_2,大底的长为 a,梯形对角线所形成的钝角的量值等于 α.

1253. 已知两条对角线和它们所夹的角求作平行四边形.

1254. 已知周长为 P,对角线为 a,求作长方形.

1255. 已知大底,小底以及与大底比邻的两个角的和,求作梯形.

1256. 求作菱形:

(a)已知边长以及两对角线的和.

(b)已知锐角以及两对角线的和.

(c)已知边长以及两对角线的差.

1257. 已知三条中线,求作三角形.

1258. 已知梯形 $ABCD$ 中,$\angle A$ 和 $\angle B$ 是直角,$\angle D = 30°$,边 $AB = 3$,点 M 在 AD 上,使得 BM 和 CM 是梯形对应角的平分线.求 AD 的长.

1259. 通过平行四边形 $ABCD$ 的顶点 A 的外角平分线的直线,在同直线 BC 和 CD 相交后形成 $\triangle CB_1D_1$.如果平行四边形 $ABCD$ 的周长等于 p,求这个三角形的边 CB_1 与 CD_1 的长度之和.

1260(т). 在边长为 a 和 $b(a > b)$ 的长方形中作四个角的平分线.证明:这些角的平分线相交成一个正方形,并求它对角线的长.

1261(т). 已知平行四边形的边等于 a 和 b.求由平行四边形四个外角平分线相交形成的四边形的对角线的长.

1262(н). 　证明:联结平行四边形两个对边中点的线段,分它为两个平行四边形且通过原平行四边形两条对角线的交点.

1263. 　证明:如果联结凸四边形对边中点的线段的中点,同对角线的交点重合,那么这个四边形是平行四边形.

1264(н). 　证明:联结平行四边形对边中点的两条线段的和等于它的半周长.

1265(н). 　证明:如果在四边形中有一组对边平行,那么联结它的另一组对边中点的线段,平行于第一组对边并且等于它们之和的一半.

1266. 　证明:如果联结凸四边形两条对边中点的线段等于另外两边之和的一半,那么这个四边形是梯形或者是平行四边形.

1267. 　证明:如果凸四边形的对边不平行,那么它们之和的一半大于联结另外两条对边中点的线段.

1268. 　证明:如果凸四边形两条对边之和的一半大于另外两边的中位线,那么它的前两条对边不平行.

1269. 　证明:如果联结凸四边形两组对边中点的线段之和等于它的半周长,那么这个四边形是平行四边形.

1270(т). 　在凸四边形 $ABCD$ 中联结对角线中点的线段,等于联结边 AB 和 CD 中点的线段.求边 AD 和 CB 的延长线所形成的角的度数.

1271. 　在凸四边形中通过两条对边中点的直线,同四边形的两条对角线形成相等的角,证明:这两条对角线相等.

1272(т). 　已知梯形的两底等于 a 和 $b(a > b)$.联结不平行的边的中点的线段,交对角线于点 O_1 和 O_2.求线段 O_1O_2 的长.

1273(т). 　联结四边形 $ABCD$ 的边 AD 和 BC 的中点的线段 MN,交它的对角线 AC 和 BD 分别于点 E 和 $F(E$ 与 F 不重合),并且 $MF = NE$.证明:$ABCD$ 是梯形.

1274(т). 　证明:两个平行四边形其中一个的顶点位于另一个的边上,这两个平行四边形的对称中心是重合的.

1275. 　通过平行四边形 $ABCD$ 的对称中心引两条直线.其中一条分别交边 AB 和 CD 于点 M 和 K,另一条分别交边 BC 和 AD 于点 N 和 L.证明:四边形 $MNKL$ 是平行四边形.

1276. 　通过正方形 $ABCD$ 的中心 O 引两条互相垂直的直线 KL 和 MN,

其中 K，L，M，N 是正方形边上的点. 证明：$KNLM$ 是正方形.

1277.　在正方形 $ABCD$ 中求作一个内接的正方形，使得它的一个顶点 M 在边 AB 上.

1278.　以正方形 $ABCD$ 的边 BC 为边作直角顶点为 M 的直角三角形，使得点 M 在正方形外. 证明：联结点 M 和正方形对称中心的线段是 $\angle BMC$ 的平分线.

1279.　正方形 $ABCD$ 与互相垂直的直线 FT 和 PQ 相交，并且 F，T，P，Q 在正方形不同的边上（F 在 BC 上，P 在 AB 上）.

（a）证明：线段 FT 和 PQ 相等.

（b）O 是 FT 和 PQ 的公共点. 设 $PBFO$ 的周长等于 p_1，$QCFO$ 的周长等于 p_2，$TDQO$ 的周长等于 p_3，$PATO$ 的周长等于 p_4. 证明：$p_1 + p_3 = p_2 + p_4$.

1280.　在平行四边形 $ABCD$ 的边 AB，BC，CD，DA 上分别取点 M，N，K，L，分这些边为同一个比（绕着顺时针方向）. 证明：四边形 $MNKL$ 的对称中心与平行四边形 $ABCD$ 的对称中心重合.

1281.　在正方形 $ABCD$ 的边 AB，BC，CD，DA 上分别取点 M，N，K，L，分这些边为同一个比（绕着顺时针方向）. 证明：四边形 $MNKL$ 是正方形.

1282.　在平行四边形 $ABCD$ 的边 AB，BC，CD，DA 上分别取点 M，N，K，L，分这些边为同一个比（绕着顺时针方向）. 证明：直线 AN，BK，CL，DM 相交得到平行四边形，并且它的对称中心与平行四边形 $ABCD$ 的对称中心重合.

1283.　已知，梯形的一个腰等于它的一个底并且是另一个底的二分之一. 证明：梯形的另一个腰垂直于它的一条对角线.

1284.　已知，梯形的对角线互相垂直，一条对角线的长等于 6，而另一条对角线同底成的角等于 $30°$. 求梯形中位线的长.

1285.　已知，梯形的中位线等于 5，而联结底边中点的线段等于 3. 在大底的两个角等于 $30°$ 和 $60°$. 求它的底边以及较小腰的长.

1286.　第一个梯形的两底分别等于第二个梯形的两腰，而第二个梯形的两底也分别等于第一个梯形的两腰. 这样的两个梯形存在吗？

1287.　在 $\triangle ABC$ 的边 AB 和 BC 上向外作正方形 $AEDB$ 和 $BCKM$. 证明：线段 DM 的长是边 AC 上的中线 BP 的 2 倍.

1288.　在平行四边形 $ABCD$ 的边 AB 和 BC 上向外作等边 $\triangle ABM$ 和

△BCN.证明:△DMN 是等边三角形.

1289.　　在平行四边形 $ABCD$ 的边 AB 和 BC 上向外作正方形 $ABFE$ 和 $BCKM$.证明:线段 ED 和 KD 互相垂直.

1290.　　在平行四边形的各边上作正方形.证明:它们的对称中心是正方形的顶点.

1291.　　在 △ABC 的边上向外作正方形 $BCDE$，$ACTM$，$BAHK$，然后作平行四边形 $TCDQ$ 和 $EBKP$.证明:△APQ 是等腰直角三角形.

9 年级

第 9 章　　公理体系

让我们暂时回到教程的开始,也就是详细地讨论事实上什么才是公理.当然,平面的基本性质,我们利用它对于建构我们的教程是充分严格的,而更主要的是直观.它们完全抓住了为了证明定理,你们由其他教程(例如代数)中所获得的已知的事实,直观的概念(例如,与三角形一条边相交的任何直线,一定与另一边相交,或者,在直线上任意两点之间一定还存在这一条直线上的另一点),并且是合理的意义(或者,科学地说,形式逻辑的规则).在某种意义上,本书选择的方法更接近欧几里得所利用的方法,他只限定五个公设.然而,从欧几里得生活的时代开始,这个方法便不再使更多的数学家满意.这主要是因为数学分析、集合论、群论以及其他抽象的理论和与这些分支的悖论相联系,其中包括罗巴切夫斯基几何的建立.忽然间出现在直观的日常做法不足以说明这些现象,或者轻易地利用它们能够导致重大的困难甚至是悖论.关于科学家是如何从这种状态中走出来的,我们将在这一章里说明.

9.1　什么是公理

在 19 世纪末到 20 世纪初,在欧几里得之后的两千多年里,数学家们又回到了这样的问题,从这个时代数学成就的观点在基础几何中应当着手怎样的公设.存在许多不同的公理预案.从事这项工作的数学家有:莫里茨·巴士,伊赛亚·舒尔,朱塞佩·皮亚诺,朱塞佩·维罗内塞,赫尔曼·魏尔.大概最著名的是下面的两个体系:由德国伟大的数学家大卫·希尔伯特建议的公理系统和由美国数学家乔治·伯克霍夫建议的公理系统.

我们给出某些人关于这些系统的讨论,它们的组成和许多其他方面的区别在于公理的数量,然而它们之间(和其他公理系统)也有共同之处.

在开始研究某个数学的(当然不仅是数学的)理论时,我想知道我们遇到的是怎样的现象和对象.通常这个概念有理论的名称或关于它们一般直观的表述是清楚的.例如,在物理学中,电动力学研究电,流体力学研究流体的性质,场论研究各种场及其相互作用.然而,在日常生活中(或者预先考察的),我们很清楚什么是电,什么是流体,通常没有产生对这些概念进行严格定义的需求.

在几何学中更糟糕的是,我们(特别是在教程的开始)不得不从理想的点,理想的无穷直线等开始工作.至少我们能够想象,这样的平面或者直线,尽管这个表述并不严谨.如果我们深入研究理论,完全可以说它是不充分的.在任何情况下,我们在生活中永远看不到无穷的平面,这就是我们应当在几何课上考察的!

如果不希望落入某个非理想图式的状态,那么数学家应该怎样定义几何学中的研究对象呢?假如他们还需要用更抽象的概念来工作,在这种情况下,他们做什么?原来,没什么!也就是完全没有任何事!具体来说就是,他们说直线和点在平面上(在空间几何学,或者立体几何学中,应当还添加在空间中的平面)—— 这是不加定义的对象!也就是没有任何特别的对象,什么是直线或点一般不用给出①!请问你会怎样研究它们?很简单:尽管这些对象本身不加定义,但是它们具有性质!这些性质由公理给出(现代数学一般不区别公理和公设),并且我们能够证明它们的推论.

尽管这似乎很复杂且令人困惑,但事实上这个方法是很自然的.试想,你向外星人解释,为什么你喜欢猫(或者狗).如果你试着对他(或者她,或者其他外星人)解释什么是猫,那么这将是困难的.例如,你会说猫是一种动物."那动物是什么?"他会询问你.我们允许你去寻找,说动物是四条腿的活的生物,有毛(当

---

① 其实,欧几里得给出的定义并不明确.例如,他说:"直线 —— 是有长度而没有宽度的."不是很严格,什么也没说 ⋯⋯

然,这是不正确的,例如,鲸鱼就没有毛,但外星人无论如何都不能揭发你的骗局,因为在他的星球,可能完全不同).此时他开始提出问题,毛是什么,腿是什

么,生物是什么,……,直到无穷.对此为了阻止这个问题,你应当展示猫,或者它的图形,或者它的影像,或者说:"打住!我没有说这是猫,但充分地知道:(1) 说它是"猫咪",如果它轻轻地搔搔耳朵后边.(2) 它小得可爱并且毛茸茸的.(3) 我喜欢小得可爱并且毛茸茸的.(4) 许多人中意它,它在用鼻音打着呼噜!"此时和你对话的人,可能不知道什么是猫,也不知道它长什么样,但是他(她,它)明白,你为什么喜欢它.此外,经过深思熟虑,他可能会说,也许会有很多人喜欢猫.而在数学中:当谈到在平面上的直线时,我们很难立刻想象成理想直线(或者有谁在自然界中见过"没有宽度"的对象吗?).但是,我们可以列举直线的某些性质,开始做关于这些"存在"或者不同的结论.这个方法特别有用,当数学家不与直线和点打交道,关于它们我们仍然给出某些直观的描述,而对象多得更加抽象(但奈何对于应用却是有益的).

　　当然,使用这个方法,我们冒险地说 —— 这个方法归结为命题:"我喜欢猫,因为我喜欢猫".这样是危险的.为了避免进入愚笨的状态,数学家力求,第一,花费最小可能数量的这种类型的公理;第二,限制公理的清单仅是直观概念的性质(是的,方法是形形色色的 ……).

　　在严格的几何学建构中利用这些简单的方法是科学的,差别只是不加定义的对象的选择和它们性质的清单.下面我们引入这样的公理的例子.

9.2 希尔伯特公理

为了给出欧几里得几何学的公理,我们应当选取某些不加定义的概念并且列举它们的性质,此时力求尽量减少它们的数量,并利用我们的直观感觉.这些概念的某些定义是完全显然的:"点"和"直线".但事实证明,这是不够的,我们还需要什么?

看来,能够花费最小(这种最小一般不同于所有数学理论,与希尔伯特的名字相联系),也就是为了有智慧地通过点说出什么是直线和其他不同的对象,为此我们需要做的工作是学会处理它们.然而这如何做呢? 例如,"点 A 在直线 a上"意味着什么? 根据希尔伯特的体系这是不加定义的概念! 此外,我们经常说的,什么是在直线上的三个点中一个点"位于另外两点之间"和"点 A 位于直线 b 上".这两个概念必须被称为不加定义的(对象的相等和对于点"位于之间"的概念),而这就是全部.

现在可以简述希尔伯特的 15 条公理了.为了方便起见,我们将其分为几个部分.在这里,我们仅考察与平面上的几何相关的公理:刻画"在直线上"的概念的性质(这叫作属于公理),"位于之间"的性质和其他概念的公理.这三个属于公理.

属于公理 (1)无论怎样的两个点 A 和 B,存在直线 a,它属于这两个点.

(2)无论怎样的两个不同的点 A 和 B,存在不多于一条直线,它属于这两个点.

(3)每条直线 a 至少属于两个点.存在至少三个点,不属于一条直线.

给出所有的公理是没有意义的.我们只介绍其中最著名的三个公理.

巴士公理 设 A,B,C 是不在一条直线上的三个点,而 a 是不通过点 A,B,C 任一个的直线;如果当这条直线通过线段 AB 的一个点时,那么它应当通过线段 AC 的一个点或者通过线段 BC 的一个点.

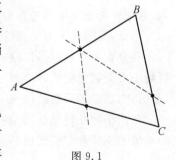

图 9.1

这个论断的举例说明在图 9.1 中:实质上,巴士公理要求,直线由任意有界区域"走出"且在这时与区域的边界相交.在我们精选的系统中(见 7 年级),巴士公理或多或少地对应着直线分平面为两个半平面的性质.

下面的公理我们没有在明显的形式遇到. 不仅如此, 当第一次认识它时, 它看起来至少是必要的, 如果不是完全愚笨的话. 令人意外的是, 这个公理极其古老且很重要: 它的类比形式在现代数学中随处可见, 而它的实效可以导致没有国家在应用科学中利用的惊人的结果.

阿基米德公理　如果给定线段 CD 和射线 AB, 那么存在自然数 n 和在 AB 上的 n 个点 $A_1, \cdots, A_n$, 使得 $A_j A_{j+1} = CD$, 对于所有的 $j = 1, \cdots, n$ 且 B 位于 A_1 和 A_n 之间.

这个公理简单来说就是, 无论我们在直线上安置点 A 和 B 彼此间隔多么远, 以及无论采用任意小的线段 CD, 以 CD 长为步子, 我们必定能勉强地由 A 到达 B. "难道这不显然吗?" —— 也许你会大声地感叹. 有某个法则: 否认这个性质的诞生从而导出矛盾, 同时我们每一天都会发生冲突. 这正如, 我们无论怎样移动, 我们由一点不会到达另一点吗? 容易引入相反形势的例子 —— 建构这样的系统, 它的两个元素不能联结, 如果太过于短的小步子的话. 例如, 如果对充分大的 $x, p(x) - q(x) > 0$, 我们说, 多项式 $p(x)$ 大于多项式 $q(x)$. 很明显, 当任意两个多项式能够比较时, 可以说它们哪个大, 哪个小. 另外, 设 $p(x) = 0, q(x) = x$. 我们取 $p(x)$ 在出发点后且开始运动 1 步. 显然在这种情况下我们永远也得不到多项式大于 $q(x)$.

最后, 介绍我们已经知道的平行公理.

平行公理　通过已知直线 a 外的任一点能够引不多于一条直线, 平行于 a.

代替这个公理 (它与我们利用的欧几里得第五公设是等价的) 能够利用罗巴切夫斯基公理: 通过已知直线 a 外任一点能够引不少于两条直线, 平行于 a. 在这种情况下我们得到了非欧几何, 或者罗巴切夫斯基几何的公理学.

我们刻画全部公理之后, 可以试图证明任何定理. 的确, 这并不容易, 因为我们现在不具有利用图示的权利. 不仅如此, 前面我们觉得显然和简单的, 例如, 在直线上有无穷多个点, 现在却构成了一个非常困难的命题. 我们引进对于数学系学生来说经典的《高等几何》(作者 H. B. 叶菲莫夫) 中某些论断的例子.

定理 9.1　对于任意点 A 和 C, 在直线 AC 上至少存在一个点 D, 位于 A 和 C 之间.

定理 9.2　对于在一条直线上的任意三个点 A, B 和 C, 至少有一点位于另外两点之间.

尽管这些论断似乎是显然的, 但是它们必须加以证明 (如果我们利用现代的公理方法, 且不呼吁直观性的话). 具有讽刺的是, 定理 9.2 是巴士公里的推论, 如果不利用这个公设或与它等价的命题, 就无法获得它.

▲■● 课题,作业,问题

1292. 在我们的课本里,按照你的意见,哪些是不加定义的概念?

1293. 希尔伯特利用了哪些不加定义的概念?

1294. 利用平面的基本性质作为公理(见第 1 章)证明定理 9.1 和定理 9.2.

9.3 有限几何学

如果我们不利用全部的公理,而只利用部分公理将会发生什么呢? 结果可能会很有趣. 例如,如果我们只利用下面的公理,那么在平面上能够有有限个数的点.

公理 1 通过任意两个点能够引直线,并且是唯一的.

公理 2 通过不属于直线 l 的任意点 A,能够引唯一的直线 l',不与 l 相交.

公理 3 存在四个点,它们中任三点都不在一条直线上.

事实上,可考察图 9.2 和图 9.3. 图 9.2 表示四个点的系统(正方形顶点),有六条直线,每条直线包含两个点,一个轮廓的直线平行(正如"现代"几何学说的,两条直线平行,如果它们不相交,也就是说,不存在属于它们的点). 在图 9.3 中指出了 9 个点和 12 条直线的类似系统. 这些直线中的某些个完全不像是直线,但这不应使我们不安:我们应当只检验,我们所简述的三个性质都得到了执行,挑选所有预案就足够了.

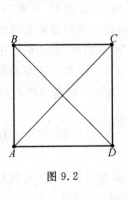

图 9.2

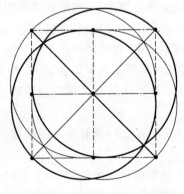

图 9.3

266

你可能会问:"这些模型有什么用呢?"奇怪的是,益处非常大.第一,在这个有限系统中能够检验任何一个几何论断成立或不成立:如果某个论断由上面引入的三个公理推出,那么它将在任何这样的有限模型中成立.当然,我们立刻对所有模型进行检验是困难的,但需知,如果我们找到至少一个,对它所求的论断不成立,判定它不依赖我们的公理,那么这就足够了.第二,关于存在或不存在有限数点的几何问题本身及其非平凡的组合问题,它同整数性质(数论研究它们)以及其他现代数学的内容有着紧密的联系.

▲■●　课题,作业,问题

1295.　　在 $5,6,7,8,16$ 个点的集合上存在"几何学"吗?在"几何学"中我们理解这样的体系的"直线",对于它成立我们在这一章引进的三个公理.正如在前面我们理解直线为点的组成,而平行的直线 —— 是这些直线没有公共点.

9.4　伯克霍夫公理

最后,我们将讨论另一种几何学公理方法,它通常与著名的德国数学家赫尔曼·魏尔或者美国数学家乔治·伯克霍夫的名字相联系.这个方法的主要思想在于,在几何学中能够在公理的水平上引入实数.于是,这样诞生一个更加经济的公理系统包含全部的四个需求.

直尺公理　　如果在直线上选择了始点和方向,那么在直线上的任意点能单值地与实数对应(到始点的距离顾及符号).

直线公理　　通过任意两个点能够引唯一的一条直线.

量角器公理　　如果选取射线始点为点 A 以及旋转方向,那么任何始点为 A 的另外的射线能够单值地对应由 0 到 2π 区间(旋转角)的实数.

相似公理　　成立相似三角形的第二判别法(根据两个角).

在此情况我们不必证明在直线上有无穷多的点 —— 这可由实数量的无穷性推出.同样地,能够证明定理 9.1 和定理 9.2 —— 它们叙述了数的显然性质,仅此而已.然而在这里精选的这个系统不足为凭:它随便地替换几何的困难论断为"更为常见的"关于实数的论断.但是这并不意味着,它们不需要证明.相反,为了证明这个类型的论断,必须利用足够有力的手段 —— 实数公理或者类似的理论.显然,偏重于有点像精选公理这样的类型,而没有图形.但是真正严谨的公理理论,应当是除引进的四个论断外还包含有点像刻画实数的系统.

另外,能够证明,这个精选的公理给出与希尔伯特精选的公理同样的几何学. 不过,这并不容易. 确切地说,很容易证明,如果执行我们引进的公理,那么希尔伯特的所有公理都是正确的. 相反的论断需要很大的努力,因为本质上,我们应当证明前面全部实数的性质!

▲■●　课题,作业,问题

1296.　在几何学中,利用引入的四个公理,证明:欧几里得关于平行的公理成立.

1297.　由引进的伯克霍夫公理出发,证明巴士公理.

第 10 章   多边形的面积

在本章我们将认识面积的概念.然而,"认识"一词在这里并不合适,因为在现实生活中,我们总会与面积相遇.面积 —— 是我们住所的平方米,土地的公顷,森林的平方千米,等等.

每个人都知道面积是什么.但实际上它是什么呢? 想一想并努力地独立回答这个问题:面积是什么? 你会意识到,这并不简单,甚至数学家能够创立相应的数学理论还是最近的事情.的确,这与在科学中顺利地利用面积概念不能混为一谈,实际上在远古时代已经在实践中应用了.

学习面积概念,推导公式,借助它们可以计算重要的几何图形,首先是多边形的面积,这就是本章要介绍的内容.

10.1   面积的基本性质

一、长方形的面积

※ 让我们试着由普通的合适的意义开始,回答下面的问题,究竟什么是面积以及它有怎样的性质.

那么,究竟什么是面积呢?

首先指出,面积 —— 是安放在平面或者另外的曲面上的几何图形的某个特征. 我们暂且只考察平面图形,所以提出下面的问题:究竟什么是平面图形的面积? 什么样的特征是平面图形的面积?

✳ 面积 —— 是与限定的平面图形对应的数.

现在试图建立这个数的性质,并说明可以怎样求它. 下面有关面积的性质是明显和直观的.

性质 1 图形的面积是非负数.

性质 2 相等图形的面积相等.

性质 3 如果图形分为两部分,那么整个图形的面积等于分得的两部分的面积之和.

我们还需要一个图形,我们认为是测量面积的标准 —— 单位面积. 此时不要忘记已经具有的度量长度的单位.

性质 4 取边长等于 1 单位长的正方形的面积为度量面积的单位(图 10.1).

换言之,边长等于 1 单位长度的正方形的面积等于 1 单位面积,或者为 1 平方单位. 例如,边长为 1 米的正方形的面积等于 1 平方米(1 m^2).

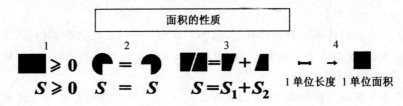

图 10.1

当然,单位正方形不是面积为 1 的唯一图形. 由面积的性质还可得出,图 10.2 所示的直角三角形的面积就是 1.

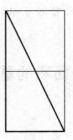

图 10.2

具有相等面积的图形,称为等积的图形.

二、面积性质的两个推论

列举面积的性质确定几何图形面积的量.

✵　**推论 1**　　如果一个图形在自己的内部包含另一个图形,那么第一个图形的面积不小于第二个图形的面积.

这个论断的正确性由性质 2 面积的非负性推得.

✵　**推论 2**　　边长等于 $\frac{1}{n}$(长度单位)的正方形面积,等于 $\frac{1}{n^2}$(单位面积,或者单位^2).

我们来证明这个推论.我们分单位正方形每个边为 n 等分并且通过分点引平行于正方形的边的直线(图 10.3).将整个正方形分成 n^2 个相等的正方形.又因为对应于性质 1 它们全部具有相等的面积,且根据性质 2 和性质 3,它们面积之和等于 1,所以每一个小正方形的面积等于 $\frac{1}{n^2}$.

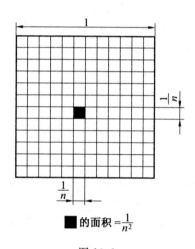

图 10.3

✵　现在我们可以证明基本定理了.

定理 10.1(长方形面积的基本定理)　　如果长方形的边等于 a 和 b,那么它的面积等于 ab.

这样一来,对于长方形的面积等式

$$S = ab$$

是正确的,其中 a 和 b 是这个长方形的两个边长.

注释　　这里 a 和 b 是在同一长度单位测量下的长方形的两个边长.则 ab 是对应的平方单位的面积.

证明   如果 a 和 b 是有理数(即形如 $\dfrac{p}{q}$ 的数,其中 p 和 q 是正整数),那么定理的论断可以很容易地证明.

实际上,我们将表示边长 a 和 b 的分数通分化为相同的分母.设 $a=\dfrac{k}{n}$,$b=\dfrac{m}{n}$(图 10.4).

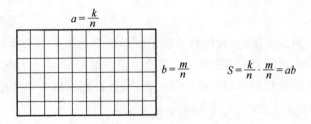

图 10.4

现在我们分考察的长方形的边 a 为 k 个相等的部分,边 b 为 m 个相等的部分.通过各分点引平行于长方形边的直线.则整个长方形被分成了 km 个边长为 $\dfrac{1}{n}$ 的正方形,那么它的面积正如我们知道的,等于 $\dfrac{1}{n^2}$.

这样一来,长方形的面积等于

$$S=km\cdot\frac{1}{n^2}=\frac{k}{n}\cdot\frac{m}{n}=ab$$ ▼

如果数 a 和 b 中至少有一个不是有理数时,那么长方形面积公式的证明将遇到困难.(我们理解,一个数,它不能表示为分子和分母都是整数的分数时,叫作无理数).

❋   对于那些不喜欢相信任何事情的人(这正是数学家的特点),我们对于任意的 a 和 b 进行证明.

我们取任意的自然数 n,再选取自然数 m 和 k,使得不等式 $\dfrac{k}{n}\leqslant a<\dfrac{k+1}{n}$,$\dfrac{m}{n}\leqslant b<\dfrac{m+1}{n}$ 成立(图 10.5).显然,存在这样的数:我们会一步一步$\left(\dfrac{1}{n}\ 步\right)$地来,直到我们跳过 a 和 b①.

我们考察三个长方形:第一个——边长为 $\dfrac{k}{n}$ 和 $\dfrac{m}{n}$;第二个——边长为 a 和

——————————

①   实质上,这个论断就是阿基米德公理.

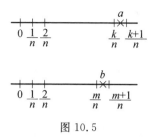

图 10.5

b；第三个 —— 边长为 $\dfrac{k+1}{n}$ 和 $\dfrac{m+1}{n}$（图 10.6）．能够这样安置它们，使第一个长方形不超出第二个的范围，而第三个包含着第二个．

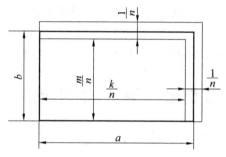

图 10.6

由面积的性质得出，第二个长方形的面积小于第三个的面积且不小于第一个的面积．

第一个长方形的面积等于 $\dfrac{km}{n^2}$，而第三个的面积为 $\dfrac{(k+1)(m+1)}{n^2}$．

设 S 是第二个长方形的面积，我们有

$$\frac{km}{n^2} \leqslant S < \frac{(k+1)(m+1)}{n^2} \qquad ①$$

但由双重不等式 $\dfrac{k}{n} \leqslant a < \dfrac{k+1}{n}$，得出 $an-1 < k \leqslant an$．同理有 $bn-1 < m \leqslant bn$．

现在在式 ① 的左右两边替换 k 和 m，我们得到

$$\frac{(an-1)(bn-1)}{n^2} < S < \frac{(an+1)(bn+1)}{n^2}$$

打开括号，有

$$ab - \frac{a+b}{n} + \frac{1}{n^2} < S < ab + \frac{a+b}{n} + \frac{1}{n^2}$$

特别地，有

$$ab - \frac{a+b}{n} - \frac{1}{n^2} < S < ab + \frac{a+b}{n} + \frac{1}{n^2}$$

由不等式的各部分减去 ab，我们得到

$$-\left(\frac{a+b}{n} + \frac{1}{n^2}\right) < S - ab < \frac{a+b}{n} + \frac{1}{n^2}$$

即

$$|S - ab| < \frac{a+b}{n} + \frac{1}{n^2}$$

我们注意考察最后的不等式.它对任意的 n 都是正确的.但它的左边是不依赖于 n 的非负数.如果假设 $S \neq ab$，那么这个数将是正的.现在选择 n 足够的大，能够得出不等式的右边小于任何正数，而这意味着，如果 $S \neq ab$①，那么它将小于它的左边.

这样一来，无论对怎样的数 a 和 b，必定有 $S = ab$. ▼

▲■● 课题,作业,问题

1298. 怎样计算长方形的面积,如果它的每条边都增加到 k 倍.

1299. 在平面上有两个面积相同的四边形,,如图 10.7 所示.证明:白色三角形面积的和等于黑色三角形面积的和.

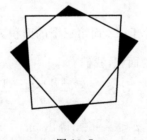

图 10.7

1300. 证明:半径为 1 m 的圆的面积小于 4 m^2.

1301. 在正方形的边上向外作四个相等的直角三角形.正方形的边是这些三角形的斜边.如果每个三角形直角边的和等于 d,求由正方形和这些三角形组成的图形的面积.

①　这同样也保证了阿基米德公理,但在给出的情况它应当作为实数的公理来考察.

1302(T). 有一个边长为 10 和 12 的长方形. 给出一种方法, 将这个长方形剪成两部分, 且由它们可以组成与它等积的正方形.

1303. 有 3×3 和 1×1 的两个正方形, 分它们为两部分, 由这些部分能组成一个正方形.

1304(T). 对于两个任意的正方形解决上面的问题. 这个问题相当的有难度, 所以我们给出如图 10.8 所示的提示.

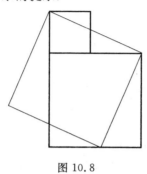

图 10.8

10.2　三角形和四边形的面积

本节我们给出计算平行四边形, 三角形和梯形这三种图形面积的基本公式, 然后再引进某些三角形公式, 它们在解不同问题时可以显现出益处.

一、平行四边形的面积

※　计算平行四边形的面积可以根据公式

$$S = ah$$

其中 a 是平行四边形的边长, h 是引向这条边上的高.

证明　我们考察平行四边形 $ABCD$, 其中 $BC = AD = a$(图 10.9). 由 B 和 C 向 AD 引垂线, $BK = CM = h$. 得到长方形 $KBCM$ 与平行四边形 $ABCD$ 等积. 这可由 $\triangle ABK$ 与 $\triangle DCM$ 相等推得: 为了由 $ABCD$ 的面积得到 $KBCM$ 的面积, 必须对它添加 $\triangle DCM$ 的面积, 然后减去 $\triangle ABK$ 的面积. 这对 K 和 M 在直线 AD 的任意位置都是正确的(见图 10.9(a)(b)). 因此

$$S = S_{\square ABCD} = S_{长方形 KBCM} = BC \cdot BK = ah$$

▼

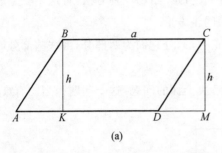

图 10.9

二、三角形的面积

✳ 计算三角形的面积可以根据公式

$$S = \frac{1}{2}ah$$

其中,a 是三角形的边,h 是引向这条边上的高.

所指出的公式是计算三角形面积的基本公式.

证明 设 $\triangle ABC$ 的边 BC 等于 a,而引向它的高等于 h.

我们完成 $\triangle ABC$ 到平行四边形 $ABCD$ 的作图(图 10.10).平行四边形的面积,正如我们知道的,等于 ah.$\triangle ABC$ 的面积等于平行四边形面积的一半,因为 $\triangle ABC$ 和 $\triangle DCA$ 相等.这意味着,

$$S = S_{\triangle ABC} = \frac{1}{2}S_{\square ABCD} = \frac{1}{2}ah.\ \blacktriangledown$$

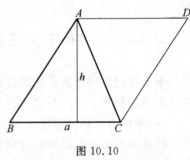

图 10.10

三、梯形的面积

✳ 计算梯形的面积可以根据公式

$$S = \frac{a+b}{2} \cdot h$$

其中,a 和 b 是梯形的底,h 是梯形的高,也就是它两底之间的距离.

换言之,梯形的面积等于它的中位线与高的乘积.

证明 我们考察底为 AD 和 BC 的梯形 $ABCD$(图 10.11).

对角线 AC 分它为两个三角形.我们有

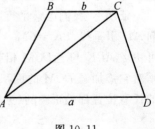

图 10.11

$$S = S_{\text{梯形}ABCD} = S_{\triangle ACD} + S_{\triangle ABC}$$

$$= \frac{1}{2}AD \cdot h + \frac{1}{2}BC \cdot h = \frac{1}{2}(a+b) \cdot h \qquad \blacktriangledown$$

四、三角形其他的面积公式

❋ 我们将通过 A, B 和 C 表示 $\triangle ABC$ 对应的角的量,通过 a, b 和 c 表示角所对边的长.我们记 $2p = a+b+c$ 为三角形的周长,r 和 R 分别是 $\triangle ABC$ 内切圆和外接圆的半径.

在这些表示下,对于三角形的面积下列公式是正确的

$$S = \frac{1}{2}ab\sin C \qquad ①$$

$$S = \frac{a^2 \sin B \cdot \sin C}{2\sin A} \qquad ②$$

$$S = 2R^2 \sin A \cdot \sin B \cdot \sin C \qquad ③$$

$$S = pr \qquad ④$$

证明 (1)设 AD 是边 BC 上的高(图 10.12),我们有

$$h = AD = AC \cdot \sin C = b\sin C$$

也就是说,有

$$S = \frac{1}{2}ah = \frac{1}{2}ab\sin C$$

(2)根据正弦定理,有

$$\frac{a}{\sin A} = \frac{b}{\sin B}$$

由此,得

$$b = \frac{a\sin B}{\sin A}$$

在公式 ① 中 b 用 a 代换,得

$$S = \frac{1}{2}ab\sin C = \frac{1}{2}a\frac{a\sin B}{\sin A}\sin C = \frac{a^2 \sin B \cdot \sin C}{2\sin A}$$

(3)根据正弦定理 $a = 2R\sin A$.在公式 ② 中用这个值代换 a,得

$$S = \frac{a^2 \sin B \cdot \sin C}{2\sin A} = (2R\sin A)^2 \frac{\sin B \cdot \sin C}{2\sin A} = 2R^2 \sin A \cdot \sin B \cdot \sin C$$

(4)设 J 是 $\triangle ABC$ 的内切圆圆心.$\triangle ABC$ 的面积由 $\triangle ABJ$,$\triangle BCJ$ 和 $\triangle CAJ$ 的面积组成(图 10.13).在它们每一个中由顶点 J 引的高都等于 r.也就是说,有

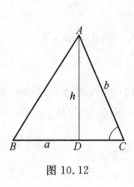

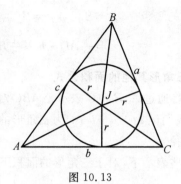

图 10.12　　　　　　　　图 10.13

$$S = S_{\triangle ABJ} + S_{\triangle BCJ} + S_{\triangle CAJ} = \frac{1}{2}cr + \frac{1}{2}ar + \frac{1}{2}br = \frac{1}{2}(a+b+c)r = pr \quad \blacktriangledown$$

我们注意,面积公式 $S = pr$ 对于任何圆外切的多边形都是正确的(p 是它的半周长,r 是内切圆半径).此论断的证明与三角形的是一样的.

五、任意四边形的面积

✳　对于任意的四边形通过对角线和它们之间的夹角表示它的面积公式,在许多情况下是有益的.

设 m 和 n 是四边形的对角线长,φ 是它们之间的夹角,则对于这个四边形的面积,公式

$$S = \frac{1}{2}mn\sin\varphi \qquad\qquad ⑤$$

是正确的.

证明　我们考察凸四边形 $ABCD$,有 $AC = m$,$BD = n$,K 是对角线的交点(图 10.14).

在 $\triangle ABC$ 中引向 AC 的高,等于 $BK \cdot \sin\varphi$,而 $\triangle ACD$ 的高等于 $DK \cdot \sin\varphi$.所以

$$S = S_{四边形ABCD} = S_{\triangle ABC} + S_{\triangle ADC} = \frac{1}{2}AC \cdot BK\sin\varphi + \frac{1}{2}AC \cdot DK\sin\varphi$$

$$= \frac{1}{2}AC(BK + DK)\sin\varphi = \frac{1}{2}AC \cdot BD \cdot \sin\varphi = \frac{1}{2}mn\sin\varphi \quad \blacktriangledown$$

注意,所指出的公式对任意四边形,无论凸的,还是非凸的(图 10.15)都正确.

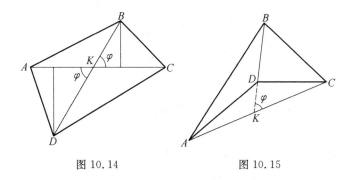

图 10.14　　　　　　图 10.15

六、海伦公式

✳　对于三角形面积引进的五个公式没有用尽借助它可以求面积的所有公式.

给出三角形的任意三个元素,给出它的面积,这就意味着对应的公式. 事实上,大量类似的公式无论在实际上还是在理论上均没有引起兴趣.

但是有一个通过它的三边表示三角形面积的公式不能不讲到. 第一,这是最自然和最方便的给出三角形(根据它的三条边)的方法. 所以无论在实际上,还是在理论关系上这个公式都是有价值的.

第二,虽然这个公式很长,但它是最漂亮、最古老的几何学公式之一. 我们所述的就是海伦公式,这是以生活在公元 1 世纪前后的卓越的古希腊亚历山大的数学家海伦的名字命名的.

$$S = \sqrt{p(p-a)(p-b)(p-c)}$$

我们引进这个公式的两个证明.

第一个证明　它本质上是纯代数的,想法并不复杂. 最主要的是合理地进行了必要的变换. 问题本质的简化在于对我们结果的信息. 而亚历山大的海伦不知不觉中发现了这个公式,并且他能够不利用现代代数学的表示而得到它.

我们由两个已知的关系式出发

$$S = \frac{1}{2}ab\sin C, c^2 = a^2 + b^2 - 2ab\cos C$$

进一步,我们应当由第二个公式(余弦定理)通过 a,b 和 c 表示 $\cos C$,然后在面积公式中代替 $\sin C$.

在执行这个计划之前,我们注意

$$\frac{a+b-c}{2} = \frac{a+b+c-2c}{2} = \frac{2p-2c}{2} = p-c$$

同理,我们有

$$\frac{b+c-a}{2}=p-a, \frac{c+a-b}{2}=p-b$$

现在通过 a, b 和 c 表示余弦，得

$$\cos C = \frac{a^2+b^2-c^2}{2ab}$$

因为在三角形中任意角都大于 $0°$ 且小于 $180°$，所以 $\sin C > 0$. 也就是说

$$\sin C = \sqrt{1-\cos^2 C} = \sqrt{(1-\cos C)(1+\cos C)}$$

现在分别变换根号下表达式的每个因式，我们有

$$1-\cos C = 1 - \frac{a^2+b^2-c^2}{2ab} = \frac{c^2-a^2-b^2+2ab}{2ab} = \frac{c^2-(a-b)^2}{2ab}$$

$$= \frac{(c-a+b)(c+a-b)}{2ab} = \frac{2(p-a)(p-b)}{ab}$$

$$1+\cos C = 1 + \frac{a^2+b^2-c^2}{2ab} = \frac{(a+b)^2-c^2}{2ab}$$

$$= \frac{(a+b+c)(a+b-c)}{2ab} = \frac{2p(p-c)}{ab}$$

也就是说

$$\sin C = \sqrt{(1-\cos C)(1+\cos C)}$$

$$= \frac{2}{ab}\sqrt{p(p-a)(p-b)(p-c)}$$

在面积公式中代入这个表达式，我们得到

$$S = \frac{1}{2}ab\sin C = \sqrt{p(p-a)(p-b)(p-c)} \qquad ▼$$

※ **第二个证明**　这个证明"更加几何化"且更接近古代几何学中所利用的方法. 我们需要之前引进的旁切圆的概念(8.1 节).

除了对于三角形面积公式 $S = pr$，公式

$$S = (p-a)r_a$$

也是正确的，其中 r_a 是与三角形边 BC 相切的旁切圆的半径.

我们来证明这个公式. 设 J_a 是与边 BC 相切的旁切圆圆心(图 10.16). 在 $\triangle ABJ_a, \triangle BCJ_a, \triangle CAJ_a$ 中，由 J_a 引的高等于 r_a. 我们有

$$S = S_{\triangle ABC} = S_{\triangle ABJ_a} + S_{\triangle ACJ_a} - S_{\triangle BCJ_a}$$

$$= \frac{1}{2}cr_a + \frac{1}{2}br_a - \frac{1}{2}ar_a$$

$$= \frac{b+c-a}{2}r_a$$

$$= (p-a)r_a$$

现在我们再引进一个联系着 r 和 r_a 的公式.

设 J 是内切圆的圆心，M 是内切圆同 AC 的切点，K 是旁切圆同 AC 延长线的切点(图 10.17).线段 CM 和 CK 我们已经求过(5.3 节中的问题 3)：$CM = p - c$，$CK = p - b$.

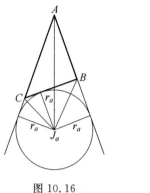

图 10.16

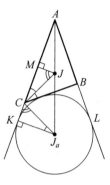

图 10.17

我们提醒可以怎样来求 CK. 我们有：$CK + BL = BC = a$. 也就是说，$AK + AL = AC + AB + BC = 2p$. 但是 $AK = AL$，因此，$AK = p$，$CK = AK - AC = p - b$.

我们考察 $\mathrm{Rt}\triangle CJM$ 和 $\mathrm{Rt}\triangle CJ_aK$. 由 $\angle MCJ = \angle JCB = \dfrac{\angle C}{2}$，因为 CJ 是角 C 的平分线，而 $\angle MJC = 90° - \dfrac{\angle C}{2}$. 在 $\triangle CJ_aK$ 中，$\angle KCJ_a$ 等于 $\angle KCB$ 的一半，即 $\dfrac{1}{2}(180° - \angle C) = 90° - \dfrac{\angle C}{2}$.

这样一来，$\mathrm{Rt}\triangle CJM$ 和 $\mathrm{Rt}\triangle CJ_aK$ 相似，因为 $\angle MJC = \angle KCJ_a$. 由相似我们得到

$$\frac{CM}{KJ_a} = \frac{MJ}{CK}$$

或者

$$\frac{p-c}{r_a} = \frac{r}{p-b}$$

即

$$rr_a = (p-b)(p-c)$$

写出下面三个等式

$$S = pr,\ S = (p-a)r_a,\ rr_a = (p-b)(p-c)$$

将前两个等式相乘且替换 rr_a 的值,得

$$S^2 = p(p-a)rr_a = p(p-a)(p-b)(p-c)$$

由此我们得到海伦公式. ▼

七、相似图形的面积比

我们简述和证明一个简单的,甚至是显然的,但是却很重要的定理.

✳ **定理 10.2(关于相似图形的面积比)** 相似图形的面积比等于对应的线性元素的平方之比.

换言之,两个相似图形的面积比等于相似比的平方(图 10.18).

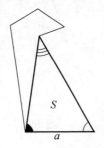

图 10.18

证明 我们对三角形证明这个定理.需要的论断能够根据表示三角形面积的任何公式得到.设第二个三角形对第一个的相似系数等于 k.

如果 a 是第一个三角形的边,那么与它对应的第二个三角形的边为 ka.三角形的所有角对应相等.定理的论断现在由公式 ② 得出.

定理的论断容易推广到相似多边形,因为它们可以分为对应的相似三角形.

对任意的相似图形,在这里我们限定一个一般的注释:任意的相似图形可以被精确地放大到这些多边形中,对于它们定理已经证明了.根据这一点可以做出结论,对于任意的相似图形它是正确的. ▼

▲■● 课题,作业,问题

✳ **1305(в).** 求边长为 a 的等边三角形的面积.

1306(в). 在平行四边形内部取一点.联结这个点与平行四边形的所有顶点.证明:紧贴平行四边形一组对边的两个三角形的面积之和,等于该平行四边形面积的一半.

1307. 两个平行四边形的位置如图 10.19 所示.证明:这两个平行四边形

等积.

1308(т).　已知,平行四边形被分为六个三角形和一个四边形,如图 10.20 所示.证明:两个黑三角形面积之和等于两个白三角形面积之和,两个斜线三角形面积之和等于四边形的面积.

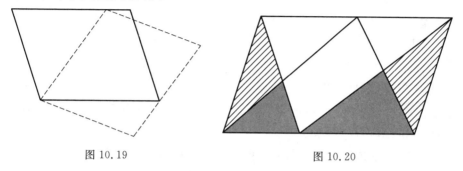

图 10.19　　　　　　　　图 10.20

1309(в).　证明:三角形的三条中线分三角形为六个等积的三角形.

1310(п).　已知,三角形的三条高都小于 1. 它的面积能大于 10 个平方单位吗?

1311(в).　设 M 是 △ABC 中由顶点 A 引出的中线上的任一点.证明:△ABM 和 △ACM 等积.

1312(в).　给出 △ABC. 求这样的点 M 的轨迹,使得 △ABM 和 △ABC 等积.

1313(п).　给出 △ABC. 求这样的点 M 的轨迹,使得 △ABM 和 △ACM 等积.

1314.　如果已知三角形的三条边,求三角形的面积:(a)5,9 和 12;(b) 5,9 和 $\sqrt{34}$;(c) $\sqrt{29}$, $\sqrt{65}$ 和 $\sqrt{106}$.

1315.　证明:对任意的 a,存在边长为 $\sqrt{a^2-a+1}$, $\sqrt{a^2+a+1}$, $\sqrt{4a^2+3}$ 的三角形.

1316(в).　已知,梯形的两条对角线分梯形为四个三角形.证明:与腰紧贴的两个三角形等积.

1317(п).　已知,四边形的两条对角线分它为四个三角形.它们中紧贴四边形一组对边的两个三角形的面积相等.证明:这个四边形是梯形或平行四边形.

1318.　在凸四边形中通过它两组对边的中点引直线.这两条直线分四边形为四个小四边形.证明:两个相对的小四边形面积之和等于另两个(也是相对的)小四边形面积之和.

1319. 在 $\triangle ABC$ 中,平行于 BC 的直线分别交 AB 和 AC 于点 B_1 和 C_1. 如果 $\triangle ABC$ 和 $\triangle AB_1C_1$ 的面积分别等于 p 和 q,求 $\triangle ABC_1$ 的面积.

1320(п). 已知,四边形的两条对角线分它为四个三角形. 证明:两个相对三角形面积的乘积等于剩余两个三角形面积的乘积.

1321. 在梯形中引两条对角线. 紧贴梯形底的两个三角形的面积等于 4 和 9. 求梯形的面积.

1322(т). 在联结梯形 $ABCD$ 的底边 AD 和 BC 中点的线段上取点 M. 证明: $\triangle AMB$ 和 $\triangle CMD$ 等积.

1323(т). 在联结梯形 $ABCD$ 的底边 AD 和 BC 中点的线段上取点 M. 证明: $\triangle AMC$ 和 $\triangle BMD$ 等积.

1324(т). 求四边形 $ABCD$ 的面积,如果 $\triangle ABD$,$\triangle ACD$ 和 $\triangle AED$ 的面积分别等于 p,q 和 r,其中 E 是对角线的交点.

1325(т). 已知,梯形的底等于 a 和 b. 求梯形内平行于底边且平分梯形面积的线段的长.

1326. 求图 10.21 中画斜线图形的面积. 正方形的边和半圆的直径均等于 1,圆的直径等于 $\dfrac{1}{2}$.

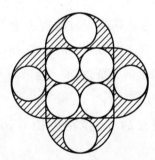

图 10.21

1327. 以直角三角形的两条直角边和斜边为直径作半圆. 在直角边上的半圆位于三角形外,而在斜边上的半圆包含这个直角三角形. 证明:小半圆在大半圆外面那部分的总面积,等于直角三角形的面积.

1328. 图 10.22 说明了一个著名的悖论. 8×8 的正方形分为四个部分,由它们组成 13×5 的长方形. 这意味着,$64 = 65$? 请说明其中什么地方产生了错误.

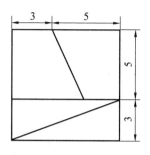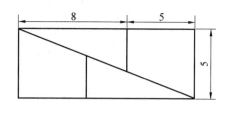

图 10.22

1329(т). 求两个边等于 3 和 4,而内切圆半径等于 1 的三角形的面积.

1330(п). 证明:由等腰三角形底边上任一点到两腰的距离之和是常量.

1331(п). 证明:由等边凸多边形内任一点到它各边距离之和是个常数.

1332. 求所有棱长都等于 1 的三棱锥的表面积.

1333. 求长方体的表面积,它的棱(长、宽和高)等于 a,b 和 c.

1334. 在三棱锥 $ABCD$ 中,由点 D 引出的每两条棱都是垂直的,$DA=1$,$DB=2$,$DC=3$.求这个棱锥的表面积.

1335. 在三棱锥 $ABCD$ 中,由点 D 引出的所有棱均两两垂直.证明:△ABC 面积的平方等于 △DAB,△DBC 和 △DCA 面积的平方之和(对于三棱锥的毕达哥拉斯定理).

1336. 有五个相等的正方形组成的十字形(一个正方形在中心,而另外四个紧贴它的边).请说明,怎样由纸上剪下六个这样的十字形,可以裱糊立方体的表面,使它的每个界面与一个十字形等积.

10.3 在定理与问题中的面积

面积的概念可以很好地利用在证明各种定理和问题中,即使在它们的叙述中没有提到面积的术语.所以我们可以讨论一下几何学中的面积法.

但是这个方法稍后会出现,我们首先引进毕达哥拉斯定理的另一个证明.

一、毕达哥拉斯定理的另一个证明

从面积概念的观点毕达哥拉斯定理的论断如下.

❋ **毕达哥拉斯定理(另一种简述)** 在直角三角形的两个直角边上作的正方形面积之和,等于在它的斜边上作的正方形的面积.

这或多或少是古典定理最初的简述.图解毕达哥拉斯定理是早期独特的几何符号,而在俄罗斯中学生中得到所谓的"毕达哥拉斯裤子".他们曲解了这个定理:"所有边相等的毕达哥拉斯裤子".

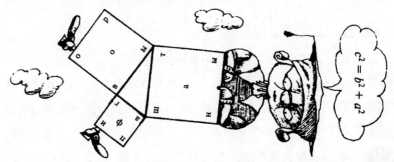

我们引进毕达哥拉斯定理的众多几何证明中的一个,虽然它不同于毕达哥拉斯本身的证明,但却广为人知甚至在文艺书籍中可以见到.然而,实际上并没有证明.全部归结为图 10.23.通过观察,你可以毫不费力地证明毕达哥拉斯定理.确信吗?

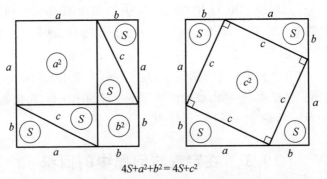

$$4S + a^2 + b^2 = 4S + c^2$$

图 10.23

图 10.24 表明了毕达哥拉斯定理的古印度证明,这个图可以在布哈斯卡尔(Бхаскар,印度数学家,生活在公元 12 世纪)的作品中找到,它附带有一个词"瞧."

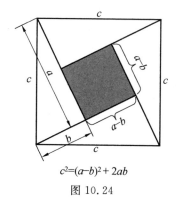

$$c^2=(a-b)^2+2ab$$

图 10.24

二、面积法

✳　有趣的是,面积法成为与相似有"亲缘关系"的方法. 在许多定理和问题中,它们有着彼此替代的成就.

真想不到借助面积概念能证明三角形中线定理.

关于三角形中线定理的第二种证明如下.

✳　**定理(关于三角形中线)**　三角形的中线相交于一点且从三角形顶点算起被这个点分为 2∶1 两部分.

证明　我们现在进行证明,依据点的轨迹的概念它与证明三角形边的中垂线,角平分线以及高线的定理相类似.

从点的轨迹概念的观点,$\triangle ABC$ 的中线 AA_1 是三角形内点 M 的轨迹,对于它 $\triangle ABM$ 和 $\triangle CAM$ 等积(见问题 1311).

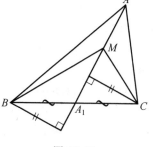

图 10.25

实际上,因为 $\triangle BAA_1$ 和 $\triangle CAA_1$ 等积(它们有由点 A 引的高和相等的底边),那么它们在公共边 AA_1 上的高相等(图 10.25). 所以在 AA_1 上的任意点 M,$\triangle BAM$ 和 $\triangle CAM$ 在 AM 上的高也是相等的,而这意味着,对所有的点 M 这两个三角形等积.

同样进行相反的讨论. 如果 $\triangle ABC$ 内部的点 M,使得 $\triangle ABM$ 和 $\triangle ACM$ 等积,那么这两个三角形在公共边 AM 上的高相等.

设 AM 交 BC 于点 A'_1(图 10.26). $\triangle BAA'_1$ 和 $\triangle CAA'_1$ 等积,因为 AA'_1 是它们的公共边,从而引向它的高相等. 由 $\triangle BAA'_1$ 和 $\triangle CAA'_1$ 的面积相等得出,A'_1 是 BC 的中点,也就是点 A'_1 与 A_1 重合.

现在我们在 $\triangle ABC$ 中引中线 AA_1 和 BB_1 且通过 K 表示它们的交点,如图 10.27 所示.

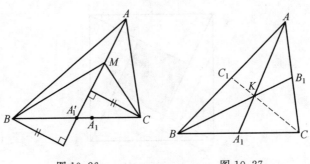

图 10.26　　　　　　　图 10.27

点 K 位于对应的中线上,所以 $\triangle ABK$ 和 $\triangle ACK$ 是等积的,而 $\triangle BAK$ 和 $\triangle BCK$ 也是等积的. 也就是,$\triangle BCK$ 和 $\triangle ACK$ 等积且 K 位于中线 CC_1 上. 因此,K 是三条中线的交点.

进一步,$\triangle BAK$ 的面积是整个三角形面积的 $\frac{1}{3}$,而 $\triangle ABA_1$ 的面积等于整个三角形面积的一半. 因此,$\triangle ABK$ 的面积等于 $\triangle ABA_1$ 面积的 $\frac{2}{3}$,而这意味着,AK 等于 AA_1 的 $\frac{2}{3}$,即 $AK:KA_1=2:1$.

定理论断的证明是充分的. ▼

下面是关于三角形内角平分线定理的第二个证明.

应用同样的方法,利用三角形的面积公式 ①(10.2 节),可以证明三角形内角平分线的定理.

✻ **定理(关于三角形内角平分线)** 如果 AA_1 是 $\triangle ABC$ 中 $\angle A$ 的平分线,那么 $BA_1:A_1C=BA:AC$.

证明 在 $\triangle ABC$ 中,设 $\angle A=2\alpha$. 一方面,我们考察 $\triangle BAA_1$ 和 $\triangle CAA_1$(图 10.28). 它们的面积比为线段 BA_1 与 A_1C 的比,因为在所考察的三角形中这两条边上的高是公共的.

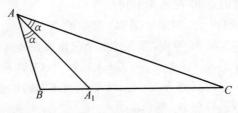

图 10.28

另一方面,对这两个三角形利用面积公式 ①(10.2 节). 我们有

$$\frac{BA_1}{A_1C} = \frac{S_{\triangle BAA_1}}{S_{\triangle CAA_1}} = \frac{\frac{1}{2}BA \cdot AA_1 \cdot \sin \alpha}{\frac{1}{2}AC \cdot AA_1 \cdot \sin \alpha} = \frac{BA}{AC}$$

（参见问题 1342.）

正如我们所见，在这两个定理的证明中我们利用了一个很简单的事实：

如果两个三角形具有公共顶点，且这个顶点的对边在一条直线上，那么这两个三角形面积的比等于位于一条直线上的边的比.

这个事实是下面更一般论断的特殊情况，这个一般论断同样需要记住.

三、一个重要的问题

❋　**问题 1**　设两条直线相交于点 A，B 和 B_1 是一条直线上的任意两点，而 C 和 C_1 是另一条直线上的任意两点. 证明

$$\frac{S_{\triangle AB_1C_1}}{S_{\triangle ABC}} = \frac{AB_1 \cdot AC_1}{AB \cdot AC}$$

解　问题的论断可由三角形的面积公式 ①（10.2 节）推得. 要知道 $\triangle AB_1C_1$ 和 $\triangle ABC$（图 10.29）在顶点 A 的角要么相等，要么互补（和为 180°），也就是说，在任何情况下它们的正弦值相等，因此

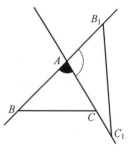

$$\frac{S_{\triangle AB_1C_1}}{S_{\triangle ABC}} = \frac{\frac{1}{2}AB_1 \cdot AC_1 \cdot \sin \angle B_1AC_1}{\frac{1}{2}AB \cdot AC \cdot \sin \angle BAC} = \frac{AB_1 \cdot AC_1}{AB \cdot AC}$$

图 10.29

四、基于面积概念还有一个方法

❋　**问题 2**　证明：$\triangle ABC$ 的角平分线 AA_1 的长 l 可以按下面的公式

$$l = \frac{2bc\cos\dfrac{A}{2}}{b+c}$$

来计算. 其中 $b = AC$，$c = AB$，A 是 $\angle BAC$（图 10.30）.

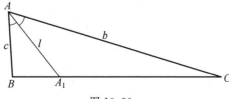

图 10.30

解 我们由显然的等式

$$S_{\triangle BAC} = S_{\triangle BAA_1} + S_{\triangle CAA_1}$$

或者

$$\frac{1}{2}bc\sin A = \frac{1}{2}cl\sin\frac{A}{2} + \frac{1}{2}bl\sin\frac{A}{2}$$

出发.

进一步,利用公式 $\sin 2\alpha = 2\sin\alpha \cdot \cos\alpha$(这个公式我们可由 7.2 节复杂的公式证明推出,下面给出的是面积法的证明).

在等式左边代替 $\sin A = 2\sin\frac{A}{2}\cdot\cos\frac{A}{2}$ 并且两边除以 $\frac{1}{2}\sin\frac{A}{2}$,我们得到

$$2bc\cos\frac{A}{2} = (b+c)l$$

于是

$$l = \frac{2bc\cos\dfrac{A}{2}}{b+c}$$

▼

❋ 五、二倍角正弦公式的推导

我们考察腰等于 1,顶角为 2α 的等腰三角形(图 10.31).它的高,即顶角的平分线,分三角形为直角边是 $\sin\alpha$ 和 $\cos\alpha$ 的两个相等的直角三角形.它们每一个的面积都等于 $\frac{1}{2}\sin\alpha\cdot\cos\alpha$,整个等腰三角形的面积等于 $\frac{1}{2}\sin 2\alpha$.也就是说

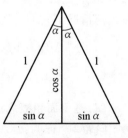

图 10.31

$$2\cdot\frac{1}{2}\sin\alpha\cdot\cos\alpha = \frac{1}{2}\sin 2\alpha,\ \sin 2\alpha = 2\sin\alpha\cdot\cos\alpha$$

六、四边形对角线的线段之比

我们再解一个有益的问题.

❋ **问题 3** 设 O 是四边形 $ABCD$ 对角线的交点,则成立等式

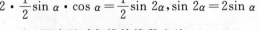

$$\frac{AO}{CO} = \frac{S_{\triangle ABD}}{S_{\triangle CBD}}$$

解　设 h_1 和 h_2 分别是 $\triangle ABD$ 和 $\triangle CBD$ 中引向边 BD 的高（图 10.32）. 显然 $\dfrac{AO}{CO} = \dfrac{h_1}{h_2}$. 而这意味着

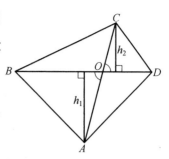

$$\frac{AO}{CO} = \frac{h_1}{h_2} = \frac{\frac{1}{2}h_1 \cdot BD}{\frac{1}{2}h_2 \cdot BD} = \frac{S_{\triangle ABD}}{S_{\triangle CBD}}$$

▼

图 10.32

✳ 七、一个典型的问题

在下面的问题中我们将利用问题 1 和问题 3 所得到的结果.

✳ **问题 4**　在 $\triangle ABC$ 的边 AB, BC 和 CA 上分别取点 K, M 和 P，使得 $AK : KB = 2 : 3, BM : MC = 3 : 4, CP : PA = 4 : 5$. 则线段 BP 被线段 KM 分为怎样的比？

解　通过 O 表示 BP 与 KM 的交点（图 10.33）. 设 $S_{\triangle ABC} = S$. 根据在问题 1 中得到的公式，我们有

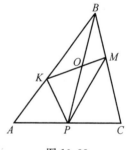

$$S_{\triangle KBM} = \frac{3}{5} \cdot \frac{3}{7} S = \frac{9}{35} S$$

$$S_{\triangle CMP} = \frac{4}{7} \cdot \frac{4}{9} S = \frac{16}{63} S$$

$$S_{\triangle APK} = \frac{5}{9} \cdot \frac{2}{5} S = \frac{2}{9} S$$

图 10.33

因此

$$S_{\triangle KPM} = S\left(1 - \frac{9}{35} - \frac{16}{63} - \frac{2}{9}\right) = \frac{4}{15} S$$

现在，根据在问题 3 中得到的公式，我们有

$$\frac{BO}{OP} = \frac{S_{\triangle KBM}}{S_{\triangle KPM}} = \frac{9}{35} \cdot \frac{15}{4} = \frac{27}{28}$$

▼

✳ 八、布列方程

三角形面积的表达式，可以顺利地在列方程中利用.

我们期望，这个方法的基本思想是显然的，所以我们考察不是所有经典的，但却漂亮的例子.

问题 5　设 r 是内切在鞋匠刀形（什么是鞋匠刀形，前文已说明）中的圆的半径，h 是这个圆的圆心到构成鞋匠刀形的三个半圆的共同直径的距离. 证明，$h = 2r$.

解　通过 O_1,O_2 和 O_3 表示已知三个半圆的圆心(O_3 是它们中大半圆的圆心),O 是内切圆的圆心(图 10.34).设圆心为 O_1 和 O_2 的半圆的半径分别等于 a 和 b.

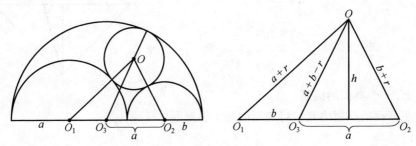

图 10.34

进一步,我们将进入通常的模式:考察 $\triangle O_1O_3O$ 和 $\triangle O_1O_2O$ 且通过 a,b 和 r 表示它们的边,考虑到分别相切,我们有:$O_1O_3=b,O_2O_3=a,O_1O=a+r$,$O_3O=a+b-r,O_2O=b+r$.

根据海伦公式表示被考察的每个三角形的面积,以及根据基本公式来表达的式子彼此相等,则:

对于 $\triangle O_1O_3O(p=a+b)$,有

$$\sqrt{(a+b)a(b-r)r}=\frac{1}{2}bh \tag{①}$$

对于 $\triangle O_1O_2O(p=a+b+r)$,有

$$\sqrt{(a+b+r)rab}=\frac{1}{2}(a+b)h \tag{②}$$

由 $②^2-①^2$,得

$$ar((a+b+r)b-(a+b)(b-r))=\frac{h^2}{4}((a+b)^2-b^2)$$

$$ar(ab+b^2+br-ab+ar-b^2+br)=\frac{h^2}{4}a(2b+a)$$

$$ar^2(a+2b)=\frac{h^2}{4}a(a+2b),h^2=4r^2,h=2r \qquad ▼$$

▲■●　课题,作业,问题

1337.　在直角三角形中直角边为 a 和 b,求直角的平分线的长.

1338. 在 Rt△ABC 中,直角边 $BC=a$,$AC=b$,在斜边 AB 上取点 D,使得 $\angle DCA=30°$.求线段 CD 的长.

✻ **1339(в).** 在 △ABC 的边 AB,BC 和 CA 上分别取点 K,M 和 P,使得 $AK:KB=1:2$,$BM:MC=2:3$,$CP:PA=3:4$,且 △ABC 的面积等于1.求 △KMP 的面积.

1340. 在 △ABC 的边 AB,BC 和 CA 上分别取点 K,M 和 P,使得 $AK:KB=2:5$,$BM:MC=7:4$,且 △AKP 和 △CMP 等积.求 $CP:PA$.

1341. 凸四边形 $ABCD$ 的面积等于1.在边 AB,BC,CD 和 DA 上分别取点 K,M,P 和 L.已知,K 是 AB 的中点,$BM:MC=1:5$,$CP:PD=2:1$,$DL:LA=1:3$.求六边形 $AKMCPL$ 的面积.

1342(п). 在 △ABC 中,$\angle A$ 的外角平分线交直线 BC 于点 A_1.证明:$BA_1:A_1C=BA:AC$.

1343. 在 △ABC 中,$\angle C=30°$,$BC=a$,$CA=b$.通过点 C 的直线垂直于 CB,交直线 AB 于点 M.求线段 CM 的长.

1344(т). 在 Rt△ABC 中,直角边 CB 和 CA 分别等于 a 和 $b(a\neq b)$,引直线切这个三角形的外接圆于点 C.这条直线交 AB 的延长线于点 D.求 CD 的长.

1345. 在 △ABC 的边 AB 和 BC 上分别取点 K 和 M,使得 $AK:KB=BM:MC=1:5$.直线 KM 分由顶点 B 引出的中线为怎样的比?

1346(т). 由 △ABC 的顶点 B 引出三条直线,分 AC 为三个相等的部分.这些直线分由顶点 A 引出的中线为怎样的比?

1347. 平行四边形 $ABCD$ 的顶点 A,B,C 和 D 分别同边 BC,CD,DA 和 AB 的中点联结,求以这些直线为边界的平行四边形的面积.如果已知平行四边形 $ABCD$ 的面积等于1.

1348(п). 我们考察 △ABC.设 CD 是这个三角形的高,它同 AC 和 BC 分别形成角 α 和 β(α 和 β 是锐角),并且点 D 在 A 和 B 之间(图 10.35).通过边 AC 和 CB 以及他们之间的角表示 △ABC 的面积作为 △ACD 和 △BCD 的面积之和,推求 $\sin(\alpha+\beta)$ 的公式.

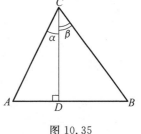

图 10.35

1349(т). 在平面上有顶点为 O 的角等于75°.在角的边上取点 A 和 B,使得 $OA=\sqrt{2}$,$OB=\sqrt{3}$.在角的内

部以 O 为始点的射线上取点 C,使得 $OC = \dfrac{1}{2}\sqrt{6}$. 还知道 $\angle AOC = 30°$. 证明:点 A,C 和 B 位于一条直线上.

1350(т). 设直角三角形的面积等于 S. 由其斜边上的中线的中点向各边引垂线. 求以三个垂足为顶点的三角形的面积.

1351(т). 在 $\triangle ABC$ 的边 AB,BC 和 CA 上分别取点 K,M 和 P,使得 $AK : AB = BM : BC = CP : CA = 1 : 3$. 证明:直线 AM,BP 和 CK 所围的三角形的面积等于 $\triangle ABC$ 面积的 $\dfrac{1}{7}$.

1352(т). 在 Rt$\triangle ABC$ 中,斜边 AB 等于 c,以高 CD 为直径作圆. 通过点 A 和 B 对这个圆作切线,延长后相交于点 K. 由点 K 对这个圆引的切线等于多少?

1353. 圆内接四边形 $ABCD$ 的对角线 AC 和 BD 相交于点 M. 证明

$$\frac{AM}{MC} = \frac{AB \cdot AD}{CB \cdot CD}$$

第11章　　圆的周长和面积

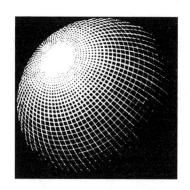

圆与圆面自远古以来以自身完美的形式和这个神秘性吸引和诱惑着人们，它永远伴随着完美. 人们崇拜它，敬仰它，用各种神奇的，甚至有祛病的性质来描述它，而科学家们对它进行了深入的研究，试图揭开与这些图形相联系的众多的谜.

也许，你听说过"化圆为方"吧，它经常描述很复杂或很难解的问题，而这个词的精确意思是什么呢?

几代数学家致力于解决关于求圆的周长和圆的面积的问题. 数学中三个古老的问题之一是关于化圆为方的问题，也就是，作一个正方形，使它的面积等于给定的圆的面积(另外的两个问题分别是"三等分角"问题，也就是分任意角为三个相等的部分，和"倍立方"问题，即作一条线段等于一个正方体的棱长，使它的体积是已知正方体的2倍). 19世纪人们证明了这三个问题全都是不可解的，因为借助圆规和直尺相应的问题是不可解的(其实，不排除利用另外的手段来解决它们的可能性). 尽管这些问题都得到了充分的研究，但仍然有人提出他们的方案，宁愿说是未受教育比有求知欲更合适.

此问题联系着在测量圆的周长和圆的面积时产生的在科学和技术上一个重要的常数 ——π. 数π以惊人的样子出现在最不同的数学和非数学的研究中，初看起来离几何学很远，正好强调科学的完整性与一致性.

11.1 正多边形

一、正多边形的定义

我们给出最简单的性质.

❋ 多边形叫作正多边形,如果它的所有边相等且所有角也相等(图 11.1).

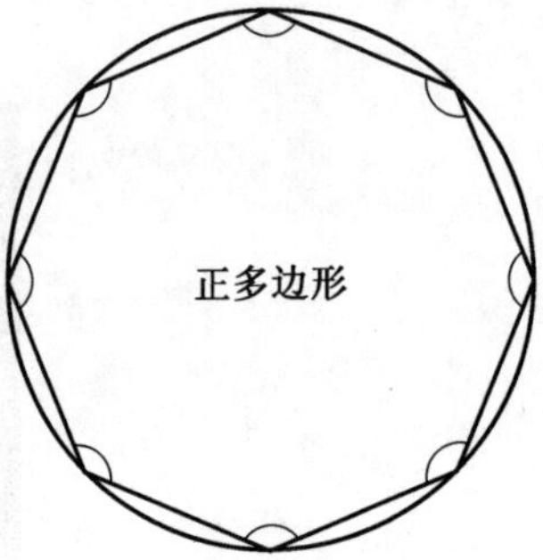

图 11.1

特别地,等边三角形是正多边形,因为由它的边相等推得它的角相等. 正多边形与圆紧密联系着. 如果我们分圆为 n 个相等的弧且逐次联结分点,那么得到内接于这个圆的正 n 边形. 换句话说,内接于圆的等边 n 边形,是正 n 边形.

如果同样通过分点引圆的切线,那么得到外切于圆的正 n 边形. 且逆命题也是正确的.

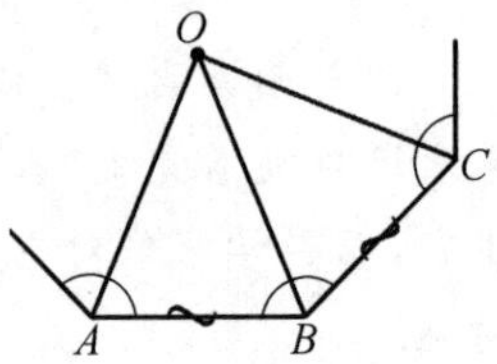

图 11.2

任何正多边形既是圆内接的,又是圆外切的,并且内切圆和外接圆的圆心是同一点.

我们来证明这个论断. 设 AB 是正 n 边形的一条边(图 11.2). 在这个多边形中引 $\angle A$ 和 $\angle B$ 的平分线且通过 O 表示它们的交点. 根据多边形所有的角相等知, $\triangle AOB$ 是等腰三角形, $AO=OB$.

如果现在取同这个正 n 边形的边 AB 相邻的边(边 BC)并对它完成同样的作图,那么得到以 BC 为底边的等腰三角形,与 $\triangle AOB$ 相等. 又因为 $\angle B$ 的平分线包含这两个等腰三角形每一个的一条边,所以它们应当具有公共的顶点 O.

这样一来,正多边形的所有角的平分线交于一点 O 且这个点与这个多边形所有顶点的距离相等. 也就是说, O 不止是这个多边形外接圆的圆心,而且也是它内切圆的圆心.

二、圆内接正 n 边形周长的性质

正多边形具有许多有趣的性质. 我们考察它们中的一个, 它是我们下面讨论的基础.

❋ **定理 11.1(正多边形的极值性质)** 内接于给定圆的所有 n 边形中, 正 n 边形具有最大的周长.

这个定理的证明根据下面的辅助命题.

❋ **引理** 有两个不相等的三角形, 使得其中一个的一条边和对角等于另一个的边和对角, 则具周长大的, 面积也大.

引理的证明 我们考察三角形, 它的一条边等于 a, 而它的对角等于 φ(图 11.3). 设 x 和 y 是这个三角形另外两条边的长, S 是它的面积.

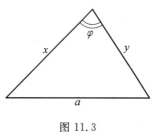

图 11.3

对这个三角形利用余弦定理, 得

$$x^2 + y^2 - 2xy\cos\varphi = a^2$$

由此, 得

$$(x+y)^2 = 2xy(1+\cos\varphi) + a^2 \qquad ①$$

因为 $xy\sin\varphi = 2S$, 所以 $xy = \dfrac{2S}{\sin\varphi}$. 在式 ① 中, 我们通过 S 的量替换 $2xy$, 得

$$(x+y)^2 = 4S\frac{1+\cos\varphi}{\sin\varphi} + a^2 \qquad ②$$

由式 ② 可以看出, 对于大的 S, $x+y$ 也大, 而这意味着, 三角形的周长大. 我们注意, 在三角形中 $\cos\varphi > -1$.

定理的证明 我们考察在圆中内接的任意的 n 边形. 设这个 n 边形包含圆心且不是正的. 如果 a_n 是在同一个圆中内接的正 n 边形的边, 那么在考察的 n 边

形中应当存在大于 a_n，或是小于 a_n 的边(很明显，包含圆心的任何内接 n 边形的所有边，不能全是大于 a_n 的，同样也不能全是小于 a_n 的).

在任意的圆内接多边形中可以重新排布任意两个边，此时不改变周长. 我们重新排布所考察的 n 边形的一对相邻的边，为的是确保这两条被分出的边，其中的一个大于 a_n，而另一个小于 a_n，并且是相邻的(图 11.4).

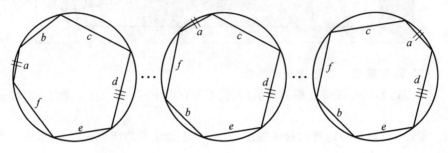

图 11.4

我们通过 AB 和 BC 表示这对相邻的边，此时设 $AB > a_n$，$BC < a_n$(图 11.5).

现在在包含点 B 的弧 AC 上取点 B_1，使得 $AB_1 = a_n$. 这样的点是存在的. 为了达到这一点，我们考察平行于 AC 的弦 BB_0. 因为 $AB_0 = BC < a_n$，

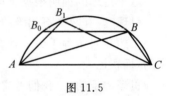

图 11.5

$AB > a_n$，所以圆心在 A 且半径为点 a_n 的圆必定交弧 B_0B 于点 B_1. $\triangle AB_1C$ 的面积大于 $\triangle ABC$ 的面积. 这两个三角形有公共边 AC，且它们的对应角相等，因为是对同弧上的圆周角. 根据引理，$\triangle AB_1C$ 的周长大于 $\triangle ABC$ 的周长.

但是 A，B 和 C 是圆内接 n 边形的三个相邻的顶点. 如果我们考察的多边形除点 B 外所有的顶点与这个 n 边形的顶点重合，而顶点 B 代替顶点 B_1，那么，新的 n 边形具有较大的周长，并且在此情况下，它的一个边等于 a_n，而这是圆内接正 n 边形的边长.

如果得到的 n 边形与先前的一样不是正的，那么在它里面还存在两个边，其中一个大于 a_n，而另一个小于 a_n. 能够重新增加它的周长，再作它的一条边等于 a_n. 通过有限步数(最多通过 $n-1$ 步)我们得到正 n 边形. 也就是说，内接于同一个圆中的任意 n 边形中，正 n 边形的周长最大. ▼

▲■● 课题，作业，问题

1354(B). 通过外接圆的半径和内切圆的半径表示正三角形，正四边形以及

正六边形的边长.

❋ **1355(B).** 正 n 边形的边长等于 a_n. 求这个正 n 边形的外接圆半径和内切圆半径,如果 $n=3,4,6$.

❋ **1356.** 在已知圆中求作内接正三角形、正四边形和正六边形.

❋ **1357.** 在已知圆中求作内接正十二边形.

1358. 作正十二边形. 力求完成这个作图能更精确,且足够的大. 引出它所有的对角线. 注意研究得到的图形. 求与圆心不同的恰是三条对角线的交点,四条对角线的交点. 试说明这个实验事实的理由.

1359. 给出圆并且指出圆心. 只借助圆规在这个圆中作一个内接正六边形和一个正三角形.

1360(П). 给出已指出圆心的圆. 在这个圆中只借助圆规作一个内接正方形(提示:可以利用边长为 $1,\sqrt{2},\sqrt{3}$ 的三角形是直角三角形).

1361. 在半径为 R 的圆中内接正三角形,在正三角形中作内切圆,在这个圆中作内接正方形,在正方形中再作内切圆,在这个圆中作内接正六边形且在这个正六边形中再做内切圆. 求最后所作的圆的半径. 如果所作内接多边形的顺序变为相反的:先作内接六边形,然后是正方形,然后是三角形,那么在这个问题中有答案吗?

1362(П). 利用问题 948 的结果,通过外接圆的半径表示正十边形的边长.

1363. 求内接于半径为 R 的圆中正五边形的边长.

❋ **1364.** 给出在已知圆中作内接正十边形和正五边形的作法.

❋ **1365(B).** 已知,圆内接多边形的所有角彼此相等,由此能得出这个多边形是正多边形吗?

❋ **1366(B).** 已知,圆外切多边形的所有边彼此相等,由此能得出这个多边形是正多边形吗?

❋ **1367(T).** 已知,圆内接五边形的所有角彼此相等. 证明:这个五边形是正五边形.

1368(T). 证明:如果圆内接边为奇数的多边形的所有角都相等,那么这个多边形是正多边形.

1369(T). 证明:如果圆外切边为奇数的多边形的所有边都相等,那么这个多边形是正多边形.

1370(т). 已知多边形的所有角彼此相等.证明:由这个多边形内任一点到它各边距离之和是一个常量.

11.2 圆的周长

✳ 我们考察内接在某个圆中的正多边形随着边数增加的序列.可以发现,这个多边形随着边数的增加越来越逼近圆,圆是它们的界限.对于充分大的 n 正 n 边形的界限实际上与圆没有区别,而它的周长可以认为近似地等于圆的周长.

大约这就是古代几何学家着手为了解决关于求圆周长问题的思考.此时他们懂得,没有必要按顺序求所有正 n 边形的周长:三、四、五、……、n 边形.最好能够更快地"见到"带有很大边数的多边形.

一、倍边公式

在这里借助外来的倍边公式.事实证明,知道正 n 边形的周长,能够求正 $2n$ 边形的周长.一方面,例如,考察六边形,它的周长已知,可以顺序地求出边数为 $12,24,48,96,\cdots$ 边形的周长.无疑,随着 n 增加计算的困难急剧增加(当然,假设没有利用现代的计算工具).

另一方面,可以考察正外切多边形周长的序列,它们的大小也能够通过对应的外切多边形来表示.这个序列是递减的,同样逼近圆的周长.因而这个长被两个周长的序列"夹住".

这就是我们利用的方法,比起我们的前辈,无论在理论上,还是在实践上都装备得要好得多(可以使用计算器).

✳ 我们考察单位圆并通过 $2p_n$ 表示内接于它的正 n 边形的周长,而通过 $2q_n$ 表示圆外切正 n 边形的周长.显然,对半径为 R 的圆周长的量值应当乘以 R.

下面的公式叫作倍边公式

$$p_{2n} = k_n p_n,\ q_{2n} = k_n p_{2n}$$

其中

$$k_n = \cfrac{1}{\sqrt{\cfrac{1}{2} + \cfrac{1}{2}\sqrt{\left(1 - \cfrac{p_n}{n}\right)^2}}}$$

❋ **证明**　设 A 和 B 是圆内接正 n 边形两个相邻的顶点，C 是端点为 A 和 B 的小弧的中点；A，C 和 B 是内接于同一个圆中的正 $2n$ 边形的三个顺序的顶点(图 11.6).

为了方便起见，设 $AB = a$，$AC = CB = x$. 边为 x，x 和 a 的等腰三角形外接圆的半径等于 1. 为了布列方程我们利用正弦定理.

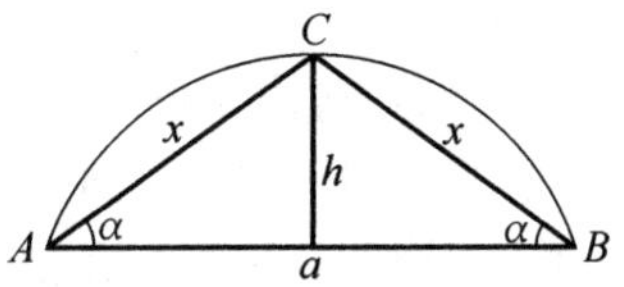

首先，求 $\triangle ABC$ 的底边 AB 上的高. 它等于

图 11.6

$$h = \sqrt{x^2 - \frac{1}{4}a^2}$$

其次，求 $\triangle ABC$ 底角的正弦. 我们得到

$$\sin\alpha = \frac{h}{x} = \frac{\sqrt{x^2 - \frac{1}{4}a^2}}{x}$$

最后，根据正弦定理，我们有

$$\frac{x}{\sin\alpha} = 2$$

或者

$$\frac{x^2}{\sqrt{x^2 - \frac{1}{4}a^2}} = 2$$

$$x^4 - 4x^2 + a^2 = 0$$

由这个方程求 x(我们取小的正根，因为大的正根大于 $\sqrt{2}$)，得

$$x = \sqrt{2 - \sqrt{4 - a^2}} = \frac{a}{\sqrt{2 + \sqrt{4 - a^2}}} = \frac{1}{\sqrt{2 + \sqrt{4 - a^2}}} \cdot a$$

现在我们注意，a 是这个圆内接正 n 边形的边，而 x 是内接正 $2n$ 边形的边，也就是

$$a = \frac{2p_n}{n},\ x = \frac{2p_{2n}}{2n} = \frac{p_{2n}}{n}$$

结果我们得到

$$\frac{p_{2n}}{n} = \frac{1}{\sqrt{2 + 2\sqrt{\left(1 - \frac{p_n}{n}\right)^2}}} \cdot \frac{2p_n}{n}$$

或者

$$p_{2n} = \frac{1}{\sqrt{\frac{1}{2} + \frac{1}{2}\sqrt{\left(1 - \frac{p_n}{n}\right)^2}}} \cdot p_n = k_n p_n$$

接下来证明第二个公式，确信 q_{2n} 和 p_{2n} 的比也等于 k_n.

我们通过内接的正 $2n$ 边形的顶点 A 和 C 对圆引切线，且通过 D 表示它们的交点(图 11.7).点 D 可以看作正外切 $2n$ 边形的顶点，此时 A 和 C 是这个 $2n$ 边形的边的中点.

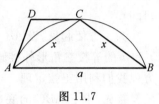

图 11.7

$\triangle ADC$ 和 $\triangle ACB$ 相似，因为 AB 和 CD 平行，所以 $\frac{AD}{AC} = \frac{AC}{AB}$. 然而 AB 是内接正 n 边形的边，AC 是内接正 $2n$ 边形的边，AD 是正外切 $2n$ 边形的边. 现在由等式 $\frac{AD}{AC} = \frac{AC}{AB}$，我们得到

$$\frac{4n \cdot AD}{2n \cdot AC} = \frac{2n \cdot AC}{n \cdot AB}$$

或者

$$\frac{2q_{2n}}{2p_{2n}} = \frac{2p_{2n}}{2p_n}, \frac{q_{2n}}{p_{2n}} = \frac{p_{2n}}{p_n} = k_n$$

证毕. ▼

※ **注释** 用三角方法可以得到其他倍边公式(在某种意义下更快、更简单).

已知圆的半径为 R，我们能够表示圆内接正 n 边形的边，它等于 $2R\sin\frac{180°}{n}$. (联结两个相邻的顶点与圆心，我们得到等腰三角形，它的两腰等于 R，而它们之间的夹角等于 $\frac{360°}{n}$). 我们的 $R=1$，而 $2p_n$ 和 $2q_n$ 分别是圆内接正 n 边形的周长和圆外切正 n 边形的周长. 也就是说

$$p_n = n\sin\frac{180°}{n}, p_{2n} = 2n\sin\frac{90°}{n}, q_{2n} = 2n\tan\frac{90°}{n}$$

设 $\frac{90°}{n} = \alpha$，则

$$p_n = n\sin 2\alpha, p_{2n} = 2n\sin \alpha, q_{2n} = 2n\tan \alpha$$

进一步有

$$\sin 2\alpha = \frac{p_n}{n}, \cos 2\alpha = \sqrt{\left(1 - \frac{p_n}{n}\right)^2}$$

$$\cos \alpha = \sqrt{\frac{1}{2}(1 + \cos 2\alpha)} = \sqrt{\frac{1}{2} + \frac{1}{2}\sqrt{\left(1 - \frac{p_n}{n}\right)^2}} = \frac{1}{k_n}$$

这样一来,有

$$p_{2n} = 2n\sin \alpha = \frac{2n\sin \alpha \cdot \cos \alpha}{\cos \alpha} = \frac{n\sin 2\alpha}{\cos \alpha} = k_n p_n$$

$$q_{2n} = \frac{2n\sin \alpha}{\cos \alpha} = k_n p_{2n}$$

二、数 π

✳　现在我们将从 $n=6$ 开始,根据倍边公式对于 $n=12,24,48,96,\cdots(p_6=3)$ 的顺序求 p_n 和 q_n 的值.

　　此外,我们再作一个序列,这些值对应着 $n=4,8,16,32,64,128(p_4=2\sqrt{2}=2.828\cdots)$.将这些计算结果写成表 11.1 的形式.(建议不要完全相信引进的表是精确的,请借助计算器独立计算,以防哪个地方出现错误.)

表 11.1

n	p_n	q_n
4	2.828 4	
6	3	
8	3.061 5	3.313 7
12	3.105 8	3.215 2
16	3.121 5	3.182 6
24	3.132 6	3.159 7
32	3.136 6	3.151 7
48	3.139 4	3.146 1
64	3.140 3	3.144 1
96	3.141 0	3.142 7
128	3.141 3	3.142 2

　　我们注意,在这个表中对于指出的 n 对应着在单位圆中内接的正 n 边形和它的外切正 n 边形半周长的量值,分别表示为 p_n 和 q_n.

　　注意到,随着 n 的增长,p_n 和 q_n 的值互相接近,但是序列 p_n 增加,而序列 q_n 减小.此时随着量 p_n 和 q_n 个位,十分位,百分位等的数码重合,可以写出很熟悉的数:3.14···.实际上,由这个过程得到的数就是著名的 π(读"派"),一个很重要的数学(不仅限于数学)常数.

数 π 等于半单位圆的长.倍增圆内接和外切正 n 边形的边数,我们可以得到数 π 越来越多位的值.

在这里不禁要赞美古代几何学家的成就,特别是伟大的阿基米德.没有良好的代数仪器,阿基米德巧妙地排列了圆内接和外切 96 边形的周长,他得出结论,π 包含在由 $3\frac{10}{71}$ 到 $3\frac{1}{7}$ 的范围内(图 11.8). 因为左右边界之差

图 11.8

$\left(3\frac{1}{7} - 3\frac{10}{71}\right)$ 小于 0.002,所以这意味着,阿基米德计算 π 的误差不超过 0.001.

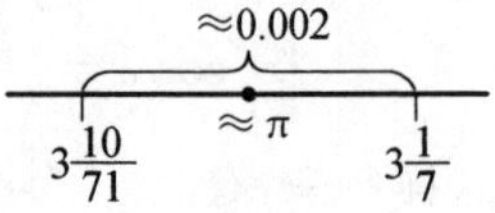

进一步研究更大边数的多边形以及圆内接和外切大边数多边形时,学者得到 π 值越来越多的位数.生活在 16 世纪后半叶的荷兰数学家冯·诺伊曼得出 π 的记录是求到 17 位数字!

后来出现另外的方法,使计算 π 的位数更快、更简单.在 20 世纪,"允许"使用电子计算机,π 值的位数已经超过万位.

当然,大位数的 π 值没有任何的实际意义.此外,在现实生活中,我们完全需要阿基米德的结果,假设在实际问题中 π 等于 3.14.以防万一我们指出它更精确的值:π = 3.141 592 653 58···,虽然你不需要这个位数的量,但是,3.14 < π < 3.15 是需要记牢的.

三、圆和它的弧的长

※ 于是,单位圆的周长等于 2π.如果我们考察半径为 R 的圆,那么所有这个圆的内接和外切 n 边形的周长,由单位圆的对应周长乘以 R 得出.所以,半径为 R 的圆的周长等于

$$L = 2\pi R$$

因此,π—— 是圆的周长与它的直径的比值.

$1°$ 的圆心角所对的弧长等于整个圆周长的 $\frac{1}{360}$,也就是 $\frac{\pi R}{180}$.

这样一来,对应 $n°$ 圆心角的弧长,或者简称 $n°$ 弧的长等于(图 11.9)

$$l_n = \frac{\pi R}{180} \cdot n$$

四、角的弧度制

※ 我们在平面上任取一个角且以这个角的顶点为圆心作几个圆.每个圆同角的边相交时形成弧,它的长与这个圆的半径成比例. 或者,换句话说,对于每个

弧,它的长与对应圆的半径之比是个由角自身确定的常量(图 11.10).

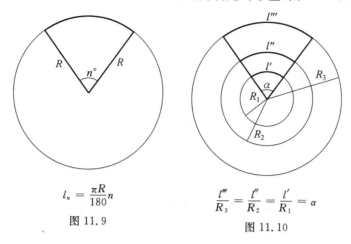

$$l_n = \frac{\pi R}{180} n$$

图 11.9

$$\frac{l'''}{R_3} = \frac{l''}{R_2} = \frac{l'}{R_1} = \alpha$$

图 11.10

此时可以确认,例如,内接在对应弧中相似的折线,这个比我们采用表示角的量的数.如果这个圆的半径等于1,那么弧长等于对应角的测度.这个角的测度叫作弧度.正如我们能见到的,如果 α 是角的弧度,那么对应的弧长按公式

$$l = R\alpha$$

来计算.

这样一来,角的弧度 —— 是个数,它等于圆的弧长(这个角是该圆的圆心角)与该圆半径之比.

五、角度制与弧度制的联系

❋ 我们着重指出,弧度 —— 是一个数.我们能够看到角的量为 $1, \frac{5}{7}, \sqrt{3}$,甚至 100(这与100°不同).100 弧度的角是什么,实际上这个角大于360°,你认出来是有益的.

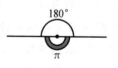

图 11.11

因为角度制的180°角的展开对应着半圆周,那么展开角的弧度测度等于 π(图 11.11).

设 α 是角的弧度数, n 是它的角度数.再设, l 是对应这个角的弧长.一方面,根据弧度法的定义 $\frac{l}{R} = \alpha$ 或者 $l = \alpha R$.另一方面, $l = l_n = \frac{\pi R}{180} n$.比较两个有关 l 的表达式且除以 R,我们得到(图 11.12)

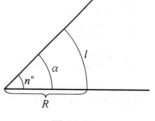

图 11.12

$$\alpha = \frac{\pi}{180}n$$

这是角度化为弧度的公式.由它得出弧度化为角度的公式为

$$n = \frac{180}{\pi}\alpha$$

假设上式中 $\alpha=1$(图11.13),则我们求得,1弧度对应的角度是 $\frac{180}{\pi}$(度) $\approx 57°17'45''$.

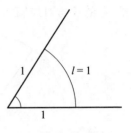

图 11.13

1 弧度 $\approx 57°17'45''$

▲■● 课题,作业,问题

1371. 在古代利用下面的数作为 π 的近似值: $\sqrt{10}, \frac{22}{7}, \frac{355}{113}$. 估计用这些数代替 π 的误差.

✲ **1372(п)** (a)想象地球沿着赤道一周紧贴着一根绳子.现在允许这根绳子的绳长增加1米且绳子被放置在任何地方都是一样的.试试不做计算,按你的直觉回答问题:形成的空隙老鼠能穿过去吗? 现在用计算来回答,为此必须知道地球的半径吗?

(b)(т)更加复杂的问题.将绳子拉离地球表面越远越好.现在大象能够在绳子下面通过吗? (地球的半径大约为 6 400 km).

1373. 求半径为1的圆的内接正8边形和外切正8边形的边长.利用这两个多边形的周长估算 π 的值.(全部计算请不要使用计算器.)

1374. 在单位圆中画出长为 $\sqrt{2}$ 和 $\sqrt{3}$ 的弦.求这两条弦所对的小弧长的比?

1375. 已知 $1°$ 的圆心角所对的弧长是 1 m,求圆的半径应当有多长?

✲ **1376.** 将 $10°,30°,50°,70°,100°,135°,175°$ 各角化为弧度数.

✲ **1377.** 将弧度制的角 $\frac{\pi}{20}, \frac{\pi}{6}, \frac{\pi}{2}, 0, 8\pi, 0.8, 3\frac{1}{3}$ 化为角度制.

1378(в). 计算角的量为 $\frac{\pi}{6}, \frac{\pi}{4}, \frac{\pi}{3}, \frac{\pi}{2}, \frac{2}{3}\pi, \frac{3}{4}\pi, \frac{5}{6}\pi, \pi$ 各角的四个三角函数值.

*11.3　圆的周长(续)

可能有人会提出一系列的问题,甚至怀疑在 11.2 节推出的相关的基本结论.实际上,为什么当正多边形边数倍增时内接和外切多边形会收敛于同一个数呢?事实上,对于这些数列每一个本身存在这个数就会招致怀疑.我们有什么理由相信,从不同的多边形倍增开始,会得到同一个结果?假如考察其他多边形序列的递增边呢?我们能得到作为圆的周长的同一个数吗?

我们需要试着回答这些问题.为此需要证明定理.

一、内接 n 边形周长的单调性

定理 11.2(正 n 边形周长的单调性)　内接在圆中的正 $n+1$ 边形的周长,大于内接在同一个圆中的正 n 边形的周长.

证明　由定理 11.1 得出,内接于某个圆的所有 n 边形中,正 n 边形具有最大的周长.

我们考察内接在某个圆中的正 n 边形,在这个圆上我们取不同于所有顶点的任意点 A(图 11.14).联结点 A 同这个多边形两个相邻的顶点并且擦掉联结这两个顶点的边.我们得到的内接 $n+1$ 边形并不是正的,它的周长大于正 n 边形的周长.因此,在同一个圆中内接的正 $n+1$ 边形的周长比正 n 边形的周长要大. ▼

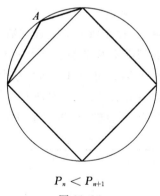

$$P_n < P_{n+1}$$
图 11.14

这样一来,一方面,如果通过 P_n 标记在圆中的正 n 边形的周长,那么
$$P_3 < P_4 < P_5 < \cdots < P_n < \cdots$$
另一方面,这个序列不能是无限递增的.因为任何内接多边形的周长小于任何外切多边形的周长.

二、内接 n 边形周长的有界性

我们来阐明这个事实.如果某个多边形内部包含凸多边形,那么内部多边形的周长小于外部多边形的周长.我们来证明为什么会是这样.进行直线剪裁,可以由已知的多边形剪出任意凸的包含在内部的多边形(图 11.15).而每次被剪裁部分的周长就会减小.

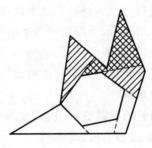

图 11.15

如果通过 Π 表示围绕这个圆的任何外切多边形的周长,那么对所有的 n,都有 $P_n < \Pi$. 于是

$$P_3 < P_4 < \cdots < P_n < \cdots < \Pi$$

三、正 n 边形的周长和圆的周长

这样一来,内接正 n 边形的周长序列是递增且有界的.而任何具有这两个性质的序列是收敛的.这意味着,存在这个数,我们通过 L 表记它,P_n 随着 n 的增加无限地逼近这个数.

在所考察的情况能够断言,存在数 L 大于任何数 P_n.但是此时 L 可以选择,使得无论怎样小的正数 ε 我们都不携带(在数学中小的正数经常表记为希腊字母 ε),例如,$\varepsilon = 0.01, 0.001, \cdots, 0.000\ 001, \cdots$,从某个时刻,即从某个数码 N 开始,值 P_n 与 L 的差不多于 ε.在这种情况下,对所有的 $n > N$ 成立不等式 $L - \varepsilon < P_n < L$(图 11.16).从 N 开始,所有的 P_n 将位于以 $L - \varepsilon$ 和 L 为端点的区间内.

图 11.16

量 L 我们取作圆的周长.我们理解,π 是圆的周长与它的直径之比,也就是说,$L = 2\pi R$.

四、外切与内接正 n 边形周长差的估计

再回答一个问题:如果考察圆外切正 n 边形的序列,那么它们的周长将趋于

同一个量 L 吗?

可以证明,与内接多边形不同,外切正多边形的周长单调减小且下有界. 由此可以推断,它们也收敛于某个量,然而已经证明了圆的内接和外切极限的值是一致的. 我们将以另一种方式来做,并且证明一个定理,即对于非常大的 n,外切与内接 n 边形周长的差变为任意的小.

定理 11.3(周长差的估计)　如果 P_n 是在半径为 1 的圆中内接正 n 边形的周长,而 II_n 是这个圆的外切正 n 边形的周长,那么 $0 < \mathrm{II}_n - P_n < \dfrac{100}{n^2}$.

证明　设 A 和 B 是内接正 n 边形的两个相邻的顶点(图 11.17). 我们通过 A 和 B 引切线且通过 C 表示这两条切线的交点. 显然,AC 和 CB 等于外切正 n 边形的边长的一半.

设 $AB = 2x$,$AC = CB = y$,O 是圆心,D 是 AB 的中点.

在 Rt$\triangle OAC$ 中,顶点为 A 的角是直角,直角边 $OA = 1$,斜边上的高 $AD = x$. 所求的直角边 $AC = y$. 在 $\triangle OAD$ 中,根据毕达哥拉斯定理有

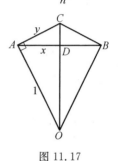

图 11.17

$$OD = \sqrt{OA^2 - AD^2} = \sqrt{1 - x^2}$$

由 $\triangle ACD$ 和 $\triangle OAD$ 相似,我们有

$$\frac{AC}{AD} = \frac{OA}{OD}$$

或者

$$\frac{y}{x} = \frac{1}{\sqrt{1 - x^2}}$$

得 $y = \dfrac{x}{\sqrt{1 - x^2}}$.

现在考察差 $\mathrm{II}_n - P_n$. 因为 x 和 y 分别是正 n 边形边长的一半,所以我们有

$$\mathrm{II}_n - P_n = 2n(y - x)$$

$$= 2nx\left(\frac{1}{\sqrt{1 - x^2}} - 1\right) = 2nx\,\frac{1 - \sqrt{1 - x^2}}{\sqrt{1 - x^2}}$$

$$= 2nx\,\frac{(1 - \sqrt{1 - x^2})(1 + \sqrt{1 - x^2})}{\sqrt{1 - x^2}(1 + \sqrt{1 - x^2})}$$

$$= 2nx\,\frac{1 - (1 - x^2)}{\sqrt{1 - x^2} + 1 - x^2} = \frac{2nx^3}{\sqrt{1 - x^2} + 1 - x^2}$$

因为 x 是内切正 n 边形边长的一半,那么随着 n 的增加量 x 减小,而分数的分母增大.但当 $n=4$ 时已经有 $x=\dfrac{\sqrt{2}}{2}$ 且分母大于 1,因此,当 $n\geqslant 4$ 时,有

$$\Pi_n - P_n \leqslant 2nx^3$$

进一步注意,$2nx$ 是内接于单位圆的正 n 边形的周长,也就是说 $2nx < 2\pi$,$x < \dfrac{\pi}{n}$.

这样一来,我们最终得到

$$\Pi_n - P_n < 2\pi^3\,\frac{1}{n^2} < 2\cdot(3.2)^3\cdot\frac{1}{n^2} < \frac{100}{n^2}$$

由讨论得出,这个不等式当 $n\geqslant 4$ 时成立;当 $n=3$ 时容易直接检验它(请独立完成.) ▼

事实上,对于大的 n 的情况,周长的差(例如 3 倍地)变小.主要是现在能够做出重要的结论:

圆外切正 n 边形的周长序列和圆内接正 n 边形的周长序列趋向于相同的量 L—— 圆的周长.

11.4　圆及其部分的面积

一旦你学会了计算圆的周长,那么引入计算圆面积的公式就没有太大的困难了.

一、圆的面积

※　我们考察半径为 R 的圆.作出它的外切正 n 边形.如果 P_n 是这个正 n 边形的周长,而 S_n 是它的面积,那么成立等式

$$S_n = \frac{1}{2}P_n R$$

当 n 增加时,正如我们已经知道的,量 P_n 递减且趋近于 $L=2\pi R$——圆的周长.序列 S_n 随着 n 的增加也递减且趋近于量 $S=2\pi R$,我们接受它等于圆的面积(图 11.18).不难理解,考察内接正 n 边形的面积的序列,我们对圆的面积得到同样的值.此时,如果外切多边形面积的序列递减,那么内接多边形面积的序列递增.于是根据公式

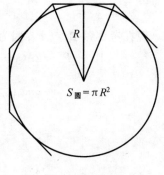

$$S_{圆} = \pi R^2$$

图 11.18

$$S = \pi R^2$$

计算圆的面积.

二、扇形面积

❋　现在我们考察扇形,它对应的圆心角的量为 α(α—— 角的弧度数)(扇形 —— 是由两条半径和它们所夹的弧所限定的圆的部分).如果 S_α 是这个扇形的面积,那么成立等式 $\dfrac{S_\alpha}{S_\pi} = \dfrac{\alpha}{\pi}$(两个扇形的比等于它们中心角的比,$S_\pi$ 是半圆的面积).

这样一来(图 11.19),有

$$S_\alpha = \frac{\alpha}{2} R^2$$

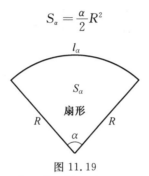

图 11.19

如果 $l_\alpha = \alpha R$ 是对应中心角 α 的弧长,那么

$$S_\alpha = \frac{1}{2} l_\alpha R$$

三、弓形面积

❋　对于计算弓形的面积(弓形 —— 是弦和对应的弧所限定的圆的部分),将考察的面积表示为扇形与三角形面积的差的形式(图 11.20)是方便的.设扇形的面积为 Q_α,它的弧所对的中心角为 α,我们得到下面的公式

$$Q_\alpha = \frac{1}{2} R^2 \alpha - \frac{1}{2} R^2 \sin \alpha = \frac{R^2}{2}(\alpha - \sin \alpha)$$

(顺便说一句,由这个公式推得,对所有的 α 成立不等式 $\sin \alpha < \alpha$.)

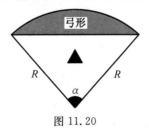

图 11.20

311

▲■● 课题,作业,问题

✳ **1379.** 按增加的次序写出:半径为 1 的圆的面积与其内接和外切的正六边形,正十二边形的面积之比.

✳ **1380.** 周长等于 1 的圆和周长等于 1 的正方形哪个面积大?

1381. 求与半径为 3 的圆等积的正六边形的边长.

✳ **1382.** 在半径为 1 的圆中作长为 1 的弦. 设 S 是得到的最小弓形的面积. 则具有面积 S 的弓形的中心角等于多少?

✳ **1383(B).** 求圆心间的距离等于 2,半径等于 1 和 $\sqrt{3}$ 的两个圆公共部分的面积.

✳ **1384(T).** 在半径为 1 的圆中作长为 $\sqrt{2}$ 和 $\sqrt{3}$ 的两条不相交的弦. 它们分圆为三个部分. 此时最大部分的面积大于 2.3. 求最小部分的面积.

✳ **1385.** 求四个单位圆公共部分的面积,它们的圆心分别在单位正方形的四个顶点上.

✳ **1386(T).** 在 $\triangle ABC$ 中,$\angle B = 140°$,边 AC 上的高等于 1. 考察圆心在点 B 半径为 $\sqrt{2}$ 的圆,求 $\triangle ABC$ 和圆公共部分的面积.

1387(п). 在平面上给出线段 AB 和垂直于 AB 的直线 l. 设 M 是 l 上的任一点. 证明:当 AB 绕 M 旋转时扫过图形的面积,与点 M 的位置无关.

✳ **1388.** 证明:阿基米德鞋匠刀形的面积可以按公式 $\frac{1}{4}\pi CD^2$ 计算(图 11.21).

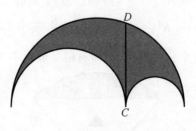

图 11.21

✳ **1389(T).** 已知,边长为 2 的正六边形的各顶点都是半径为 $\sqrt{2}$ 的圆的圆心. 求在这些圆的外面的六边形部分的面积.

1390.　证明:当 $0 < \alpha < \dfrac{\pi}{2}$ 时成立不等式 $\alpha < \tan \alpha$.

1391.　使得若干个圆的半径之和大于 100,而它们的面积之和小于 0.01,这可能吗?

1392.　点 A,B,C,D 在一条直线上,且彼此之间按指出的次序排列,同时,$AD = a$,$BC = b$.求直径为 AB,AC,BD 和 CD 的半圆所限定的图形的面积,此时,前两个半圆在直线 AD 的一侧,而后两个半圆在另一侧.

1393(т).　证明不等式

$$2\,500\pi - 100 < \sqrt{1 \cdot 199} + \sqrt{2 \cdot 198} + \cdots + \sqrt{99 \cdot 101} < 2\,500\pi$$

第 12 章　坐标和向量

坐标法,它的产生通常与生活在 17 世纪前半叶伟大的法国数学家和哲学家勒内·笛卡儿的名字联系着,引起当时的几何学且不仅是几何学的革新.今天,在任何相关或者技术科学中,在理论和实际研究中坐标都被广泛地应用着.

坐标法给出通用的方法建立适应几何对象的图形、曲线等,或者其他代数表达式或者关系式.另外,坐标法从几何语言翻译为代数语言后,将几何问题转化为代数问题,并且我们得到了利用代数方法来解决几何问题的可能性.

12.1　平面上的笛卡儿坐标轴

✳　我们考察在平面上的两条互相垂直的直线.通过 O 表示这两条直线的交点,并且我们认为,它们每一个是数轴,或者坐标轴,带有以点 O 为原点且有等于单位长的线段.此时这两条直线之一我们认为第一条叫作 x 轴或者横坐标轴,而第二条直线叫作 y 轴或者纵坐标轴(图 12.1).

这样一对垂直的直线在平面上就给出了笛卡儿坐标系.

现在按照十分简单的法则:平面上每个点可以建立对应的一对数,或者更确切地说,有序的数对 —— 是这个点的坐标.

设 A 是平面上任一点,A_1 是 A 在横坐标轴上的射影,A_2 是 A 在纵坐标轴上的射影.点 A 的第一个坐标,或者点 A 的横坐标(将通过字母 x 表示),是正的,如果 A_1 位于横坐标轴的正半轴,而负的是相反的情况.横坐标的绝对值等于线段 OA_1 的长.类似地,点 A_2 给出第二个坐标 —— 点 A 的纵坐标 —— 将通过字母 y 表示(图 12.2).

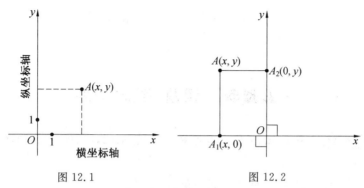

图 12.1　　　　　　　　　图 12.2

x 和 y 分别是点 A 的横坐标和纵坐标,可写成下面的形式:$A(x,y)$.显然,点 O 对应两个零坐标:$O(0,0)$.

在平面上引入这样的坐标,我们建立了平面上的点与有序数对之间的互相单值对应.在所给情况下"互相单值对应"的表述意味着,平面上每个点对应着一对数,而每对数对应平面上的一个点.此时重要的是,这些数的顺序.因为点 $M(2,3)$ 和点 $K(3,2)$ 是平面上不同的点.形容为"有序"表明的就是这个事实.

对于横坐标轴上所有点的纵坐标等于零,而对于纵坐标轴上所有点的横坐标等于零.

两点间的距离公式

❋　设 A 和 B 是平面上的两个点,它们在笛卡儿坐标系中的坐标是:(x_1,y_1) 和 (x_2,y_2),则

$$AB = \sqrt{(x_2 - x_1)^2 + (y_2 - y_1)^2}$$

上述公式本质上是写成坐标形式的毕达哥拉斯定理.其实,设 A_1 和 B_1 分别是点 A 和 B 在横坐标轴上的射影,M 是点 A 在直线 BB_1 上的射影(图 12.3).我们有:AB 是直角边为 AM 和 BM 的直角三角形的斜边.但是 $AM = A_1B_1 = |x_2 - x_1|$.同样有 $BM = |y_2 - y_1|$.

因此
$$AB^2 = AM^2 + BM^2 = (x_2 - x_1)^2 + (y_2 - y_1)^2$$
公式得证.

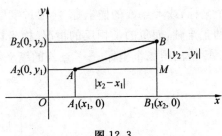

图 12.3

▲■● 课题,作业,问题

✳ **1394.** 在已知笛卡儿坐标系中作点:$A(2,7)$,$B(-2,7)$,$C(-7,2)$,$D(-7,-2)$.

✳ **1395.** 求点 A 和 B 之间的距离,如果:

(a)$A(1,7)$,$B(-2,4)$.

(b)$A(1.2,2.1)$,$B(1.1,-1.9)$.

(c)$A(3,0)$,$B(0,4)$.

(d)$A(0.17,-0.04)$,$B(0.05,0.01)$.

✳ **1396.** 指出坐标平面上所有的点 $A(x,y)$,它的坐标是:

(a)$x \geqslant 0$,$y < 0$;(b) $x > 1$,$y \leqslant -1$;(c)$x = 1$.

(d)$xy + 1 = x + y$;(e) $x^2 + y^2 \leqslant 1$.

1397. 求横坐标轴上与点 $A(14,3)$ 距离等于 5 的所有的点.

✳ **1398.** 在坐标平面上我们考察点 $A(-2,5)$ 和 $B(4,-3)$.求点 M 的坐标,如果:

(a)M 是 AB 的中点.

(b)M 是线段 AB 上的点,使得 $AM:MB = 1:2$.

(c)M 是直线 AB 上的点,使得 $AM:MB = 1:2$.

(d)$AM = MB = 10$.

(e)$AM^2 + BM^2 = 50$.

12.2　曲线方程

一、在坐标平面上的圆和直线

与 x 和 y 联系的所有方程,在坐标平面上给出的,作为规范是线.例如,方程 $x^2 + y^2 = 1$ 给出平面上这样的点,它们到坐标原点的距离等于 1.要知道 $x^2 + y^2$ 是由点 $M(x, y)$ 到坐标原点 —— 点 $O(0,0)$ 距离的平方.因此,$x^2 + y^2 = 1$ —— 是圆心在坐标原点半径为 1 的圆的方程(图 12.4).

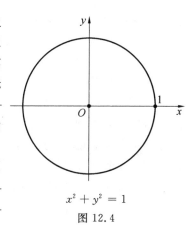

$$x^2 + y^2 = 1$$
图 12.4

前面我们使用了"规范"一词.这意味着,我们的论断允许有例外.例如,方程 $(x-1)^2 + |y+2| = 0$ 确定一个点 $M(1, -2)$,而方程 $x^2 + y^2 - 2y + 3 = 0$ 并没有解且在坐标平面上给出空集合.可以想出方程,它对应半平面或者角.可能还有其他的例外,但再一次强调,作为规范,每个方程在坐标平面上对应着某条曲线.

这里通常产生两个互为相反的问题.

1.根据给出的联系 x 和 y 的方程,作对应的曲线.相似的问题我们经常在代数课上遇到.它们与典型的代数问题联系着,就像在做函数图像的问题.

2.求给定平面曲线的方程.这样的问题我们在利用坐标法解几何问题的时候会遇到.

我们本质上要研究的只有两种平面曲线 —— 直线和圆,所以我们感兴趣的是给出这两种曲线的方程.

二、圆的方程

✳　在 2.4 节给出的圆的定义,容易表示为坐标语言.

设点 Q 是圆心(习惯上我们用字母 O 表示坐标原点),具有坐标 (a, b),R 是圆的半径,$M(x, y)$ 是圆上任一点(图 12.5).根据圆的定义 $QM = R$.

现在通过点 M 和 Q 的坐标根据已知公式表示 MQ 并且将等式的两边平方.结果我们有

$$(x-a)^2 + (y-b)^2 = R^2$$

所得到的方程是圆心在点 $Q(a, b)$ 且半径为 R 的圆的方程.

圆上任意点 $M(x, y)$ 的坐标满足这个方程,而任意点 $M(x, y)$ 满足这个方程的坐标位于这个圆上.

用坐标法解几何问题时在大多数情况下并不局限于第一阶段——翻译为代数语言且解代数问题. 我们也应当将所得到的代数结果给出几何解释,特别地,在这种情况,当这个方程写为非标准形式的时候,能看出得到的是圆的方程的关系式.

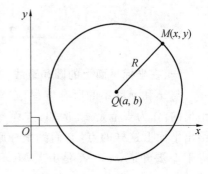

要记住,方程

$$x^2 + y^2 + ax + by + c = 0$$

图 12.5

给出的要么是圆,要么是点,要么是空集合. 为了回答这个问题,对给出的具体方程产生怎样的情况,必须按 x 和 y 分出完全平方. 这个方法你们已经在代数课上学习二次三项式时遇到过. 例如,方程 $x^2 + y^2 - 4x + 2y = 0$ 能够这样变换

$$(x^2 - 4x + 4) + (y^2 + 2y + 1) - 5 = 0$$
$$(x - 2)^2 + (y + 1)^2 = 5$$

这样一来,所考察的方程给出圆心在点 $Q(2, -1)$ 和半径为 $\sqrt{5}$ 的圆.

三、通过坐标原点的直线方程

✲ 现在我们推导直线方程. 我们从通过坐标原点的直线开始.

设所考察的直线同横坐标轴的正方向形成的角等于 α,同时它按照逆时针方向改变(图 12.6),于是 α 的量值由 $0°$ 到 $180°$ 改变,此时我们由考察的情况中排除,当直线垂直于横坐标轴,即同纵坐标轴重合的情况. 我们设 $k = \tan \alpha$. k 的值是正的,当直线通过 Ⅰ 和 Ⅲ 象限;k 是负的,如果这条直线通过 Ⅱ 和 Ⅳ 象限.

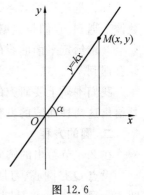

量 k 叫作直线的斜率(角系数).

设 $M(x, y)$ 是直线上任一点. 根据正切的定义 $k = \tan \alpha = \dfrac{y}{x}$,或者

图 12.6

$$y = kx$$

得到的关系式是通过坐标原点的直线方程. 这种形式可以给出,除去垂直于横坐标轴的直线,也就是纵轴以外的任何直线的方程,而纵坐标轴具有方程 $x = 0$.

四、带有斜率的直线方程

✲ 我们现在考察不垂直于横坐标轴的任意直线 l 的方程. 设这条直线交纵坐标

轴于点 $P(0,b)$（图 12.7）. 我们通过坐标原点引直线 l 的平行线 l_1. 我们考察带有相同的横坐标 x，分别位于直线 l 和 l_1 上的两个点 $M(x,y)$ 和 $M_1(x,y_1)$.

正如你们知道的，$y_1=kx$，其中 k 是直线 l_1（也是 l）的斜率. 四边形 $OPMM_1$ 是平行四边形. 因此点 M 的纵坐标由点 M_1 的纵坐标得到，正像点 P 的纵坐标由点 O 的纵坐标得到一样——加上 b，也就是，$y=y_1+b$. 因此，直线 l 带有斜率的方程具有形式

$$y=kx+b$$

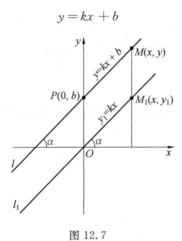

图 12.7

这种形式可以写出除去垂直于横坐标轴的直线的任何直线方程. 如果直线垂直于横坐标轴，那么它的所有点具有同一个坐标 x，且它的方程具有形式 $x=a$.

再一次理解在得到的直线方程中包含的参数 k 与 b 的几何意义：

k—— 直线的斜率，它等于直线同横坐标轴正方向形成的角的正切值（角按逆时针测量）；

b—— 所给直线同纵坐标轴交点的纵坐标.

五、直线的一般方程

✱ 能够得出结论，任何一次的方程形如

$$Ax+By+C=0$$

其中 A 和 B 不同时等于零，是直线的方程（图 12.8）. 所给方程叫作直线的一般方程.

此时,如果 $B \neq 0$,那么通过 x 表示 y,这个方程可以化归为 $y = \dfrac{A}{B}x - \dfrac{C}{B}$,或者 $y = kx + b$,也就是,带有斜率的方程. 如果 $B = 0$,那么我们得到垂直于横坐标轴的直线方程,具有形式 $x = -\dfrac{C}{A}$.

我们注意,如果在一般方程 $Ax + By + C = 0$ 中,对于某个 $\lambda \neq 0$,代换系数为 λA,λB 和 λC,那么方程给出的直线不改变.

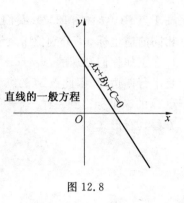

直线的一般方程

图 12.8

▲■● 课题,作业,问题

✳ **1399(в).** 如果已知圆的圆心点 Q 和圆上一点 A,写出圆的方程:

(a)$Q(-1, 2)$,$A(0, 5)$.

(b)$Q(2, 0)$,$A(-1, -2)$.

(c)$Q(1, -2)$,$A(-1, 2)$.

✳ **1400(в).** 求通过点 A 且平行于直线 l 的直线方程,如果:

(a)$A(2, -3)$,直线 l 的方程为 $y = 2x - 5$.

(b)$A(1, 1)$,直线 l 的方程为 $y = -3x + 1$.

(c)$A(3, 0)$,直线 l 的方程为 $3x - 2y = 0$.

✳ **1401(п).** 点 M 属于方程 Ⅰ 给出的直线,而点 K 属于方程 Ⅱ 给出的直线. 求点 M 和 K 之间距离的最大值和最小值,如果方程 Ⅰ 和 Ⅱ 具有如下形式:

Ⅰ	Ⅱ
(a)$x^2 + y^2 = 5$.	$(x-5)^2 + (y-1)^2 = 1$.
(b)$x^2 + y^2 - 2x = 0$.	$x^2 - 3x + y^2 + y = 100$.
(c)$x^2 + y^2 - x + y - 1 = 0$.	$x^2 + y^2 + 2x - y - 1 = 0$.
(d)$x^2 + y^2 - 2x + 4y + 5 = 0$.	$x^2 + y^2 - 3x + y - 5 = 0$.

✳ **1402(в).** 确定方程给出的曲线的形式:

(a)$x^2 + y^2 - 4x - 6y + 13 = 0$.

(b)$x^2 + y^2 - x - y + 1 = 0$.

(c)$x^2 + y^2 - 3x - 5y - 7 = 0$.

(d) $y - 1 = \sqrt{5 - x^2}$.

(e) $x^4 + y^4 + 2x^2y^2 - 5x^2 - 5y^2 + 4 = 0$.

1403. 如果点 A 的坐标是 $(-2, 3)$,而点 B 的坐标是 $(1, -4)$. 求线段中垂线的方程.

1404(п). 已知点 $A(1, 2)$ 和 $B(3, 0)$. 求点 M 的轨迹,使得:

(a) $AM^2 + BM^2 = 2AB^2$.

(b) $AM^2 - BM^2 = AB^2$.

(c) $AM = 2BM$.

(d) $AM^2 + BM^2 - AM \cdot BM = AB^2$.

1405(п). 证明:如果 k_1 和 k_2 是不平行于坐标轴的两条直线的斜率,那么它们垂直的条件可以用等式 $k_1 \cdot k_2 = -1$ 给出.

1406(п). 求通过点 A 和 B 的直线方程,如果:

(a) $A(2, -1)$, $B(-2, 1)$.

(b) $A(3, 0)$, $B(0, 4)$.

(c) $A(4, 3)$, $B(3, 2)$.

✳ **1407.** 求点 A 到直线 l 的距离,如果:

(a) $A(0, 0)$, $l : y = x + 1$.

(b) $A(1, 4)$, $l : y = 3x - 2$.

(c) $A(-2, -1)$, $l : 2x + 3y + 1 = 0$.

12.3 平面向量

一、向量的定义

✳ 我们考察平面上的两个点 A 和 B. 我们通过 $\overrightarrow{AB}$ 表示向量 AB,我们理解线段 AB 上的这个方向,即点 A 是始点,而点 B 是终点的线段(图 12.9).

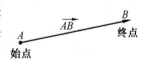

图 12.9

这样一来,限定向量 $\overrightarrow{AB}$ 的点 A 和 B 起着不同的作用. 首先就是向量 $\overrightarrow{AB}$ 和线段 AB 存在的主要区别:

平面上的两个点 A 和 B 给出同一长度且方向相反的两个不同的向量 $\overrightarrow{AB}$ 和 $\overrightarrow{BA}$.

二、两个向量相等

✳ 在一条直线上排列的两个向量 $\overrightarrow{AB}$ 和 $\overrightarrow{CD}$,认为是相等的,如果线段 AB 和

CD 相等,即这两条线段的长相等,且射线 AB 和 CD 的方向一致.

如果向量 $\overrightarrow{AB}$ 和 $\overrightarrow{CD}$ 不是排列在一条直线上,那么它们被认为是相等的,如果四边形 $ABDC$(顶点看作是给定的次序)是平行四边形(图 12.10).

这样一来,我们不仅能沿着对应的直线移动向量,而且也可移动它的始点到平面上任一点.因此,对于向量的表示没有必要指出它的始点和终点,可以利用形如 a, b, l 等的表示,在需要的情况可将对应向量的始点安放在平面上方便的点.

对于向量 a 的长我们表记为 $|a|$,读作"向量 a 的长"或者"向量 a 的模"(图 12.11).

长等于零(它的始点与终点重合)的向量叫作零向量.零向量表记为 $\mathbf{0}$.

如果两个向量 a 和 b 能够沿着一条直线排放,那么这两个向量叫作共线的,也就是位于一条直线上.

我们认为,零向量与任何向量均共线.

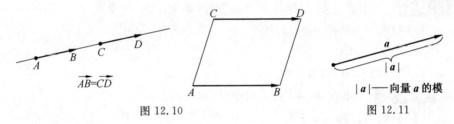

$\overrightarrow{AB} = \overrightarrow{CD}$

图 12.10

$|a|$——向量 a 的模

图 12.11

三、向量与数的乘法

※ 对于任意向量 a 和任意数 k 我们定义 $b = ka$,是向量 a 与数 k 的乘积,借助下面的简单规则:

向量 b 与向量 a 共线,并且,当 $k > 0$ 时,它的方向与 a 的方向相同;当 $k < 0$ 时,它的方向与 a 的方向相反.此时

$$|b| = |k| \cdot |a|$$

(如果 $k = 0$,那么得到零向量,也就是点).这样一来,向量 b 的长是向量 a 的长的 $|k|$ 倍大.如果 $k = -1$,那么得到向量 $-a$,它等于向量 a 的长度,但方向相反(图 12.12).特别地,这意味着,$-\overrightarrow{AB} = \overrightarrow{BA}$.

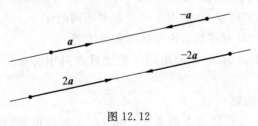

图 12.12

四、向量的加法

✳ 两个向量 **a** 和 **b** 按下面的法则(三角形法则)得到的向量 **c**(**a** + **b** = **c**) 叫作向量 **a** 与 **b** 的和.

放置向量 **a** 和 **b**,使得向量 **b** 的始点与向量 **a** 的终点重合(图 12.13),则向量 **c** 的始点将是向量 **a** 的始点,而它的终点是向量 **b** 的终点.

由加法的定义得出,对于任意点 A, B 和 C 成立等式

$$\overrightarrow{AB} + \overrightarrow{BC} = \overrightarrow{AC}$$

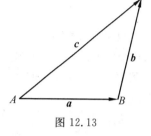

图 12.13

两个不共线的向量的加法法则可以另外简述为平行四边形法则的形式:

设向量 **a** 和 **b** 的始点重合,我们考察以这两个向量为邻边的平行四边形,则向量 **a** 和 **b** 的和是向量 **c**,是始点在向量 **a** 和 **b** 的公共点的这个平行四边形的对角线(图 12.14).

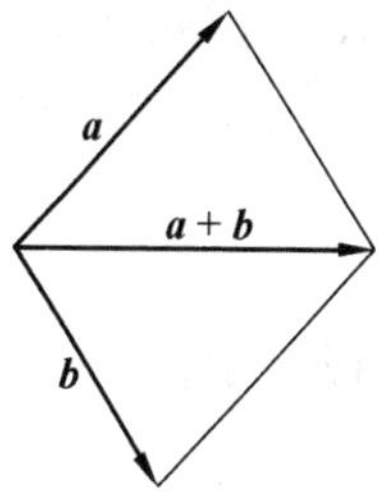

由向量和的定义(见平行四边形法则)得到等式

$$a + b = b + a$$

由向量 **a** 减 **b**——这意味着对 **a** 添加 **b** 的相反向量,即

$$a - b = a + (-b)$$

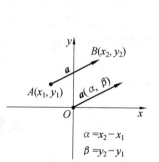

图 12.14

作为向量公式,三角形不等式可写为下面的形式

$$|a + b| \leqslant |a| + |b|$$

仅对共线且方向一致的向量取等号.

五、向量的坐标

✳ 设 A 和 B 是平面上的两个点,它们的坐标分别是 (x_1, y_1) 和 (x_2, y_2).则向量 $\overrightarrow{AB}$ 的坐标是:$(x_2 - x_1, y_2 - y_1)$.它们由向量的终点坐标减它的始点坐标而得到(图 12.15).

注意,我们无论让平面上哪个点作为向量的始点,它的坐标都是一样的.

当向量乘以数的时候它的坐标分别乘以这个数,即如果向量 **a** 具有坐标 (α, β),那么向量 $k\boldsymbol{a}$ 的坐标是 $(k\alpha, k\beta)$.

图 12.15

当向量相加时它们的坐标也对应相加,也就是说,如果向量 **a** 和 **b** 的坐标分别是 (α_1, β_1) 和 (α_2, β_2),那么向量 $\boldsymbol{a} + \boldsymbol{b}$ 的坐标是 $(\alpha_1 + \alpha_2, \beta_1 + \beta_2)$.(请独立检验

这个性质)

六、关于向量沿着两个不共线的向量分解的唯一性定理

✲ **定理 12.1(关于向量的分解)** 设 a 和 b 是平面上两个不共线的向量,则对于平面上的任意向量 m 存在唯一的一对数 x 和 y,使得

$$m = xa + yb$$

证明 设 A 和 B 分别是向量 m 的始点和终点,即 $m = \overrightarrow{AB}$.通过点 A 引直线平行于向量 a,而通过点 B 引直线平行于向量 b(图 12.16).通过 C 表示这两条直线的交点.

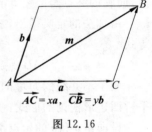

$$\overrightarrow{AC} = xa, \quad \overrightarrow{CB} = yb$$

图 12.16

我们有 $\overrightarrow{AB} = \overrightarrow{AC} + \overrightarrow{CB}$.但向量 $\overrightarrow{AC}$ 与向量 a 共线,也就是说,$\overrightarrow{AC} = xa$.同样由向量 $\overrightarrow{CB}$ 与向量 b 共线,推得 $\overrightarrow{CB} = yb$.因此 $m = xa + yb$.

于是,我们证明了,存在这样的一对数 x 和 y.现在证明,它是唯一的.

我们设还存在一对数 x_1 和 y_1,使得 $m = x_1 a + y_1 b$.则我们有

$$xa + yb = x_1 a + y_1 b$$

由此,得

$$(x - x_1)a = (y - y_1)b \qquad ①$$

但式 ① 只在条件 $x = x_1, y = y_1$ 时才成立.如果,$x \neq x_1$,那么能够通过 b 表示向量 $a: a = kb$.而这意味着向量 a 和 b 共线.▼

注释 我们考察笛卡儿坐标系.我们通过 i 和 j 表示沿坐标轴方向的单位向量.向量 m 可以表示为 $m = xi + yj$ 的形式.

在这种情况下,系数 x 和 y 是 m 在这个坐标系中的坐标(图 12.17).

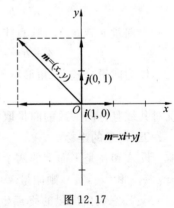

图 12.17

▲■● 课题,作业,问题

✲ 1408(B). 已知两个向量 $a(3, -2)$ 和 $b(1, 2)$.求向量 $2a, a + b, b - a,$ $3a - 2b, \dfrac{1}{|a|}a, \dfrac{a - 3b}{|a + b|}$ 的坐标.

✲ 1409(B). 在坐标平面上给出点 $A(-1, 3), B(2, -5), C(3, 4)$.求下列向量

$\overrightarrow{AB}-\overrightarrow{BC},\overrightarrow{AB}+\overrightarrow{CB}+\overrightarrow{AC},\overrightarrow{AB}+\dfrac{1}{2}\overrightarrow{BC}+\dfrac{1}{3}\overrightarrow{CA}$ 的坐标.

❋ **1410.**　　求与直线 $3x-2y+1=0$ 共线的单位向量的坐标.

1411(п).　　已知正五边形. 证明：始点在这个五边形的中心且终点在它的顶点的五个向量之和等于零.

1412.　　已知平行四边形 $ABCD$. 求 $\overrightarrow{AC}+\overrightarrow{BD}-2\overrightarrow{AD}$.

1413(в).　　设 M 是 $\triangle ABC$ 中线的交点. 证明：$\overrightarrow{AM}=\dfrac{1}{3}(\overrightarrow{AB}+\overrightarrow{AC})$.

❋ **1414(п).**　　设 M 是 $\triangle ABC$ 中线的交点. 证明：$\overrightarrow{MA}+\overrightarrow{MB}+\overrightarrow{MC}=\mathbf{0}$. 并且证明：如果等式 $\overrightarrow{MA}+\overrightarrow{MB}+\overrightarrow{MC}=\mathbf{0}$ 成立，那么 M 是 $\triangle ABC$ 中线的交点.

1415(п).　　设 $\triangle ABC$ 和 $\triangle A_1B_1C_1$ 是平面上的两个三角形. 证明：如果 $\overrightarrow{AA_1}+\overrightarrow{BB_1}+\overrightarrow{CC_1}=\mathbf{0}$，那么这两个三角形中线的交点重合.

1416(п).　　证明：对于任意的 a,b,x 和 y 成立不等式

$$\sqrt{(x+a)^2+(y+b)^2}\leqslant\sqrt{a^2+b^2}+\sqrt{x^2+y^2}$$

❋ **1417(т).**　　求所有的点 $M(x,y)$，使得等式

$$\sqrt{x^2+y^2}+\sqrt{(3-x)^2+(4-y)^2}=5$$

成立.

1418.　　设 A,B,C 和 D 是给定的点. 求满足 $\overrightarrow{MA}+\overrightarrow{MB}=\overrightarrow{CD}$ 的点 M.

1419(т).　　在 $\triangle ABC$ 中，点 O 是外接圆的圆心，H 是高线的交点. 证明：$\overrightarrow{HA}+\overrightarrow{HB}+\overrightarrow{HC}=2\overrightarrow{HO}$.

1420(т).　　由 $\triangle ABC$ 内的点 M 引垂直于各边的射线. 在垂直于边 AB 的射线上取点 C_1，使得 $MC_1=AB$. 同样在另外两条射线上取点 A_1 和 B_1（$MA_1\perp BC$，$MA_1=BC,MB_1\perp AC,MB_1=AC$）. 证明

$$\overrightarrow{MA_1}+\overrightarrow{MB_1}+\overrightarrow{MC_1}=\mathbf{0}$$

12.4　向量的数量积

两种向量上的运算 —— 乘以数和加法，你们在上一节已经知晓，结果重新给出了向量. 现在我们再考察一种与两个向量对应数的运算. 所讲述的是数量积. 在数学中为了区别于向量用一个数给出的量叫作数量. 数量一词按照起源来说与学校是同源的（来自拉丁语 scalaris）.

一、数量积的定义

※ 我们将通过 $a \cdot b$ 表记向量 a 和 b 的数量积并且用等式

$$a \cdot b = |a| \cdot |b| \cos \varphi$$

来定义,其中 φ 是向量 a 和 b 之间的夹角(图 12.18).

由数量积的定义可直接得出

$$|a \cdot b| \leqslant |a| \cdot |b|$$

并且只在 a 和 b 共线的情况下等式成立.

两个互相垂直的向量的数量积等于零.反过来,由等式 $a \cdot b = 0$ 得出向量 a 和 b 互相垂直(不排除例外,我们认为零向量垂直于任何其他的向量).

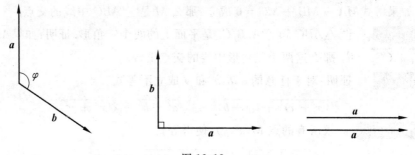

图 12.18

向量自身的积($\varphi = 0, \cos \varphi = 1$)是向量数量的平方,即

$$a \cdot a = (a)^2 = |a|^2$$

二、数量积的性质

※ 由数量积的定义可得出数量积的换位律,或者交换律,即

$$a \cdot b = b \cdot a$$

远非显然的是下面的数量积的性质(分配律).

※ **定理 12.2(数量积的分配性质)**　对于任意三个向量 a, b 和 c 成立等式

$$a \cdot (b + c) = a \cdot b + a \cdot c$$

证明　我们考察笛卡儿坐标系,它的横轴沿着向量 a 的方向,即向量 a 在这个坐标系中的坐标是$(|a|, 0)$(图 12.19).

设在这个坐标系中向量 b 和 c 的坐标分别是(x_1, y_1) 和 (x_2, y_2).

我们注意,如果任何向量 m 在这个系统中的

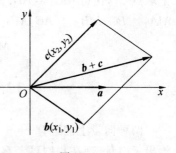

图 12.19

坐标为 (x,y)，那么 $x=|\boldsymbol{m}|\cos\varphi$，其中 φ 是 $\boldsymbol{a}$ 和 $\boldsymbol{m}$ 之间的夹角，也就是说

$$\boldsymbol{a}\cdot\boldsymbol{m}=|\boldsymbol{a}|\cdot|\boldsymbol{m}|\cos\varphi=|\boldsymbol{a}|\cdot x$$

因此

$$\boldsymbol{a}\cdot\boldsymbol{b}=|\boldsymbol{a}|\cdot x_1,\boldsymbol{a}\cdot\boldsymbol{c}=|\boldsymbol{a}|\cdot x_2$$

因为向量 $\boldsymbol{b}+\boldsymbol{c}$ 的横坐标在选择的系统中等于 x_1+x_2，那么类似地，有

$$\boldsymbol{a}\cdot(\boldsymbol{b}+\boldsymbol{c})=|\boldsymbol{a}|\cdot(x_1+x_2)$$

于是

$$\boldsymbol{a}\cdot(\boldsymbol{b}+\boldsymbol{c})=|\boldsymbol{a}|\cdot x_1+|\boldsymbol{a}|\cdot x_2=\boldsymbol{a}\cdot\boldsymbol{b}+\boldsymbol{a}\cdot\boldsymbol{c}$$

▼

　　由数量积的性质得出，当向量相乘时可以利用与数的表达式相乘相同的法则.

三、在笛卡儿坐标系中数量积的写法

❋　**定理 12.3（数量积坐标形式的写法）**　设在笛卡儿坐标系中向量 $\boldsymbol{a}$ 和 $\boldsymbol{b}$ 的坐标分别是 (x_1,y_1) 和 (x_2,y_2)，则（图 12.20）

$$\boldsymbol{a}\cdot\boldsymbol{b}=x_1x_2+y_1y_2$$

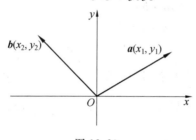

图 12.20

　　证明　我们通过 $\boldsymbol{i}$ 和 $\boldsymbol{j}$ 表记沿着坐标轴方向的单位向量. 这两个向量是垂直的，所以 $\boldsymbol{i}\cdot\boldsymbol{j}=0$. 此外

$$(\boldsymbol{i})^2=(\boldsymbol{j})^2=1,\boldsymbol{a}=x_1\boldsymbol{i}+y_1\boldsymbol{j},\boldsymbol{b}=x_2\boldsymbol{i}+y_2\boldsymbol{j}$$

考虑到这些等式，以及上面已经证明的数量积的性质，我们有

$$\begin{aligned}\boldsymbol{a}\cdot\boldsymbol{b}&=(x_1\boldsymbol{i}+y_1\boldsymbol{j})(x_2\boldsymbol{i}+y_2\boldsymbol{j})\\&=x_1x_2(\boldsymbol{i})^2+y_1y_2(\boldsymbol{j})^2+(x_1y_2+x_2y_1)(\boldsymbol{i}\cdot\boldsymbol{j})\\&=x_1x_2+y_1y_2\end{aligned}$$

四、数量积和余弦定理

❋　　由数量积的性质可直接得出余弦定理. 我们考察 $\triangle ABC$，设 $AB=c,BC=a$，$CA=b$. 向量 $\overrightarrow{AB}$ 和 $\overrightarrow{AC}$ 之间的夹角等于 α（图 12.21）.

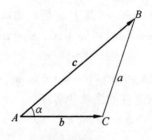

图 12.21

我们有 $\overrightarrow{BC} = \overrightarrow{BA} + \overrightarrow{AC}$ 或者 $\overrightarrow{BC} = \overrightarrow{AC} - \overrightarrow{AB}$. 将后一个等式平方,得

$$(\overrightarrow{BC})^2 = (\overrightarrow{AC})^2 - 2\overrightarrow{AC} \cdot \overrightarrow{AB} + (\overrightarrow{AB})^2$$

又因为 $\overrightarrow{AC} \cdot \overrightarrow{AB} = bc\cos\alpha$,所以 $a^2 = b^2 + c^2 - 2bc\cos\alpha$.

▲■● 课题,作业,问题

❋ **1421(в).** 向量 a 和 b 之间的夹角等于多少? 如果:

(a) $|a| = 2$,$|b| = 3$,$a \cdot b = -6$.

(b) $|a| = 3$,$|b| = 4$,$a \cdot b = 6$.

(c) $|a| = 3$,$|b| = 4$,$(a + b) \cdot (2a - b) = -4$.

❋ **1422(в).** 向量 a 和 b 之间的夹角等于 $\dfrac{2}{3}\pi$,$|a| = 2$,$|b| = 3$. 求 $a \cdot b$,$(a + b) \cdot a$,$(2a + 3b) \cdot (a - b)$.

1423. 证明等式:

(a) $(a + b)^2 + (a - b)^2 = 2|a|^2 + 2|b|^2$.

(b) $(a + b)^2 - (a - b)^2 = 4a \cdot b$.

❋ **1424(в).** 在坐标平面上给出四个点:$A(1,2)$,$B(2,3)$,$C(-1,4)$,$D(-3,-2)$. 求:

(a) $\overrightarrow{AB} \cdot \overrightarrow{CD}$;(b) $\overrightarrow{AC} \cdot \overrightarrow{BD}$;(c) $\overrightarrow{DA} \cdot \overrightarrow{CB}$.

(d) $(\overrightarrow{CB} + \overrightarrow{DA}) \cdot (\overrightarrow{BD} - \overrightarrow{AC})$;(e) $(\overrightarrow{CA} + \overrightarrow{CB}) \cdot (\overrightarrow{DA} + \overrightarrow{DB})$.

❋ **1425(п).** 求垂直于直线 $2x + 4y = 1$ 的单位长向量的坐标.

1426(п). 证明:向量 $n(a,b)$ 垂直于直线 $ax + by = c$.

1427. 证明:$\overrightarrow{AB} \cdot \overrightarrow{BC} + \overrightarrow{BC} \cdot \overrightarrow{CA} + \overrightarrow{CA} \cdot \overrightarrow{AB} = -\dfrac{1}{2}(AB^2 + BC^2 + CA^2)$.

1428(т). 设 $\triangle ABC$ 是边长为 1 的等边三角形. 求平面上满足 $\overrightarrow{AB} \cdot \overrightarrow{CM} = 1$ 的

点 M 的轨迹.

1429(т).　已知 $\triangle ABC$.求平面上使得 $\overrightarrow{AB}\cdot\overrightarrow{CM}+\overrightarrow{BC}\cdot\overrightarrow{AM}+\overrightarrow{CA}\cdot\overrightarrow{BM}=0$ 这样的点 M 的轨迹.

1430(т).　已知正方形 $ABCD$.求平面上点 M 的轨迹,它使得:

(a) $\overrightarrow{MA}\cdot\overrightarrow{MB}=\overrightarrow{MC}\cdot\overrightarrow{MD}$.

(b) $\overrightarrow{MA}\cdot\overrightarrow{MB}+\overrightarrow{MC}\cdot\overrightarrow{MD}=0$.

(c) $\overrightarrow{MA}\cdot\overrightarrow{MB}+\overrightarrow{MC}\cdot\overrightarrow{MD}=AB^2$.

1431(т).　设点 M 是等边 $\triangle ABC$ 外接圆上任一点,如果外接圆的半径等于 R,求 $MA^2+MB^2+MC^2$.

12.5　坐标和向量法

坐标法不仅在数学,而且在许多其他的自然和技术科学中都是最普遍的方法之一,毕竟它的价值并没有被夸张.

当然,很希望有一个或两个方法"以防万一".然而这样的方法是没有的.例如,坐标法给出了从几何语言转换成代数语言的普遍方法,但在此情况下可能产生的代数问题,比原来的几何问题要更加困难.

一、坐标系的选择

✤ 利用坐标法解几何问题最主要的阶段自然是坐标系的选择.那么所选择的坐标系必须自然地与所研究的几何图形相联系.如果对方便采用坐标法的图形,用自己的形式给出所需的坐标系(图 12.22).例如,长方形或者菱形.其他图形不会这样方便.首先这个图形具有任意的形式 —— 任意三角形,四边形,等等.

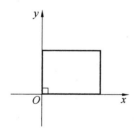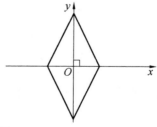

图 12.22

作为例子我们考察下面的问题.

问题 1　已知正方形 $ABCD$.在它的对角线 AC 和 BD 上分别取点 M 和 K,使得 $CM\cdot BK=AB^2$.证明:直线 BM 和 CK 相交在正方形的外接圆上.

解　正方形自然的形式给出了某个坐标系.可以选取两个坐标轴要么平行于它的边,要么是两条对角线.坐标原点的选取要么是它的一个顶点,要么是它的中心.我们取坐标原点在正方形的中心,而坐标轴沿着对角线.

设在这个坐标系中顶点 B 和 C 分别具有坐标 $(1,0)$ 和 $(0,1)$,而点 M 和 K 的坐标分别为 $(0,u)$ 和 $(v,0)$(图 12.23).正方形的边等于 $\sqrt{2}$,这意味着条件 $CM \cdot BK = 2$ 可改写为

$$(1-u)(1-v)=2$$

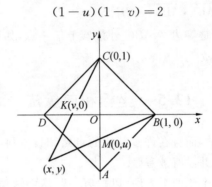

图 12.23

我们求通过点 B 和 M 的直线方程.大概最简单(尽管不是最快)的方法求通过两个已知点的直线方程,是写作 $y=kx+b$ 形的直线方程,代入已知点的坐标,之后得到了有两个未知数的两个方程的方程组.在它里面未知数是考察直线的参数:斜率和常数项.

在这种情况下,我们得到方程组

$$\begin{cases} 0=k+b \\ u=b \end{cases}$$

由它求得 $b=u,k=-u$.于是通过点 B 和 M 的直线方程是 $y=-ux+u$.

同理,求得通过点 C 和 K 的直线方程为 $y=-\dfrac{1}{v}x+1$.

现在我们求直线 BM 和 CK 交点的坐标.为此解方程组

$$\begin{cases} y=-ux+u \\ y=-\dfrac{1}{v}x+1 \end{cases}$$

我们求得:$x=\dfrac{(u-1)v}{uv-1}$,$y=\dfrac{(v-1)u}{uv-1}$.

现在我们要做的就是确保所求坐标的点在圆心在坐标原点且半径等于 1 的

圆上.此时我们应当考虑到等式$(1-u)(1-v)=2$.

于是,需要证明:如果$(1-u)(1-v)=2$,那么$\dfrac{(u-1)^2 v^2}{(uv-1)^2}+\dfrac{(v-1)^2 u^2}{(uv-1)^2}=1$.

这是纯代数问题.最简单的表达式是选择u通过v来表示,即$u=\dfrac{v+1}{v-1}$,然后将所求的值代入需要证明的表达式中.如果通过v表示x和y,变换能够简化.我们有

$$x=\frac{\left(\dfrac{v+1}{v-1}-1\right)v}{\dfrac{v+1}{v-1}v-1}=\frac{2v}{v^2+1},y=\frac{v^2-1}{v^2+1}$$

这样一来,有

$$x^2+y^2=\left(\frac{2v}{v^2+1}\right)^2+\left(\frac{v^2-1}{v^2+1}\right)^2=1 \qquad \blacktriangledown$$

(需要求更简单和漂亮的解.)

二、阿波罗尼斯圆

✻ 坐标法当解点的轨迹问题时是方便的.为了说明这一点,我们考察下面这个有益的问题.

问题 2 已知两点A和B.证明:当$k \neq 1$时,使得$AM:BM=k$的点M的轨迹是圆心在直线AB上的一个圆.(这个圆叫作阿波罗尼斯圆,是根据生活在公元前 3 世纪佩尔格的古希腊数学家的名字命名的.)

解 我们引进坐标系,点A和B在它的横坐标轴上,而坐标原点是线段AB的中点.设在这个坐标系中点A和B的坐标分别是$(a,0)$和$(-a,0)$.所求轨迹点M的坐标为(x,y)(图 12.24).

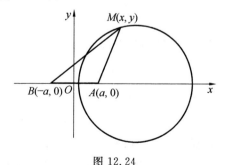

图 12.24

根据两点间的距离公式,我们有

$$AM^2 = (x-a)^2 + y^2, BM^2 = (x+a)^2 + y^2$$

条件 $AM : BM = k$ 等价于等式 $AM^2 = k^2 \cdot BM^2$. 代入 AM^2 和 BM^2 的表达式,我们得到方程

$$(x-a)^2 + y^2 = k^2 (x+a)^2 + k^2 y^2$$

或者

$$(k^2-1)(x^2+y^2) + 2(k^2+1)ax + (k^2-1)a^2 = 0$$

将上式除以 $k^2 - 1$ 且按变量 x 配成完全平方式,所得到的是圆心在 $\left(-\dfrac{k^2+1}{k^2-1}a, 0\right)$ 的圆的方程且半径为

$$R = a\sqrt{\left(\frac{k^2+1}{k^2-1}\right)^2 - 1} = \frac{2ka}{|k^2-1|}$$

从圆的方程开始的所有的变换,均可表为相反的形式,所以这个圆上所有的点属于考察的点的轨迹. ▼

我们发现,这个问题可以有其他的解. 在 $\triangle AMB$ 中,我们引对应顶点 M 的内角平分线和外角平分线(图 12.25). 设这两条角平分线分别交直线 AB 于点 M_1 和 M_2. 根据角平分线定理(参见 9.3 节), $AM_1 : BM_1 = AM_2 : BM_2 = AB : BM = k$. 这意味着,点 M_1 和 M_2 对任意的点 M 是固定的. 但 $\angle M_1 M M_2 = 90°$, 因此,点 M 在直径为 $M_1 M_2$ 的圆上. 剩下证明,已知圆上的任意点属于这个轨迹,也就是,对于圆上任意点 M 同直径 $M_1 M_2$ 成立等式 $AM : BM = k$.

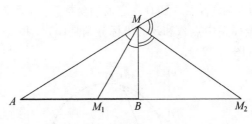

图 12.25

可以利用反证法. 假设对圆上某个点 M, $AM : BM \neq k$. 为确定起见不妨设 $AM : BM > k > 1$(图 12.26). 在 $\triangle AMB$ 中,引顶点 M 的内角平分线和外角平分线. 设这两条角平分线交直线 AB 分别于点 K_1 和 K_2.

对于点 M_1 成立等式 $AM_1 : BM_1 = k$. 而对于点 K_1 不等式 $AK_1 : BK_1 > k$ 正确. 也就是说 $AK_1 > AM_1$.

点 M_2 和 K_2 在 AB 外侧点 B 的延长线上. 此时,根据不等式 $AK_2 : BK_2 >$

$AM_2 : BM_2 > 1$,点 K_2 比 M_2 更靠近点 B.于是,点 K_1 和 K_2 在线段 M_1M_2 的内部.但这是不可能的,需知 $\angle M_1MM_2$ 和 $\angle K_1MK_2$ 都等于90°.

　　得到的矛盾表明,所考察的圆上的任意点包含在所求点的轨迹中. ▼

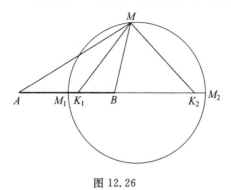

图 12.26

　　这样一来,坐标法的优越性在于,在这种情况下,发现圆的所有点是否都属于所讨论的点的轨迹问题就得到了解决.但是几何方法也有自己的优点,不是吗?

三、向量共线性的问题

　　我们现在考察应用向量方法的例子.这个方法分为两个不同的变式.

　　向量方法的第一变式.这里我们利用共线向量的性质,任何平面向量分解为两个不共线向量的唯一性.

✳ **问题 3**　我们考察五边形 $ABCDE$,M,K,N 和 L 分别是边 BC,CD,DE 和 EA 的中点.证明:联结 MN 和 KL 中点的线段平行于 AB 且等于 $\dfrac{1}{4}AB$.

　　解　我们注意,对任意三点 O,P 和 Q 成立等式 $\overrightarrow{OT} = \dfrac{1}{2}(\overrightarrow{OP} + \overrightarrow{OQ})$,其中 T 是 PQ 的中点(图 12.27).

　　由此,我们有(图 12.28)

$$\overrightarrow{AM} = \frac{1}{2}(\overrightarrow{AB} + \overrightarrow{AC}),\overrightarrow{AK} = \frac{1}{2}(\overrightarrow{AC} + \overrightarrow{AD})$$

$$\overrightarrow{AN} = \frac{1}{2}(\overrightarrow{AD} + \overrightarrow{AE}),\overrightarrow{AL} = \frac{1}{2}\overrightarrow{AE}$$

　　如果 F 和 G 分别是 MN 和 KL 的中点,那么

$$\overrightarrow{AF} = \frac{1}{2}(\overrightarrow{AM} + \overrightarrow{AN}) = \frac{1}{4}(\overrightarrow{AB} + \overrightarrow{AC} + \overrightarrow{AD} + \overrightarrow{AE})$$

$$\overrightarrow{AG} = \frac{1}{4}(\overrightarrow{AC} + \overrightarrow{AD} + \overrightarrow{AE})$$

这样一来,$\overrightarrow{GF} = \overrightarrow{AF} - \overrightarrow{AG} = \dfrac{1}{4}\,\overrightarrow{AB}$. ▼

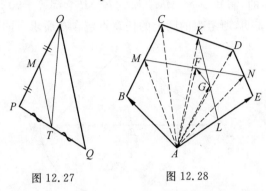

图 12.27　　　　　图 12.28

四、利用数量积性质的问题

向量方法的第二变式.这里利用数量积的性质.我们来看一道例题.

✻　**问题 4**　设 A,B 和 C 是某个三角形的角.证明:成立不等式

$$\cos A + \cos B + \cos C \leqslant \dfrac{3}{2}$$

解　这个不等式有许多不同的证明方法.我们利用最优美的一个.

我们在 $\triangle ABC$ 的内部任取一点 M,例如外接圆的圆心,由这个点引三条边的垂线且在每条垂线上放置单位向量 $\boldsymbol{m},\boldsymbol{n}$ 和 $\boldsymbol{p}$(图 12.29).容易看出,这些向量之间的夹角分别是 $\triangle ABC$ 对应角的补角.例如,$\boldsymbol{m}$ 和 $\boldsymbol{n}$ 之间的夹角等于 $180° - A$,那么 $\boldsymbol{m} \cdot \boldsymbol{n} = -\cos A$.现在将这些向量相加并且平方,有

$$0 \leqslant (\boldsymbol{m} + \boldsymbol{n} + \boldsymbol{p})^2 = \boldsymbol{m}^2 + \boldsymbol{n}^2 + \boldsymbol{p}^2 + 2\boldsymbol{m} \cdot \boldsymbol{n} + 2\boldsymbol{m} \cdot \boldsymbol{p} + 2\boldsymbol{n} \cdot \boldsymbol{p}$$
$$= 3 - 2\cos A - 2\cos B - 2\cos C$$

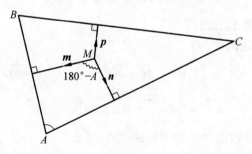

图 12.29

由此得到需要的不等式. ▼

利用这个方法能够证明有趣的不等式. 需要知道完全没有必要只考查单位向量 m, n 和 p.

*五、关于三角形高线定理的又一个证明

利用数量积的性质, 能够给出关于三角形高线相交于一点的定理的又一个 (第四个) 证明.

我们考察 $\triangle ABC$. 在问题 1429 中, 是求平面上满足等式

$$\overrightarrow{AB} \cdot \overrightarrow{CM} + \overrightarrow{BC} \cdot \overrightarrow{AM} + \overrightarrow{CA} \cdot \overrightarrow{BM} = 0$$

的点 M 的轨迹.

显然, 上式对于平面上任意的点都成立, 因此, 所求点的轨迹是平面上所有的点, 其实, 代换 $\overrightarrow{AM} = \overrightarrow{AC} + \overrightarrow{CM}$, $\overrightarrow{BM} = \overrightarrow{BC} + \overrightarrow{CM}$, 我们有

$$\overrightarrow{AB} \cdot \overrightarrow{CM} + \overrightarrow{BC} \cdot \overrightarrow{AM} + \overrightarrow{CA} \cdot \overrightarrow{BM}$$
$$= \overrightarrow{AB} \cdot \overrightarrow{CM} + \overrightarrow{BC} \cdot (\overrightarrow{AC} + \overrightarrow{CM}) + \overrightarrow{CA} \cdot (\overrightarrow{BC} + \overrightarrow{CM})$$
$$= \overrightarrow{CM} \cdot (\overrightarrow{AB} + \overrightarrow{BC} + \overrightarrow{CA}) + \overrightarrow{BC} \cdot (\overrightarrow{AC} + \overrightarrow{CA}) = 0$$

如果 H 是由顶点 C 和 A 引的高线的交点 即 $\overrightarrow{AB} \cdot \overrightarrow{CH} = \overrightarrow{BC} \cdot \overrightarrow{AH} = 0$, 那么 $\overrightarrow{CA} \cdot \overrightarrow{BH} = 0$. 这样一来, 由顶点 B 引的高也通过点 H.

▲■● 课题, 作业, 问题

1432. 在平面上给出两个点 A 和 B, 且 $AB = 2$. 求使得 $AM^2 + BM^2 = 3$ 的点 M 的轨迹.

1433(п). 已知长方形 $ABCD$. 证明: 对于平面上所有的点 M 成立等式

$$AM^2 + CM^2 = BM^2 + DM^2$$

1434. 在 $\mathrm{Rt}\triangle ABC$ 中, 直角边 AC 和 BC 分别等于 1 和 3. 求平面上使得 $AM^2 + BM^2 = 2CM^2$ 的点 M 的轨迹.

1435(т). 通过长方形 $ABCD$ 的顶点 A 引直线, 交对角线 BD 于点 K, 且交直线 BC 和 CD 分别于点 P 和 M. 如果 $AP = a$, $AM = b$, 求 AK 的长.

1436(п). 已知点 A 和 B 在直线 l 的同一侧且与它的距离分别为 a 和 b. 我们在平面上取点 M, 使得直线 MA 和 MB 分别与直线 l 相交于点 A_1 和 B_1. 求使得 $\dfrac{MA}{MA_1} + \dfrac{MB}{MB_1} = k$ 的点 M 的轨迹, 如果: (a) $a = 3, b = 1, k = 2$; (b) $a = 5, b = 1, k = \dfrac{3}{2}$; (c) $a = 5, b = 1, k = 3$.

1437. 在正方形 $ABCD$ 的边 AB 和 BC 上分别取点 K 和 M, 使得 $3AK =$

$2BM = AB$. 求直线 DK 和 AM 之间的夹角的余弦.

1438. 通过正 $\triangle ABC$ 的中心 O 引直线, A_1, B_1 和 C_1 是顶点 A, B 和 C 在这条直线上的射影. 已知 $OA_1 = 5$, $OB_1 = 1$. 求 OC_1 的长.

✳ **1439.** 在平面上给出点 A 和 B. 求点 C 的轨迹, 使得在 $\triangle ABC$ 中边 BC 上的中线等于边 BC.

1440(п). 作单位圆的内接正方形. 求该圆上任一点到正方形各顶点距离的平方和.

✳ **1441(т).** 在平面上给出点 A 和 B. 求点 C 的轨迹, 使得在 $\triangle ABC$ 中边 BC 上的中线等于边 AB 上的高.

1442(т). 在顶点为 O 的直角边上分别取点 A 和 B, 使得 $OA = OB = 1$. 通过顶点 O 引任意一条直线 l. 点 A_1 和 B_1 分别是点 A 和 B 关于 l 的对称点. 通过 A_1 引垂直于 OA 的直线, 而通过 B_1 引垂直于 OB 的直线. 这两条直线相交于点 M. 求点 M 的轨迹.

1443(г). 在平面上引两条相交成 $45°$ 角的直线, 且在它们一条上标出点 A. 设 M_1 和 M_2 是某个点 M 关于已知直线为对称的两个点. 求使得直线 $M_1 M_2$ 通过点 A 的点 M 的轨迹.

✳ **1444(т).** 在直线上取两个点 A 和 B. 设 C 是这条直线上的任一点. 分别以 AC 和 BC 为边在这条直线同侧作两个正方形. 求联结这两个正方形的中心的所有可能的线段中点的轨迹.

✳ **1445.** 已知正方形 $ABCD$. 求正方形所在平面上使得 $AM + CM = DM + BM$ 的点 M 的轨迹.

1446(т). 已知 $\triangle ABC$. 求平面上点 M 的轨迹, 对于它存在边等于且平行于线段 MA, MB 和 MC 的三角形.

1447(т). 通过四边形 $ABCD$ 的对角线 AC 的中点引直线, 平行于 BD 且交直线 BC 于点 K, 又通过对角线 BD 的中点引直线, 平行于 AC 且交直线 AD 于点 M. 证明: 直线 $MK \parallel CD$.

1448(п). 设 A 和 B 是平面上两个固定的点, O 是平面上任一点. 证明: 当点 M 变化 x 时, 对于它成立刻画直线 AB 的等式 $\overrightarrow{OM} = x\overrightarrow{OA} + (1-x)\overrightarrow{OB}$, 并且当 x 由 0 变到 1 时点 M 在线段 AB 上由 B 变到 A, 且 x 的值等于 $\dfrac{BM}{BA}$.

1449(т). 求所有可能的平行四边形中心的轨迹, 它的边平行于已知四边形的对角线,而顶点位于已知四边形的边上.

1450(т).　设 A,B 和 C 是某个三角形角的量.证明:对于任意的数 m,n 和 p,成立不等式

$$2mn\cos A + 2mp\cos B + 2pm\cos C \leqslant m^2 + n^2 + p^2$$

第 13 章 平面的变换

在本章,我们将完成平面几何教程的理论部分.我们考察一个最重要的几何主题 —— 平面的变换.更精确地说,我们只讨论这个主题,因为它远超出你们正在学习的教程.

变换的思想是现代数学的主导思想,它被应用在不同章节的成就是,证明了绝妙和高深的定理.我们感兴趣的只是平面的变换,所以只限于定义平面变换的概念.

我们说,平面变换是给定的,如果借助指出的方法将平面上的每个点 A 放置到同一个平面上的对应点 A'(这意味着,变换的结果使点 A 变为点 A').此时,不同的点 A 和 B 对应不同的点 A' 和 B'.

13.1 平面的运动

✳ 在平面变换的不同类型中,我们首先考察平面的运动.

什么是平面的运动?

在平面上我们任取一个三角形且开始沿着平面做刚体移动(图 13.1).由于

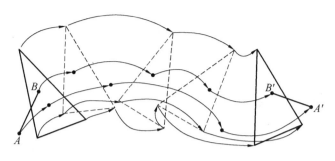

图 13.1

按确定形式移动它内部所有的点,所以不止是它们.三角形的移动给出平面上任意点的移动.平面上的每个点能够看作是与已知三角形紧密联结的.知道由平面上的某个点到原三角形顶点的三个距离,我们不难确定由于三角形的移动随之这个点的移动位置.

注意,三角形不仅可以顺着平面的表面移动,它还能转动到反面并做这种类型的移动.当给出这样的三角形移动的变换,就是运动.

我们给出更为精确的平面运动的定义.

❈ 平面上这样的变换叫作运动,它保持点对之间的距离不变.也就是说,如果点 A 和 B 由于运动变为 A' 和 B',那么 $AB = A'B'$.

运动的例子是本教程开始我们考察的轴对称.正如我们今后所指出的,轴对称是平面运动的基本形式且任何运动都能够归结为某些个轴对称.

我们给出由定义得出的运动的一个显然的性质.

❈ **定理 13.1(运动的基本性质)** 两个连续的平面运动的结果是平面运动.

这个定理的结论是显然的.实际上,应该只是它的简述说明.

设点 A 由于第一个运动移动到点 A',而由于第二个运动,点 A' 移动到点 A''.两个这样的运动可以用一个移动点 A 直接到点 A'' 的变换来替代.平面上不同的点此时变作不同的点,所以我们实际上得到了平面变换.剩下证明,这样作出的变换是运动.

我们考察平面上两个不同的点 A 和 B,通过第一个运动后分别变为点 A' 和 B'.设点 A' 和 B' 由于第二个运动分别变为点 A'' 和 B''.因为 $AB = A'B' = A''B''$,那么移动 A 和 B 为 A'' 和 B'' 的变换是运动.(这里,A 和 B 是平面上任意的两个点.)▼

平面运动的两个基本定理

❈ **定理 13.2(给出运动的基本方法)** 平面上的任何运动由平面上不在一条直线上的三个点完全给出.

换句话说,如果 A,B 和 C 是三个不共线的点且如果指出点 A',B' 和 C' 是它们在某个运动下变换的结果,那么对这个平面上的任意点 M 完全确定有点 M',它是点 M 在这个运动下的结果.

证明 根据上述内容,现在我们来精确地叙述定理的证明.设 $\triangle ABC$ 的顶点运动的结果是分别变为点 A',B' 和 C'. $\triangle A'B'C'$ 等于 $\triangle ABC$(图 13.2).取这个平面上的任一点 M.设在这个运动下它变为点 M'.因为 $A'M'=AM$; $B'M'=BM$,所以 M' 是圆心在 A' 和 B' 且半径为 AM 和 BM 的两个圆的一个交点.这两个圆相交不多于两个点.为了确定点 M' 的位置,再作圆心在 C' 且半径为 CM 的圆.属于第三个圆的前两个圆的交点,就是我们需要的点 M'.

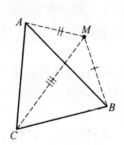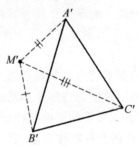

图 13.2

实际上,点 A,B 和 C,这意味着,点 A',B' 和 C' 不在一条直线上.圆心不在一条直线上的三个圆具有不多余一个交点.它们应当至少有一个交点,因为与点 A',B' 和 C' 相距给出的距离的点 M',是存在的. ▼

下面的定理指出在不同类型的运动中轴对称的主导作用.

�֍ **定理 13.3(关于任何运动通过轴对称表示的可能性)** 平面上的任何运动能够借助不多于三个轴对称得到.

证明 只需证明,借助不多于三个顺次的轴对称能使不共线的三点 A,B 和 C,变为任意这样的点 A',B' 和 C',且 $A'B'=AB,B'C'=BC,C'A'=CA$.

作为第一个对称轴我们取线段 AA' 的中垂线.此时点 A 变作点 A'(图 13.3).设此时点 B 变作 B_1,而点 C 变作 C_1(如果 A 同 A' 重合,那么这个对称是不必要的).作为第二个对称轴我们取 $B'B_1$ 的中垂线(图 13.4).因为 $A'B'=AB=A'B_1$,所选取的对称轴包含点 A'.

也就是说,由于第二个对称点 A' 位置不动,而点 B_1 变作 B'.由于连续两个对称点 A 变作 A',而点 B 变作 B'.设此时点 C 变为 C_2.

因为 $A'C_2=AC=A'C',B'C_2=BC=B'C'$,所以点 C_2 能取两个可能位置之

一:它或者同点 C' 重合,此时第三个对称是不必要的,或者它与点 C' 关于 $A'B'$ 对称(图13.5).在这种情况下完成了关于 $A'B'$ 的对称.连续采用三种(或少于三种)对称,将点 A 变作 A',点 B 变作 B',而点 C 变作 C'.这意味着,三个这样的对称给出我们需要的平面运动(这可由定理 13.2 得出).▼

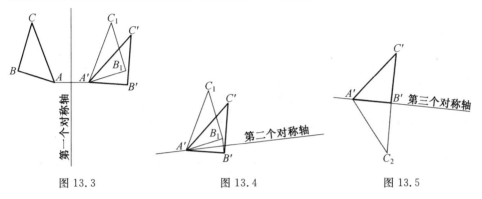

图 13.3　　　　　　　图 13.4　　　　　　　图 13.5

▲■● 　课题,作业,问题

1451.　建立每个点在平面给定直线上的射影.这本身给出了平面变换,对吗?

1452.　证明:任何运动将直线变为直线,而将圆变为圆.

❀ **1453.**　存在多少个运动,将正方形变为它自身?

❀ **1454.**　在坐标平面上给出点 $A(1,2)$ 和 $B(5,5)$.在平面运动下这两个点分别变作点 $A'(2,3)$ 和 $B'(7,3)$.在这个运动下点 $M(-2,-3)$ 能变作怎样的点?

❀ **1455.**　在平面上给出相交成45°角的两条直线.关于这两条直线的对称,点 A 变为点 A',点 B 变为点 B'.求直线 AB 同 $A'B'$ 之间的夹角.

1456.　证明:在空间的任何运动能够借助不多于四个关于平面的对称给出.

13.2　平面运动的形式

❀　你们已经熟悉这样的平面变换,正如围绕点的转动和平行移动(我们将不分出中心对称,因为它是180°的旋转).容易见到,这些变换的每一个是运动.这里自然产生这样的问题:运动有哪些普遍的形式?借助定理13.3可以给出这个问题详尽的回答.我们将运动按照它的轴对称个数进行分类.

首先我们分离出个别的恒等变换,因为它使平面每个点的位置停留不动.显然,这个变换是运动.

一、平行移动

一个轴对称仍给出轴对称.远为有趣的情况是两个轴对称.这里有两个可能:对称轴平行和对称轴相交.我们分别简述和证明两个定理.

✳ **定理 13.4(关于平移变换表为两个对称的形式)** 依次进行两个轴平行的轴对称的结果是将平面上任一点 A 变为这样的点 A',使得向量 $\overrightarrow{AA'}$ 对平面上所有的点是个常量.

此时向量 $\overrightarrow{AA'}$ 垂直于对称轴,方向由第一个轴到第二个轴,且它的长是两个轴之间距离的 2 倍.

这个变换叫作平行移动.向量 $\overrightarrow{AA'}$ 本身叫作平移向量.

证明 我们考察垂直于对称轴的任一向量 $\overrightarrow{AB}$(图 13.6).每个对称之后它在向量的相反方向移动同样的长度.也就是说,两个对称之后它移动为排列在同一条直线 AB 上的向量 $\overrightarrow{A'B'}=\overrightarrow{AB}$.这样一来,$\overrightarrow{AA'}=\overrightarrow{BB'}$,也就是说,对于垂直于对称轴的直线上的所有点,依次进行两个对称后所产生的移动为同一个向量.

在第一个轴对称下取点 A,我们容易确信平移向量的长实际上是对称轴之间距离的 2 倍且它的方向是由第一个轴到第二个轴.▼

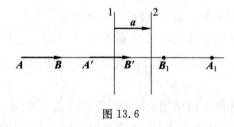

图 13.6

特别地,由定理的证明得出,取任意垂直于向量 a 彼此间距离等于 $\frac{1}{2}|a|$ 的两条直线,在关于这两条直线对应次序的两个轴对称后,我们得到向量 a 的平移.

二、旋转

现在我们说明,带有相交轴的两个依次对称的结果是怎样的运动.我们用下面的定理回答这个问题.

＊　定理 13.5(关于旋转表为两次对称的形式)　设在平面上相交于点 O 的两条直线 l_1 和 l_2 彼此间形成角 $\alpha(\alpha \leqslant 90°)$. 依次关于直线 l_1 和 l_2 进行两次对称,我们得到围绕点 O 转角为 2α 的旋转.此时旋转的方向与旋转角相同,由直线 l_1 变到直线 l_2.

这个变换叫作旋转,而角 2α 叫作旋转角.

我们清楚这个定理的结论.我们取平面上任一点 A.考察圆心在点 O、半径为 OA 的圆(图 13.7).这个圆交对称轴于四个点,我们选其中的两个点:在直线 l_1 上的点 B_1 和在直线 l_2 上的点 B_2,使得 $\angle B_2 OB_1 = \alpha$.这两个点确定在圆上的运动方向:由点 B_1 沿着对应角 α 的小弧到 B_2.连续应用关于直线 l_1 和 l_2 的对称,结果点 A 变到在这个圆上的点 A'.同时由点 A 运动到点 A' 时作为指出的方向我们得到圆的小弧,它对应的中心角等于 2α.

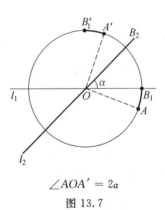

$$\angle AOA' = 2\alpha$$

图 13.7

证明　对于点 B_1 定理的结论显然.在一般情况下,一个对称后弧 AB_1 变为相同的但方向相反的弧(点 B_1 留在原位置不动).两个对称后弧 AB_1 变为与它相等且方向相同的弧 $A'B_1'$.也就是说,$\angle AOA' = \angle B_1 OB_1' = 2\alpha$,并且推得点 A 和 A' 与点 B_1 和 B_1' 彼此之间是同样的次序.▼

在这里要注意的是,无论我们通过点 O 怎样引两条相交成 α 角的直线,依次关于这两条直线的两个对称后,我们均得到围绕点 O 方向与角 2α 相对应的旋转.

＊三、三个轴对称

＊　于是,我们考察最后的情况并且提出问题:依次三个轴对称的结果将是平面

上的怎样的运动?

当三个对称的轴是平行的情况,不难归结为一个轴对称.实际上,我们考察三条平行的直线 l_1,l_2 和 l_3(图 13.8).正如我们知道的(定理 13.3),前两个对称的结果是平移,并且如果 l_1 和 l_2 取任意距离彼此相同的两条平行直线 l_1' 和 l_2' 替代它(垂直的向量方向一致),那么得到的结果也是平移.特别地,可以取直线 l_2' 同 l_3 重合.此时关于 l_2' 和 l_3 的对称"互相抵消"(给出恒等变换),且结果只剩下关于 l_1' 的一个轴对称.这样一来,作为结论,带有平行轴的三个轴对称可以用一个轴对称来替代.

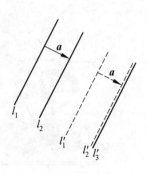

图 13.8

同样的三个轴对称,若它们的轴通过同一点,也可以用一个轴对称来替代.

现在考察一般的情况,当三个轴相交,但是它们全部都不具有公共点的情况.

❋ **定理 13.6(关于三个轴对称给出的运动)**   三个依次的轴对称,它们的轴不全平行且不通过同一点,可以用两个运动:对称和平移来替代.

证明   设对称轴是 l_1,l_2 和 l_3,同时 l_1 和 l_2 相交于点 O(图 13.9).则前两个对称可以用围绕点 O 以对应角的旋转来替代.如果取相交于点 O 交成同样角的直线 l_1' 和 l_2' 替代 l_1 和 l_2,那么关于 l_1' 和 l_2' 对称的结果将是与关于 l_1 和 l_2 对称的结果相同的旋转(直线 l_1' 和 l_2' 可由直线 l_1 和 l_2 绕 O 的任意旋转得到).特别地,可以取直线 $l_2' \parallel l_3$.

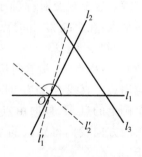

图 13.9

关于直线 l_1',l_2' 和 l_3 的依次对称给出关于 l_1,l_2 和 l_3 对称同样的运动.但根据 l_2' 和 l_3 的平行性关于这些直线的对称可以用平移来替代.结果得到的运动,是依次由轴对称和平移组成的.▼

可以给予定理 13.6 更加详尽的说明.

* **四、滑动对称**

❋ 对考察的三个运动(轴对称,平移,旋转)我们再补充一个.

依次由轴对称和对称轴平行的向量给出的平移所组成的运动叫作滑动对称.

定理 13.7(关于通过三个对称表示的滑动对称)   三个依次的轴对称(它们的轴不通过同一点,其中有平行的轴)的结果是滑动对称.此时所有滑动对称可以得到三个依次轴对称的结果.

证明　我们考察轴为 l_1，l_2 和 l_3 的对称. 设 l_2 和 l_3 相交于点 P（图13.10）（如果 l_2 和 l_3 平行，那么我们首先替代 l_1 和 l_2 围绕它们交点的旋转）. 我们转动围绕点 P 的这两个轴，使得 l_2 变为垂直于 l_1 的直线 l'_2. 得到新的三直线组 l_1，l'_2 和 l'_3，和原来的直线 l_1，l_2 和 l_3 确定相同的运动（图 13.11）. 现在围绕直线 l_1，l'_2 的交点 Q 旋转，使得 l_1 变为垂直于 l_3 的直线. 结果我们得到直线 l'_1，l''_2 和 l'_3（图 13.12），且 l'_1 垂直于 l''_2 和

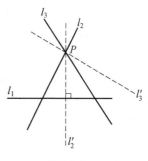

图 13.10

l'_3，给出了与原来的三直线组相同的运动. 这意味着，l''_2 和 l'_3 平行且给出平行于 l'_1 方向的移动，即考察的运动是滑动对称. 同样地，任何滑动对称也可以得到作为三个依次的轴对称的结果，因为在较少个数的对称下我们得到另外的运动形式. ▼

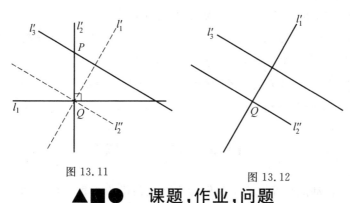

图 13.11　　　　图 13.12

▲■● 课题，作业，问题

❋ **1457(в).**　平行移动的结果为点 A 变为点 A'，点 B 变为点 B'. 如果已知点 A，A' 和 B 的坐标，求点 B' 的坐标：

(a) $A(-1,3)$，$A'(2,4)$，$B(1,-3)$.

(b) $A(2,-2)$，$A'(0,1)$，$B(-1,-5)$.

(c) $A(-3,-2)$，$A'(-5,-1)$，$B(4,7)$.

❋ **1458(в).**　平行移动的结果为点 A 变为点 A'，且直线 l 变为 l'. 求直线 l' 的方程，如果：

(a) $A(-2,5)$，$A'(3,-4)$；直线 l 的方程是 $2x-3y=1$.

(b) $A(4,7)$，$A'(-3,13)$；直线 l 的方程是 $3x+4y=5$.

1459. 　　如果平移变换使得由方程 $y=3x-2$ 给出的直线,变为直线 $y=3x+4$,而直线 $3x+2y=2$ 变为直线 $6x+4y=3$.求平移向量.

✱ **1460(в).** 　　我们将以逆时针方向的运动为正向旋转.设坐标轴是这样的,使得绕坐标原点正向旋转 $90°$ 的结果是点 $(0,1)$ 变为点 $(1,0)$.求点 $(0,1)$ 在正方向角为 $30°,45°,60°,120°,150°$ 的旋转下变成的点的坐标.

　　如果发生的旋转是相反方向,对于这些角回答同样的问题.

✱ **1461(п).** 　　求多边形具有最少的顶点数.若它有两条对称轴,且它们的交角为(a) $30°$;(b) $10°$;(c) $87°$?

✱ **1462(п).** 　　在平面上给出两条相等且不平行的线段 AB 和 $A'B'$.求作使点 A 变作 A',而点 B 变作 B' 的旋转中心.

1463. 　　在平面上给出两条相等的线段 AB 和 CD.直线 AC 和 BD 相交于点 P.设 $\triangle ABP$ 和 $\triangle CDP$ 的外接圆相交于不同于点 P 的另一点 O.证明:围绕点 O 旋转 $\angle AOC$ 的结果是使点 A 变为点 C,而点 B 变为点 D.

1464(п). 　　已知直线 l 和点 A.求平面上点 M 的轨迹,使得存在中心在直线 l 上旋转角为 $60°$ 的旋转,变点 A 为点 M.

✱ **1465.** 　　给出正六边形.存在多少个变它为自身的不同运动?它们中有多少个对称,旋转和滑动对称?

13.3　位　　　似

　　在不是运动的平面变换中我们考察在几何学中起重要作用的一个.我们所说的变换叫作位似.

一、位似的定义

✱　中心在点 O 且系数为 k 的位似是这样的平面变换,在该变换下任一点 A 变为点 A',使得 $\overrightarrow{OA'}=k\overrightarrow{OA}$(图 13.13).

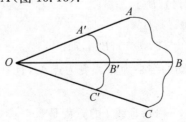

图 13.13

由定义得出,当 $k=1$ 时位似是恒等变换.

当 $k=-1$ 时,位似变为中心对称.

中心在点 O 且系数为 k 和 $\dfrac{1}{k}$ 的两个位似是互为相反的.这意味着,如果它们中的一个变点 A 为点 A',那么另一个变点 A' 为点 A.

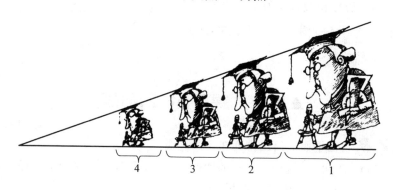

二、位似的性质

位似的基本性质表现为下面的定理.

❇ **定理 13.8(位似的基本性质)**　　在系数为 k 的位似下线段 AB 变为平行于 AB 的线段 $A'B'$,且使得 $A'B'=|k|\cdot AB$,而任意图形 F 映射为与 F 相似且相似系数为 k 的图形 F'.此时图形 F 的所有元素映射为图形 F' 的对应元素.

证明　　设 O 是位似中心(图 13.14).$\triangle OAB$ 和 $\triangle OA'B'$ 相似,根据相似第一判别法,$OA:OA'=OB:OB'$,$\angle AOB=\angle A'OB'$.

这意味着,$A'B'=|k|\cdot AB$ 且 $A'B'$ 平行于 AB.

显然,在位似下 AB 的中点变为 $A'B'$ 的中点且一般地,分 AB 为某个比例的点变为分 $A'B'$ 为同一比例的点.

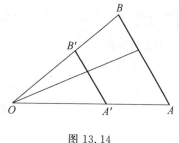

图 13.14

由上面的结论得出,在系数为 k 的位似下 $\triangle ABC$ 变为与它相似且相似系数为 $|k|$ 的 $\triangle A'B'C'$(图 13.15).此时三角形的边分别平行,而在位似下关于这两

个三角形彼此对应点的排放是一致的.

最后一个论断容易推广到多边形.需知每个多边形 F 可以分解为三角形,它们在位似下变为相似的且同样排列的三角形,所形成的多边形 F',与多边形相似且相似系数为 k.

我们省略对任意图形的这个论断的证明,因为它是显然的.

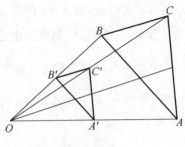

图 13.15

▲■● 课题,作业,问题

✳ 1466(в). 在平面上给出排列在一条直线上的三个点 O,A 和 A'.设中心在 O 的位似变 A 为 A'.我们取平面上的任一点 B.求作在同一个位似下点 B 变作的点 B'.

✳ 1467. 在平面上给出两条平行的线段.那么存在多少个位似,变一条线段为另一条线段?作出这些位似的中心.

✳ 1468. 在直线上给出点 A,B,A' 和 B'.求作位似中心,在这个位似下使点 A 变为点 A',而点 B 变为点 B'.

✳ 1469(в). 证明:对任意两个不同心并且不相等的圆,恰存在两个位似,变其中一个圆为另一个圆.并作出这两个位似的中心.

1470(в). 证明:任意两个对应边平行且不相等的三角形是位似的.

✳ 1471(в). 在平面上给定圆和点 A.如果点 B 在给定圆上变动,求线段 AB 的中点的轨迹?

✳ 1472. 在平面上给出两条平行的线段 AB 和 KM.求变 AB 为放置在 KM 上的线段 $A'B'$ 的所有可能的位似中心的轨迹.

附　　录

自我检测题

* *

下面 100 个命题中的每一个要么对,要么不对.在事先准备的表格中需要填写,如果你认为命题是对的话,就填"是";如果你认为命题是不对的话,就填"不是";如果不能确定答案,那表格中就空白.

将自己的答案同本书后给出的答案进行对照.答对一个得 1 分,解答不对的情况需要从累积的分数中扣除 2 分,而空白为 0 分.如果你的分数超过 85 分,那么你的功课很好(评 5 分);71~85 分,你的成绩得到好评(评 4 分);46~70 分,你的成绩令人满意,还过得去(评 3 分).

整个检测需要 3 个小时,中间可以休息 5~10 分钟(所有休息时间的和不超过 1 小时,且休息时间不计入总时长).

1. 通过平面上任意一点能够引直线平行于这个平面上的已知直线.

2. 如果图形多余一个对称轴,那么它具有对称中心.

3. 通过平面上任意一点能够引直线垂直于这个平面上的已知直线.

4. 不存在恰有 15 条对角线的多边形.

5. 设 A,B 和 C 是平面上这样的三个点,成立等式 $\angle BAC = \angle BCA$,则 $BA = BC$.

6. 等腰三角形底边的中垂线通过这个三角形的顶点.

7. 如果在 $\triangle ABC$ 和 $\triangle A_1 B_1 C_1$ 中,$AB = A_1 B_1$,$\angle ACB = \angle A_1 C_1 B_1$,$\angle BAC = \angle B_1 A_1 C_1$,那么这两个三角形相等.

8. 对于任意的 $\triangle ABC$ 存在唯一的与直线 AB,BC 和 CA 相切的圆.

9. 如果三角形能够分为两个相等的三角形,那么这个三角形是等腰三角形.

10. 不存在边为 $\sqrt{8}$,$\sqrt{10}$,6 的三角形.

11. 三角形的两个角等于 $\frac{2\pi}{5}$ 和 $\frac{2\pi}{7}$,联结这两个角顶点的边是最大边.

12. 如果三角形的外角平分线平行于这个角的对边,那么这个三角形是等腰三角形.

13. 如果四边形 $ABCD$ 成立等式 $AB+CD=BC+AD$,那么存在与直线 AB,BC,CD 和 DA 相切的圆.

14. 不存在这样的三角形,它的两个角的平分线相互垂直.

15. 不存在这样的三角形,它的两条高线垂直.

16. 如果三角形外接圆的半径等于三角形的边,那么这个边的对角等于30°.

17. 三角形的一条边等于这条边上的高,而对角小于45°,则这个三角形是钝角三角形.

18. 在钝角三角形中,最大边的平方小于另外两边的平方和.

19. 在任意三角形中最大边上的中线最小.

20. 在边长为 8,9,10 和 12 的任何四边形中不能有内切圆.

21. 任意两条对边平行的四边形叫作梯形.

22. 存在这样的四边形,它的面积大于它的两条对角线乘积的一半.

23. 如果四边形所有的内角都是直角,那么这个四边形是平行四边形.

24. 如果四边形对角的和相等,那么在这个四边形中能有一个内切圆.

25. 如果四边形的对角线相等,那么这个四边形是长方形.

26. 如果四边形的每条对角线都平分它的两个角,那么这个四边形是菱形.

27. 如果四边形的两条对角线分它为四个等积的三角形,那么这个四边形是平行四边形.

28. 如果四边形的两条对角线分它为四个这样的三角形,两个相对的三角形等积,而另两个不等积,那么这个四边形是梯形.

29. 我们有内接于同一个圆中的多边形序列. 已知这些多边形的最大边长趋于零,则这些多边形的周长趋于圆的周长.

30. 如果某个多边形的内部放有另一个多边形,那么第二个(放在内部的)多边形的周长小于第一个的周长.

31. 含有已知三角形的所有圆中(顶点可以在圆上),外接圆具有最小的半径.

32. 任意四边形各边的中点是平行四边形的四个顶点.

33. 存在高小于 $1\ \mathrm{cm}$,而面积大于 $1\ \mathrm{m^2}$ 的三角形.

34. 对于任意 $\triangle ABC$ 成立等式 $AB \cdot A_1C=AC \cdot A_1B$,其中 A_1 是 $\angle BAC$ 的平分线与边 BC 的交点.

35. 不能在平面上放置五个不同的两两相切的圆.

36. 三角形的外接圆圆心永远在三角形的内部.

37. 三角形的内切圆圆心永远在三角形的内部.

38. 三角形各边的中垂线相交于这个三角形内切圆的圆心.

39. 如果三角形的所有边长都减小,那么它的面积也减小.

40. 通过三角形各顶点引的平分它面积的直线,相交于一点.

41. 如果三角形的内切圆圆心与外接圆圆心重合,那么这个三角形是正三角形.

42. 对于任意的角 α 成立等式 $\tan\alpha \cdot \cot\alpha = 1$.

43. 由点 A 向通过点 B 的所有可能的直线上的射影的轨迹是以 AB 为直径的圆.
(A 和 B 是平面上的固定点,考察的直线属于这个平面.)

44. 在平面上相切的两个圆圆心间的距离等于它们半径的和.

45. 平行于三角形的一边且通过另外两边中点的直线叫作三角形的中位线.

46. 钝角的正弦是负的.

47. 由方程 $2x + 3y = 1$ 和 $\frac{1}{2}x + \frac{1}{3}y = 1$ 给出的两条直线平行.

48. 如果一个三角形任意两边的比等于另一个三角形对应边的比,那么这两个三角形相似.

49. 点 $A(-1,2)$ 和 $B(2,-2)$ 之间的距离等于 5.

50. 如果三角形的两条边相等,又有一个角等于60°,那么这个三角形是正三角形.

51. 边长为 9,40,41 的三角形是锐角三角形.

52. 对任意的 a,方程 $x^2 + y^2 = ax$ 给出的是圆.

53. 两个向量的数量积永远是正的.

54. 存在唯一的三角形,它的两边等于 7 和 8,而它们最小边所对的角等于60°.

55. 周长为 6 cm 的三角形的面积不能大于 2 cm².

56. 三个弧度的角比172°大.

57. 用任意三角形的三条高为边可以作三角形(新三角形的边是原三角形的高).

58. 不存在这样的三角形,它的一条边等于 1,这条边上的高等于 10,而这条边的对角等于30°.

59. 由任意三角形的三条中线能组成三角形(所作的三角形,它的边等于已知三角形的中线).

60. 任意凸多边形的外角和等于360°.

61. 三角形内切圆的半径小于任何高线的一半.

62. 存在这样的三角形,它的两条高在三角形的内部,而另一条高在外部.

63. 设 O 是 $\triangle ABC$ 内切圆的圆心.已知 $\angle AOC = 135°$.在这个三角形中外接圆的半径等于边 AC 上的中线.

64. 如果三角形外接圆的圆心在它的中线上,那么这个三角形是等腰三角形.

65. 如果一个四边形既是圆内接的又是圆外切的,并且内切圆与外接圆的圆心重合,那么这个四边形是正四边形.

66. 我们考察所有可能的对应边相等的凸四边形.如果它们一个能有内切圆,那么每个四边形也都有内切圆.

67. 边长为 5,6,8 的三角形的外接圆圆心在这个三角形的内部.

68. 当角由 $0°$ 到 $180°$ 变化时,它的余弦值是递增的.

69. 在任意三角形中角平分线的平方小于夹它的边的乘积.

70. 如果三角形外接圆的半径等于它的一条边长的一半,那么这个三角形是直角三角形.

71. 如果三角形外接圆的半径等于它的一条中线,那么这个三角形是直角三角形.

72. 在任意不等边的三角形中,高线由同一个顶点引出的角平分线和中线之间通过.

73. 在任意三角形中高线小于由同一个顶点引出的中线.

74. 两个向量的数量积永远小于它们长度的积.

75. 三角形的内切圆半径等于 1,而周长等于 6,这是不可能的.

76. 存在三角形,它的两边之和等于 2,而第三边上的中线等于 1.

77. 等式 $\cos^2 45° = \cos 60°$ 是正确的.

78. 通过梯形对角线的交点和它一个底边的中点引的直线通过梯形不平行的两边的延长线的交点.

79. 一组对边等于 8 和 1,而另一组对边等于 7 和 4 的四边形的对角线互相垂直.

80. 设两个圆相交于点 A 和 B,M 是在直线 AB 上线段 AB 外面的某个点.则由点 M 对两个圆引的切线相等.

81. 通过已知点 A 引任意直线交已知圆于点 B 和 C.乘积 $AB \cdot AC$ 是与直线无关的常量.

82. 三角形的面积可以根据公式 $S = R^2 \sin A \sin B \sin C$ 来计算,其中 R 是外接圆半径,A,B 和 C 是三角形的内角.

83. 如果两个向量的数量积等于零,那么其中一个向量等于零.

84. 在平面上标出四个点,其中任意三点都不共线,则存在唯一的四边形,它的顶点是这四个点.

85. 设 a 和 b 是平面上两个向量. 则对于任意向量 m 存在一对数 x 和 y, 使得 $m = xa + yb$.

86. 圆的面积大于内接与外切正方形面积一半的和.

87. 如果圆内接多边形的所有角都相等, 那么这个多边形是正多边形.

88. 如果一个三角形的角等于另一个三角形的角, 而第一个三角形的两边分别与第二个的一对边成比例, 那么这两个三角形相似.

89. 圆外切多边形的所有边彼此相等, 那么这个多边形是正多边形.

90. 圆的周长与它的直径的比大于 3.14.

91. A 和 B 是平面上两个固定的点, 使得 $\triangle ABM$ 是等腰三角形的平面上点 M 的轨迹, 是线段 AB 的中垂线.

92. 顶点与三角形的内切圆圆心重合, 每条边都通过这个三角形顶点的角是钝角.

93. 对任意的 a, b 和 c, 方程 $x^2 + y^2 + ax + by + c = 0$ 在坐标平面上给出圆或点.

94. 方程 $y = kx + b$ 和 $x + ky = d$ 对任意的 k, b 和 d 在坐标平面上给出一对垂直的直线.

95. 如果三角形的高等于 6 且它的垂足分三角形的边为长是 4 与 9 的两条线段, 那么这个三角形是直角三角形.

96. 如果对三角形成立不等式 $p - a < r$, 其中 p, a 和 r 分别是半周长, 一边的长和内切圆的半径, 那么这个三角形是钝角三角形.

97. 两条边等于 1 和 2, 它们的夹角等于 59° 的三角形是钝角三角形.

98. 存在两个不同的三角形, 它们每一个的两条边等于 10 cm 和 7 cm, 而这两边中小边的对角等于 45°.

99. 如果三角形的外接圆半径是它的内切圆半径的 2 倍大, 那么这个三角形是正三角形.

100. 不能在平面上放置三个不相交的圆, 使得存在不少于七个不同的圆与这三个圆相切.

自我检测题答案

1	不是	21	不是	41	是	61	是	81	是
2	不是	22	不是	42	不是	62	不是	82	不是
3	是	23	是	43	是	63	是	83	不是
4	是	24	不是	44	不是	64	不是	84	不是
5	不是	25	不是	45	不是	65	是	85	不是
6	是	26	是	46	不是	66	是	86	是
7	是	27	是	47	不是	67	不是	87	不是
8	不	28	是	48	是	68	不是	88	不是
9	是	29	不是	49	是	69	是	89	不是
10	是	30	不是	50	是	70	是	90	是
11	不是	31	是	51	不是	71	不是	91	不是
12	是	32	是	52	不是	72	不是	92	是
13	是	33	是	53	不是	73	不是	93	不是
14	是	34	是	54	不是	74	不是	94	是
15	不是	35	不是	55	是	75	是	95	是
16	是	36	不是	56	不是	76	不是	96	是
17	是	37	是	57	不是	77	是	97	是
18	不是	38	不是	58	是	78	是	98	不是
19	是	39	不是	59	是	79	是	99	是
20	是	40	是	60	是	80	是	100	不是

答案和提示

7 年级

2.1 49.点 A 位于 B 和 C 之间. 52.(a) 1;(b) $\frac{6}{5}$;(c)2 $\frac{1}{2}$;(d)1 $\frac{5}{7}$; (e)0.5;(f)2;(g)1. 53.除在问题52指出的答案外,可以还有下面的 BM 的值: (a)3;(b)6;(c)3 $\frac{3}{4}$;(d)12. 54.0.5. 56.(a)9.9 和 1.5;(b)4.9 和 0.7. 58.(a)3.4;(b)2.3;(c)6 或者 1. 59.(a) 一条线段和两种情况;(b) 三条线段 和四种情况;(c) 六条线段和六种情况; (d) 十条线段和八种情况; 60.(a)4.3;0.9;1.9;1.5;(b)6.2;1.6;2.6;2;(c)6.7;0.7;4.1;1.9. 61.1 $\frac{1}{3}$.

62. 可以有三种解答方案:$KM=1\frac{1}{3}$;$KM=2$;$KM=4$. 64.$CA=3.3$.

65.1.3. 73.问题具有两个解:点 M 可以是 AB 的中点,也可以在射线 BA 上, 使得 $BM=3$. 74.如果点在一个方向运动,那么线段中点的移动量为 $\frac{3+1}{2}=2$.如果在不同方向运动,那么移动量为 $\frac{3-1}{2}=1$. 75.$\frac{BM}{MC}=\frac{AM}{MD}=\frac{1}{2}$.

76.(a) 点 M 位于 BC 上,并且 $BM=1\frac{1}{2}$;(b)适合的所有点在线段 BC 上,包含 它的端点. 81.在所有情况 $MM_2=2AB=2$. 86.(a)6;(b) -2.7;(c)3.2; (d) -4.74. 88.(a)3;(b) -0.7;(c) 11. 90.在第一种情况井应选在楼 B 近 旁,在第二种情况选在线段 BC 的任一处.

2.2 101.三个或者四个. 103.为七个部分,三条线段,六条射线. 106.四条平行的直线. 109.从不同侧.

2.3 133. $110°$. 134. $30°$. 139.$20°$. 147.(a) $70°$，$98°$，$140°$;

(b) 70°,112°,140°;(c) 125°,173°,110°;(d) 125°,172°,110°;(e) 139°,157°,82°;(f) 139°,100°,82°. 148. 在每一点有四种可能. (a) 99°,35°,33°,31°;(b) 110°,85°,72°,94°;(c) 104°,122°,160°,142°. 149. 直线之间的角等于28°,36°,64°.

151. 3. 152. 5. 154. $90° - \dfrac{\alpha}{2}$. 156. 60° 或者20°. 158. $180° - \dfrac{\alpha}{2}$. 159. 60°.

2.4 178. (a) 2;(b) 2 或者 4. 185. 2. 189. 2;2;2. 190. (a) 15;(b) 200. 21;(c) 25. 3;(d) $\dfrac{1\,913}{1\,001}$;(e) 这样的三角形不可能. 191. △BCM 的周长较大;大 $\dfrac{1}{2}$. 192. 3 : 1. 193. 21. 194. 6. 213. 9;14;一百边形的对角线数等于 4 850. 215. 不能. 216. 10 个三角形和一个五边形.

3.1 229. 能. 240. 1. 241. 等分. 244. 40°. 245. 90°.

3.2 255. △BAK = △MAC,△BAC = △MAK,△BKC = △MCK,△BCM = △MKB. 283. 5 和 3. 284. 1. 297. AP = 2. 298. AK = 5,BK = 2(点 K 在点 B 外侧边 AB 的延长线上). 299. AK = AM = 3,BK = BL = 2,CL = CM = 4. 308. BC = 5,PK = 3.

3.3 333. ∠ABC 最大,∠ACB 最小. 334. 3. 340. 能(所有的圆彼此相切于一点). 345. (a) 由 3 到 11;(b) 由 3 到 11;(c) 由 0 到 15. 346. (a) AB = 1,AC = 7;(b) AB = 2,AC = 3. 347. AC = 3.7. 349. AB = 7. 350. 19.7. 353. $b > a$. 355. (a) AB 的最大值等于 15,最小值等于 1;(b) 5 和 0. 356. 游览时间不小于 $\dfrac{1}{7}$ 小时,但不多于 1 小时. 362. 在所有情况下问题有四个解:(a) $\dfrac{1}{2}$,1 $\dfrac{1}{2}$,3 $\dfrac{1}{2}$,4 $\dfrac{1}{2}$;(b) 1,2,3,4;(c) 1,2,3,6. 365. 问题具有四个解. 圆心分别在对边为 5,6 和 7 的顶点,圆的半径可以等于:(1) 4,3,2;(2) 9,2,3;(3) 2,9,4;(4) 3,4,9. 366. 可能的三个三角形的边是:2,3 和 4;2,4 和 5;3,4 和 5. 367. 对角线等于 2.8.

4.4 416. AM : MD = 38 : 33. 417. 0.6. 418. KM : MP = 3 : 1. 419. 2.5 或者 0.5. 420. 2,3 $\dfrac{3}{5}$,4 $\dfrac{1}{2}$. 421. 140°. 422. 80° 或者 60°. 423. 60°. 424. 11. 425. 5. 426. 7 或者 9. 427. AD = 4.

8 年级

5.1   479. $20°$ 和 $160°$.   492. 三个三角形, 或者三角形和四边形, 或者一个五边形.   493. 3.   497. (a) $65°$, $4°$; (b) $89°$, $88°$.   498. 不能, 不能得出. 503. $60°$.   519. 对于所有点答案是同一个: $360°$.   521. $\angle ABC = 65°$, $\angle ACB = 35°$, $\angle CAB = 80°$.   527. (a) $40°$, $40°$, $100°$; (b) $80°$, $80°$, $20°$ 或者 $50°$, $50°$, $80°$. 528. $140°$.   529. (b) $\angle MKC = \dfrac{\alpha}{2}$, $\angle KMC = \dfrac{\beta}{2}$, $\angle KCM = 180° - \dfrac{\alpha + \beta}{2}$. 532. $36°$, $72°$, $72°$.   534. $36°$, $72°$, $72°$ 或者 $90°$, $45°$, $45°$.   539. $40°$, $90°$, $50°$. 544. α 或者 $180° - \alpha$.   546. (a) $80°$, $70°$, $30°$; (b) $30°$, $40°$, $110°$.   550. $180°$. 551. $90° + \dfrac{\alpha}{2}$.   552. $20°$, $30°$, $130°$. 553. $\angle KPM = 45°$.   554. $90° - \alpha$.

560. $\angle AKM = \alpha$.   561. (a) $\angle OA_4 A_5 = \angle OA_5 A_4 = 80°$, $\angle A_4 A_1 A_5 = 30°$; (b) $70°$, $10°$, $100°$.   562. $12°$, $132°$, $36°$.   565. $\angle ACB_1 = 60°$, $\angle KPM = 120°$.

5.2   568. $30°$, $45°$, $105°$.   569. $65°$, $85°$, $30°$.   570. $120°$.   572. $AC = 1$. 573. $30°$ 或者 $150°$.   574. $79°$, $1°$.   576. $\angle ABC = 112°$, $\angle BCD = 77°$, $\angle CDA = 68°$, $\angle DAB = 103°$.   579. $140°$.   580. $52°$.   581. 问题具有四个解. 四边形的角 A, B, C 和 D 能够分别等于下列值: (1) $80°$, $60°$, $100°$, $120°$; (2) $60°$, $80°$, $120°$, $100°$; (3) $120°$, $100°$, $60°$, $80°$; (4) $100°$, $120°$, $80°$, $60°$.   582. 在第一种情况角的和等于 $180°$, 在第二种情况角的和等于 $540°$.   585. 2.

5.3   588. $48°$.   589. $66°$.   590. $30°$, $40°$, $110°$.

5.4   621. $50°$, $60°$, $70°$.   622. $44°$.   623. $25°$, $40°$, $115°$.   625. $AB = 1$. 627. $\angle BA_1 C_1 = \alpha$, $\angle BC_1 A_1 = \beta$, $\angle A_1 B C_1 = 180° - \alpha - \beta$.   630. 3 和 4. 634. 对于点 (a) 和 (b) 都等于 1.   635. 1.5 和 3.5.   640. $20°$.

6.1   651. 长方形和菱形有 2 条对称轴, 正方形有 4 条对称轴. 655. 4 cm 和 6 cm.   656. $50°$.   657. $40°$.   670. (a) 不, 不对; (b) 对; (c) 不, 不对; (d) 不, 不对; (e) 对.   671. 不是.   672. 1.   673. 2.   678. $45°$.   679. $90°$. 681. $40°$ 或者 $50°$.   683. $AD = BC = 4$, $AB = CD = 3$.   686. 问题有 8 个解. 所求的平行四边形的边等于 1 和 5; 4 和 5; 3 和 7; 4 和 7; 3 和 8; 5 和 8; 5 和 7; 2 和 7. 696. $60°$ 和 $60°$.

6.2   711. 10 cm.   712. 4 和 6.   713. $5\dfrac{1}{2}$, 6, $6\dfrac{1}{2}$.   714. 6 cm 和 15 cm.

715. $\frac{1}{2}$ 倍.　724. $3\frac{3}{4}$.　727. $\frac{1}{2}|a-b|$.　739. $4\frac{1}{2}$.　740. $\frac{2a+b}{3},\frac{a+2b}{3}$.

746. 60° 和 120°.　747. $\frac{(b+d)-(a+c)}{2}$.　748. $0.5P$.　756. $\frac{1}{2}$.

6.3　781. 不一定相似.　788. $\frac{1}{2}$.　789. k.　790. 30°.　791. $\frac{1}{2}$.

792. $\frac{1}{3}$.　794. $7\frac{1}{2}$.　797. 2.　798. 2.　799. 120°.　801. 8 和 27.　804. 4.

805. 1.　806. 4.2.　809. $\sqrt{ab}$.　810. $\frac{2ab}{a+b}$.　811. $a\frac{r}{R}$.　812. (a) $\frac{3}{8}\sqrt{3}$ 和

$\frac{5}{8}\sqrt{3}$ 或者 $\frac{3}{2}\sqrt{3}$ 和 $\frac{5}{2}\sqrt{3}$；(b) $\frac{3}{8}\sqrt{5}$ 和 $\frac{5}{8}\sqrt{5}$.　813. (a) 大的边等于 $\frac{\sqrt{5}+1}{2}$. 点 M

分别与原长方形左和下边的距离为 $\frac{\sqrt{5}}{5}$ 和 $\frac{5-\sqrt{5}}{10}$.　814. $\triangle ABD \backsim \triangle DAC$.

815. (a)19.52;(b)38;(c) 这样的棱锥不可能存在.

7.1　825. $2\frac{2}{5},1\frac{4}{5},3\frac{1}{5}$.　826. $\sqrt{3},\sqrt{6}$.　831. 5 和 12.　833. 1 和 4.

834. 13.　835. $\sqrt{5}$.　849. $\frac{\sqrt{3}}{2}a,\frac{\sqrt{3}}{3}a,\frac{\sqrt{3}}{6}a$.　850. $\frac{5}{7}a$.　851. $\sqrt{2}a$.　853. $\sqrt{5}$.

857. 高等于 $\frac{4}{9}\sqrt{110}$ 且分边为线段 $3\frac{7}{9}$ 和 $5\frac{2}{9}$.　858. $7\frac{1}{2}$.　860. 90°.

861. $6\frac{18}{25}$.　863. $\frac{a+b}{2}$.　864. 9.　865. 15°.　866. $\frac{\sqrt{6}-\sqrt{2}}{4},\frac{\sqrt{6}+\sqrt{2}}{4}$.

868. $\sqrt{a^2+b^2+c^2}$.

7.2　917. (a) $\cos\alpha=\pm\frac{4}{5},\tan\alpha=\pm\frac{3}{4},\cos\alpha=\pm\frac{4}{3}$;　(b) $\sin\alpha=\frac{2\sqrt{2}}{3}$,

$\tan\alpha=-2\sqrt{2}$, $\cos\alpha=-\frac{1}{2\sqrt{2}}$; (c) $\sin\alpha=\frac{2}{\sqrt{5}},\cos\alpha=\frac{1}{\sqrt{5}},\cot\alpha=\frac{1}{2}$.　919.

$\frac{2\sqrt{30}+1}{12}$ 和 $\frac{2\sqrt{2}-\sqrt{15}}{12}$.　920. $-\frac{13}{20},\frac{111}{120},\frac{89}{100}$.　923. (a) $\sin\alpha=\frac{1}{\sqrt{10}}$,$\cos\alpha=$

$\frac{3}{\sqrt{10}}$;(b) $\sin\alpha=\frac{4}{5},\cos\alpha=-\frac{3}{5}$; (c) $\sin\alpha=\frac{1}{\sqrt{5}},\cos\alpha=\frac{2}{\sqrt{5}}$ 或者 $\sin\alpha=\frac{2}{\sqrt{5}}$,

$\cos\alpha=\frac{1}{\sqrt{5}}$.

926. (a) 锐角三角形;(b) 钝角三角形;(c) 直角三角形;(d) 钝角三角形;(e) 锐

角三角形；（f）不存在这样的三角形. 927. $\dfrac{3+\sqrt{37}}{2}$. 941. $3\sqrt{10}$.

942. $8\sqrt{\dfrac{2}{15}}$. 943. $6,\dfrac{1}{4}\sqrt{274}$. 944. $-3+\sqrt{22}$. 946. $\dfrac{\sqrt{14}}{12}$. 947. $\sin 15°=$

$\dfrac{\sqrt{6}-\sqrt{2}}{4}$, $\cos 15°=\dfrac{\sqrt{6}+\sqrt{2}}{4}$, $\tan 15°=2-\sqrt{3}$, $\cot 15°=2+\sqrt{3}$. 948. $\sin 18°=$

$\dfrac{\sqrt{5}-1}{4}$, $\cos 18°=\dfrac{\sqrt{10+2\sqrt{5}}}{4}$. 949. $\sqrt{\dfrac{2}{3}}$. 950. $\dfrac{ab}{2h}$. 951. $\sqrt{2}(\sqrt{3}-1)$,

$2(\sqrt{3}-1)$. 952. $\dfrac{b^2}{2h},\dfrac{a^2+4h^2}{8h},\dfrac{b^2}{\sqrt{4b^2-a^2}}$. 953. $\dfrac{5}{6}\sqrt{13}$. 954. $\dfrac{4}{3}\sqrt{\dfrac{46}{15}}$.

956. $\dfrac{\sqrt{10}}{4}$. 957. $\sqrt{2}$. 958. $2\left(2R\sin\alpha+r\cot\dfrac{\alpha}{2}\right)$. 959. $2a(1+\cos\alpha)$.

960. $\dfrac{ab}{c}$. 961. $\dfrac{a}{2\sin\alpha}$. 962. $\sqrt{\dfrac{b^2+c^2-a^2}{2}}$.

7.3 973. 3. 974. 圆的半径为 $\sqrt{CA\cdot CB}$，圆心为 C，除这个圆与 AB 相

交的两个点之外. 975. $2\dfrac{1}{2}$ 和 2. 976. $1:6$. 978. 3. 979. $4\sqrt{2}$. 980. $1:$

7. 981. $\sqrt{2}$. 982. $3\sqrt{3}$. 983. $90°$. 984. 1.1. 985. $1:4$. 987. 2.

989. $\dfrac{128}{63}$.

8.1 991. $140°,20°,160°$. 993. (a) $55°,65°,60°$；（b）$5°,15°,160°$.

995. $\angle BJC=90°+\dfrac{\alpha}{2}$, $\angle BJ_aC=90°-\dfrac{\alpha}{2}$, $\angle BJ_bC=\dfrac{\alpha}{2}$. 996. $10°$.

1002. $180°-\alpha$ 或者 α. 1010. $\dfrac{3}{4}$. 1017. $\dfrac{5}{8}a$.

8.2 1031. $4:3$. 1032. $1:2$. 1035. $\dfrac{1}{6}\sqrt{145}$. 1036. $\dfrac{\sqrt{2\,380}}{11}$,

$\dfrac{\sqrt{2\,380}}{17}$. 1037. (a) $p=\dfrac{9}{2},l=\dfrac{8}{3}$；（b）$p=5,l=1$；（c）$m=\dfrac{2}{3},l=5$；

(d) $m=\dfrac{1}{2},p=3$；（e）$k=\dfrac{1}{4},p=15$；（f）$k=\dfrac{1}{3},m=2$. 1038. (a) $\dfrac{3}{2}$；

(b) $\dfrac{1}{12}$；（c）$\dfrac{5}{4}$. 1039. $\sqrt{ab}$. 1040. $\sqrt{ab}$. 1041. $\sqrt{ab}$. 1042. $\sqrt{ab}$.

1043. $\sqrt{ab}$. 1044. $\sqrt{ab}$. 1045. $\sqrt{ab}$. 1046. $\sqrt{ab}$. 1048. $\dfrac{ab}{a-b}$.

8.4   1071. 8.   1075. $2\sqrt{30}$.

8.5   1085. 4.   1088. $\angle AOB = 2C$, $\angle AJB = 90° + \frac{1}{2}C$.   1089. 60°.

1093. $\dfrac{\sqrt{a^2 + b^2 + 2ab\cos\alpha}}{2\sin\alpha}$.   1094. 30°.   1095. 2.

8.6   1100. (a) $\frac{1}{3}$;   (b) $\sqrt{2} - 1$.   1101. $\dfrac{R^2 - a^2}{2R}$.   1102. $\dfrac{2}{\sqrt{5}}R$.

1103. $\dfrac{2R}{\sqrt{10}}$.   1105. $\dfrac{4Rr(R - r)}{(R + r)^2}$.   1106. 4, 3, 5.   1107. $\sqrt{l^2 - (R + r)^2}$.

1108. $2 \pm \sqrt{3}$.   1109. $\dfrac{R}{4}, \dfrac{R}{18}$.   1110. $\dfrac{\sqrt{17} - 2\sqrt{3}}{5}$.   1111. $\dfrac{5}{8}$.   1112. (a) $\dfrac{9}{4}$ 和 $\dfrac{9}{2}$;   (b) $\dfrac{9}{8}$;   (c) $\dfrac{9}{2}$ 和 $\dfrac{9}{10}$.   1113. p.   1114. $\dfrac{Rr}{(\sqrt{R} \pm \sqrt{r})^2}$.

8.7   1115. (a) 20°, 100°, 60°;   (b) 120°, 20°, 40°;   (c) 30°, 50°, 100°.

1116. 不能.   1117. 50°, 60°, 70°.   1118. (a) 2°, 158°, 20°;   (b) 32°, 18°, 130°;

(c) 40°, 12°, 128°.   1121. $12\sqrt{13}, 18\sqrt{13}$.   1122. $18, 12\sqrt{2}$.   1123. $\dfrac{\sqrt{5} - 1}{2}$.

1124. 30°. 1125. $3(\sqrt{2} - 1)$.   1126. 6, 25.   1127. $\sqrt{3}$.   1128. $\dfrac{30 - 5\sqrt{14}}{11}$.

1129. 45° 或者 135°.   1130. $\sqrt{3}R$.   1131. $\dfrac{a}{\sqrt{3}}$ 和 $\dfrac{a}{2\sqrt{3}}$.   1132. $13\frac{1}{3}, 2\frac{38}{41}$.

1133. 6.   1134. (a) $4\frac{4}{5}$;   (b) $20\frac{4}{5}$.   1135. $2r\sqrt{3}$ 和 $2r$.   1136. 4°.

1137. 2.   1138. $\dfrac{37}{2\sqrt{7}}$.   1139. $\angle ODM = \alpha$.   1140. 90°.   1141. $\dfrac{1}{2}\sqrt{15}$.

1142. 4.   1143. $\sqrt{r^2 - \dfrac{d^2}{4}}$.   1147. 如果 $a < \dfrac{\sqrt{3}}{2}$, 那么解不存在; 如果 $a = \dfrac{\sqrt{3}}{2}$, 那么 $AC = \dfrac{1}{2}$; 如果 $\dfrac{\sqrt{3}}{2} < a < 1$, 那么 $AC = \dfrac{1 \pm \sqrt{4a^2 - 3}}{3}$; 如果 $a \geqslant 1$, 那么 $AC = \dfrac{1 + \sqrt{4a^2 - 3}}{3}$.   1148. $3\sqrt{30}$.   1151. $\sqrt{6}$.   1152. $\dfrac{31\sqrt{2\ 353}\sqrt{193}}{504}$.   1157. 2.

1158. (a) 15°, 100°, 65°;   (b) 30°, 80°, 70°.   1159. $\dfrac{\sqrt{5}}{2}$.   1160. 50°, 60°, 70°.

1161. $30°,60°,90°$. 1162. $\sqrt{10}$. 1163. $\sqrt{13}$. 1164. $\dfrac{1-\sin\frac{\alpha}{2}}{1+\sin\frac{\alpha}{2}}$.

1165. $\dfrac{a+b-2\sqrt{ab}\cos\alpha}{2\sin\alpha}$. 1166. $\dfrac{\sin(3\alpha-180°)}{\sin\alpha}$. 1167. $\sqrt{3}$. 1168. $45°$.

1169. $\dfrac{5}{3}$. 1171. $3:1$. 1172. $\dfrac{\sqrt{6}}{2}$. 1173. 2. 1176. $30°,40°,110°$.

1179. $80°$. 1184. $80°,60°$ 和 $70°$. 1185. $80°$. 1186. $32°,52°$ 和 $96°$.

1187. $30°,60°$ 和 $90°$. 1188. $30°,30°$ 和 $120°$. 1190. $44°,68°$ 和 $68°$. 1191. $90°$.

1192. 3. 1193. 3. 1194. 6. 1195. 14. 1196. $270°$ 和 $90°$.

1197. $60°,60°$ 和 $60°$. 1198. 17 cm. 1199. (a) $50°,60°$ 和 $70°$. (b) $15°,40°$ 和 $125°$. 1200. $75°$. 1202. $105°,125°$ 和 $130°$. 1203. 等边三角形. 1205. 不能.

1206. 6 cm. 1207. 21 cm. 1211. 是(或正方形). 1214. 9 cm.

1217. 36 cm. 1218. 26 cm. 1219. $1:2$. 1221. $\triangle BOF$ 和 $\triangle DOA$, $k=\dfrac{1}{3}$.

1222. 不能. 1223. 能. 1224. 能. 1225. 能. 1227. 70 cm. 1228. $3\sqrt{34}$ cm, 15 cm. 1229. $3\sqrt{2}$ cm. 1230. $7\sqrt{2}$ cm. 1231. $\sqrt{2}$ cm. 1232. 26 cm.

1233. 20 cm. 1234. 15 cm. 1235. 20 cm. 1237. 72 cm. 1238. 40 cm 和 40 cm. 1239. 12 cm. 1258. 9. 1259. $B_1C+CD_1=p$. 1260. $a-b$.

1261. $a+b$. 1270. $90°$. 1272. $0.5(a-b)$. 1284. 6. 1285. $2,8,3$.

9 年级

10.1　1298. 增加 k^2 倍. 1301. d^2.

10.2　1306. (1) $\dfrac{\sqrt{3}a^2}{4}$. 1310. 这个三角形的面积可以任意的大.

1312. 所求轨迹由平行于 AB 和关于 AB 对称的两条直线组成,它们中的一条通过点 C.

1313. 所求轨迹由通过 A 的两条直线组成,它们中的一条过 BC 的中点,而另一条平行于 BC.

1314. (a) $4\sqrt{26}$; (b) $13\dfrac{1}{2}$; (c) $21\dfrac{1}{2}$. 1315. $\dfrac{\sqrt{3}}{4}$. 1319. $\sqrt{pq}$. 1321. 25.

1324. $\dfrac{pq}{r}$. 1325. $\sqrt{\dfrac{a^2+b^2}{2}}$. 1326.1. 1329.6 或者 $4+\sqrt{2}$. 1332. $\sqrt{3}$.

1333. $ab+bc+ca$. 1334. $1;3;1\dfrac{1}{2};3\dfrac{1}{2}$.

10.3 1337. $\dfrac{\sqrt{2}\,ab}{a+b}$. 1338. $\dfrac{2ab}{\sqrt{3}\,a+b}$. 1339. $\dfrac{2}{7}$. 1340. $1:14$.

1341. $\dfrac{11}{12}$. 1343. 如果 $\angle CBA=90°$,那么问题没有解 $\left(a=\dfrac{\sqrt{3}}{2}b,\angle CBA=90°\right)$.

在其余情况 $CM=\dfrac{ab}{|2a-\sqrt{3}\,b|}$. 1344. $\dfrac{ab\sqrt{a^2+b^2}}{|a^2-b^2|}$. 1345. $5:13$.

1346. $5:3:2$. 1347. 0.4. 1350. $\dfrac{3}{16}S$. 1352. $\dfrac{c}{3}$.

11.1 1354. $\sqrt{3}R$, $\sqrt{2}R$, R. 1355. $\dfrac{a_3}{\sqrt{3}}$ 和 $\dfrac{a_3}{2\sqrt{3}}$,$\dfrac{a_4}{\sqrt{2}}$ 和 $\dfrac{a_4}{2}$,a_6 和 $\dfrac{2a_6}{\sqrt{3}}$.

1361. $\dfrac{\sqrt{6}R}{8}$. 1362. $a_{10}=\dfrac{\sqrt{5}-1}{2}R$. 1363. $a_5=\dfrac{R}{2}\sqrt{10-2\sqrt{5}}$. 1365. 不,不能 得出. 我们给出长方形作为需要的例子. 1366. 不,不能得出. 我们给出菱形作 为需要的例子.

11.2 1372.(a) 空隙的量大于 15 cm. (b) 由绳子到地球表面的最大距 离将大于 122 m. 1374. $3:4$. 1375. 57.3 m. 1376. $\dfrac{\pi}{18},\dfrac{\pi}{6},\dfrac{\pi}{3},\dfrac{7\pi}{18},\dfrac{5\pi}{9},\dfrac{3\pi}{4},$

$\dfrac{35}{36}\pi$. 1377. $5°,30°,90°,144°,45°50'10'',171°53'49'',19°6'$.

11.4 1379. $\dfrac{2}{3}\sqrt{3}$,3,π,$12(2-\sqrt{3})$,$2\sqrt{3}$. 1380. 圆的面积比正方形的面

积大 $\dfrac{4-\pi}{16\pi}$. 1381. $\sqrt{2\pi\sqrt{3}}$. 1382. $\dfrac{\pi}{6}-\dfrac{\sqrt{3}}{4}$. 1383. $\dfrac{5}{6}\pi-\sqrt{3}$. 1384. $\dfrac{\pi}{4}-\dfrac{1}{2}$.

1385. $\dfrac{\pi}{3}+1-\sqrt{3}$. 1386. $1+\dfrac{5\pi}{18}$. 1389. $6\sqrt{3}-6-\pi$. 1391. 可能.

1392. $\dfrac{\pi ab}{4}$.

12.1 1394.(a) $x^2+y^2+2x-4y-5=0$; (b) $x^2+y^2-4x-9=0$;

(c) $x^2+y^2-2x+4y-17=0$. 1400.(a) $y=2x-7$; (b) $y=-3x+4$;

(c) $3x-2y=9$. 1401.(a) $\sqrt{26}+\sqrt{5}+1$ 和 $\sqrt{26}-\sqrt{5}-1$; (b) $\dfrac{\sqrt{10}}{2}+1+$

$\dfrac{\sqrt{410}}{2}$ 和 $\dfrac{\sqrt{410}}{2}-1-\dfrac{\sqrt{10}}{2}$；　(c) $\dfrac{1}{2}(\sqrt{3}+3+\sqrt{6})$ 和 0；　(d) $\dfrac{1}{2}(5\sqrt{2}+\sqrt{10})$ 和

$\dfrac{1}{2}(5\sqrt{2}-\sqrt{10})$.

1402. (a) 点 $(2,3)$；　(b) 空集合；　(c) 圆心为 $\left(\dfrac{3}{2},\dfrac{5}{2}\right)$ 且半径是 $\dfrac{\sqrt{62}}{2}$ 的圆；

(d) 圆心为 $(0,1)$ 半径为 $\sqrt{5}$ 且满足条件 $y \geqslant 1$ 的半圆；　(e) 两个圆：$x^2+y^2=4$

和 $x^2+y^2=1$.　1403. $3x-7y-2=0$.　1404. (a) 圆 $(x-2)^2+(y-1)^2=6$；

(b) 直线 $x-y=3$；　(c) 圆 $\left(x-\dfrac{11}{3}\right)^2+\left(y-\dfrac{2}{3}\right)^2=\dfrac{32}{9}$；　(d) 由条件得出，

$\angle AMB = 60^\circ$.　1406. (a) $y=-\dfrac{x}{2}$；　(b) $4x+3y=12$；　(c) $y=x-1$.

1407. (a) $\dfrac{\sqrt{2}}{2}$；　(b) $\dfrac{3}{\sqrt{10}}$；　(c) $\dfrac{6}{\sqrt{13}}$.

12.3　1408. $(6,-4)$；$(4,0)$；$(-2,4)$；$(7,-10)$；$\left(\dfrac{3}{\sqrt{13}},-\dfrac{2}{\sqrt{13}}\right)$；

$(0,-2)$.　1409. $(2,-17)$；$(6,-16)$；$\left(\dfrac{13}{6},-\dfrac{23}{6}\right)$.　1410. $\left(\dfrac{2}{\sqrt{13}},\dfrac{3}{\sqrt{13}}\right)$.

1417. 点 M 充满线段 OA，其中 O 是坐标原点，$A(3,4)$.

12.4　1421. (a) 180°；　(b) 60°；　(c) 120°.　1422. $-3,1,-22$.　1424.

(a) -33；　(b) -20；　(c) 12；(d) -10；　(e) 10.　1425. $\left(\dfrac{2}{\sqrt{13}},\dfrac{3}{\sqrt{13}}\right)$.　1430.

(a) AD 的中垂线；　(b) M 是正方形的中心；　(c) 正方形的外接圆. 1431. $6R^2$.

12.5　1432. 圆心在 AB 的中点且半径为 $\sqrt{\dfrac{1}{2}}$ 的圆.　1436. 通过斜边 AB

的中点且垂直于它的直线.　1435. $\dfrac{ab}{a+b}$.　1436. (a) 通过 B 引平行于 l 的直线；

(b) 平行于 l 且与 l 相距 12 和 $\dfrac{8}{3}$，位于 A 和 B 同一侧的两条直线；　(c) 平行于 l

且与 l 相距 $\dfrac{4}{3}$ 和 6，位于 l 不同侧的两条直线.　1437. $\dfrac{\sqrt{2}}{10}$.　1438.　6 或者 4.

1442. 线段 M_1M_2，M_1M_2 通过点 O，垂直于 $\angle BOA$ 的平分线，$M_1O = M_2O = \sqrt{2}$.

1445. 所求轨迹由两条通过正方形中心的垂线组成.　1446. 所求轨迹由四个点

组成.　1450. 所求轨迹是联结已知四边形对角线中点的线段.

13.1 　　1451. 不对. 　1453. 这样的运动有 8 个. 　1454. $\left(-\dfrac{17}{5},\dfrac{26}{5}\right)$ 或者

$\left(-\dfrac{17}{5},\dfrac{4}{5}\right)$. 　1455. 直线 AB 和 $A'B'$ 垂直.

13.2 　　1457. (a)$(4,-2)$; 　(b)$(-3,6)$; 　(c)$(2,8)$. 　1458. (a)$2x-3y=$

38; (b)$3x+4y=8$. 　1459. $\left(-\dfrac{25}{18},\dfrac{11}{6}\right)$. 　1460. $\left(\dfrac{\sqrt{3}}{2},\dfrac{1}{2}\right)$; $\left(\dfrac{\sqrt{2}}{2},\dfrac{\sqrt{2}}{2}\right)$; $\left(\dfrac{1}{2},\dfrac{\sqrt{3}}{2}\right)$;

$\left(-\dfrac{1}{2},-\dfrac{\sqrt{3}}{2}\right)$; $\left(-\dfrac{\sqrt{3}}{2},\dfrac{1}{2}\right)$. 　1461. (a)6; 　(b)18;(c)180. 　1642. 旋转中心是

线段 AA' 和 BB' 中垂线的交点. 　1644. 所求轨迹由两条直线组成,当围绕 A 在

同向和反向旋转60°角时它们变作直线 l. 　1465. 六个对称和六个旋转.

13.3 　　1467. 如果线段不相等,那么这样的位似有两个. 　1471. 已知中心

在 A 和系数为 $\dfrac{1}{2}$ 的位似,AB 中点的轨迹是圆.

名词索引①

---

① 所引页码为原书页码.

刘培杰数学工作室
已出版（即将出版）图书目录——初等数学

书　名	出版时间	定　价	编号
新编中学数学解题方法全书(高中版)上卷(第2版)	2018－08	58.00	951
新编中学数学解题方法全书(高中版)中卷(第2版)	2018－08	68.00	952
新编中学数学解题方法全书(高中版)下卷(一)(第2版)	2018－08	58.00	953
新编中学数学解题方法全书(高中版)下卷(二)(第2版)	2018－08	58.00	954
新编中学数学解题方法全书(高中版)下卷(三)(第2版)	2018－08	68.00	955
新编中学数学解题方法全书(初中版)上卷	2008－01	28.00	29
新编中学数学解题方法全书(初中版)中卷	2010－07	38.00	75
新编中学数学解题方法全书(高考复习卷)	2010－01	48.00	67
新编中学数学解题方法全书(高考真题卷)	2010－01	38.00	62
新编中学数学解题方法全书(高考精华卷)	2011－03	68.00	118
新编平面解析几何解题方法全书(专题讲座卷)	2010－01	18.00	61
新编中学数学解题方法全书(自主招生卷)	2013－08	88.00	261
数学奥林匹克与数学文化(第一辑)	2006－05	48.00	4
数学奥林匹克与数学文化(第二辑)(竞赛卷)	2008－01	48.00	19
数学奥林匹克与数学文化(第二辑)(文化卷)	2008－07	58.00	36′
数学奥林匹克与数学文化(第三辑)(竞赛卷)	2010－01	48.00	59
数学奥林匹克与数学文化(第四辑)(竞赛卷)	2011－08	58.00	87
数学奥林匹克与数学文化(第五辑)	2015－06	98.00	370
世界著名平面几何经典著作钩沉——几何作图专题卷(共3卷)	2022－01	198.00	1460
世界著名平面几何经典著作钩沉(民国平面几何老课本)	2011－03	38.00	113
世界著名平面几何经典著作钩沉(建国初期平面三角老课本)	2015－08	38.00	507
世界著名解析几何经典著作钩沉——平面解析几何卷	2014－01	38.00	264
世界著名数论经典著作钩沉(算术卷)	2012－01	28.00	125
世界著名数学经典著作钩沉——立体几何卷	2011－02	28.00	88
世界著名三角学经典著作钩沉(平面三角卷Ⅰ)	2010－06	28.00	69
世界著名三角学经典著作钩沉(平面三角卷Ⅱ)	2011－01	38.00	78
世界著名初等数论经典著作钩沉(理论和实用算术卷)	2011－07	38.00	126
世界著名几何经典著作钩沉(解析几何卷)	2022－10	68.00	1564
发展你的空间想象力(第3版)	2021－01	98.00	1464
空间想象力进阶	2019－05	68.00	1062
走向国际数学奥林匹克的平面几何试题诠释.第1卷	2019－07	88.00	1043
走向国际数学奥林匹克的平面几何试题诠释.第2卷	2019－09	78.00	1044
走向国际数学奥林匹克的平面几何试题诠释.第3卷	2019－03	78.00	1045
走向国际数学奥林匹克的平面几何试题诠释.第4卷	2019－09	98.00	1046
平面几何证明方法全书	2007－08	35.00	1
平面几何证明方法全书习题解答(第2版)	2006－12	18.00	10
平面几何天天练上卷·基础篇(直线型)	2013－01	58.00	208
平面几何天天练中卷·基础篇(涉及圆)	2013－01	28.00	234
平面几何天天练下卷·提高篇	2013－01	58.00	237
平面几何专题研究	2013－07	98.00	258
平面几何解题之道.第1卷	2022－05	38.00	1494
几何学习题集	2020－10	48.00	1217
通过解题学习代数几何	2021－04	88.00	1301
圆锥曲线的奥秘	2022－06	88.00	1541

书 名	出版时间	定 价	编号
最新世界各国数学奥林匹克中的平面几何试题	2007—09	38.00	14
数学竞赛平面几何典型题及新颖解	2010—07	48.00	74
初等数学复习及研究(平面几何)	2008—09	68.00	38
初等数学复习及研究(立体几何)	2010—06	38.00	71
初等数学复习及研究(平面几何)习题解答	2009—01	58.00	42
几何学教程(平面几何卷)	2011—03	68.00	90
几何学教程(立体几何卷)	2011—07	68.00	130
几何变换与几何证题	2010—06	88.00	70
计算方法与几何证题	2011—06	28.00	129
立体几何技巧与方法(第2版)	2022—10	168.00	1572
几何瑰宝——平面几何500名题暨1500条定理(上、下)	2021—07	168.00	1358
三角形的解法与应用	2012—07	18.00	183
近代的三角形几何学	2012—07	48.00	184
一般折线几何学	2015—08	48.00	503
三角形的五心	2009—06	28.00	51
三角形的六心及其应用	2015—10	68.00	542
三角形趣谈	2012—08	28.00	212
解三角形	2014—01	28.00	265
探秘三角形:一次数学旅行	2021—10	68.00	1387
三角学专门教程	2014—09	28.00	387
图天下几何新题试卷.初中(第2版)	2017—11	58.00	855
圆锥曲线习题集(上册)	2013—06	68.00	255
圆锥曲线习题集(中册)	2015—01	78.00	434
圆锥曲线习题集(下册·第1卷)	2016—10	78.00	683
圆锥曲线习题集(下册·第2卷)	2018—01	98.00	853
圆锥曲线习题集(下册·第3卷)	2019—10	128.00	1113
圆锥曲线的思想方法	2021—08	48.00	1379
圆锥曲线的八个主要问题	2021—10	48.00	1415
论九点圆	2015—05	88.00	645
近代欧氏几何学	2012—03	48.00	162
罗巴切夫斯基几何学及几何基础概要	2012—07	28.00	188
罗巴切夫斯基几何学初步	2015—06	28.00	474
用三角、解析几何、复数、向量计算解数学竞赛几何题	2015—03	48.00	455
用解析法研究圆锥曲线的几何理论	2022—05	48.00	1495
美国中学几何教程	2015—04	88.00	458
三线坐标与三角形特征点	2015—04	98.00	460
坐标几何学基础.第1卷,笛卡儿坐标	2021—08	48.00	1398
坐标几何学基础.第2卷,三线坐标	2021—09	28.00	1399
平面解析几何方法与研究(第1卷)	2015—05	18.00	471
平面解析几何方法与研究(第2卷)	2015—06	18.00	472
平面解析几何方法与研究(第3卷)	2015—07	18.00	473
解析几何研究	2015—01	38.00	425
解析几何学教程.上	2016—01	38.00	574
解析几何学教程.下	2016—01	38.00	575
几何学基础	2016—01	58.00	581
初等几何研究	2015—02	58.00	444
十九和二十世纪欧氏几何学中的片段	2017—01	58.00	696
平面几何中考.高考.奥数一本通	2017—07	28.00	820
几何学简史	2017—08	28.00	833
四面体	2018—01	48.00	880
平面几何证明方法思路	2018—12	68.00	913
折纸中的几何练习	2022—09	48.00	1559
中学新几何学(英文)	2022—10	98.00	1562
线性代数与几何	2023—04	68.00	1633

刘培杰数学工作室
已出版(即将出版)图书目录——初等数学

书　名	出版时间	定　价	编号
平面几何图形特性新析.上篇	2019—01	68.00	911
平面几何图形特性新析.下篇	2018—06	88.00	912
平面几何范例多解探究.上篇	2018—04	48.00	910
平面几何范例多解探究.下篇	2018—12	68.00	914
从分析解题过程学解题:竞赛中的几何问题研究	2018—07	68.00	946
从分析解题过程学解题:竞赛中的向量几何与不等式研究(全2册)	2019—06	138.00	1090
从分析解题过程学解题:竞赛中的不等式问题	2021—01	48.00	1249
二维、三维欧氏几何的对偶原理	2018—12	38.00	990
星形大观及闭折线论	2019—03	68.00	1020
立体几何的问题和方法	2019—11	58.00	1127
三角代换论	2021—05	58.00	1313
俄罗斯平面几何问题集	2009—08	88.00	55
俄罗斯立体几何问题集	2014—03	58.00	283
俄罗斯几何大师——沙雷金论数学及其他	2014—01	48.00	271
来自俄罗斯的5000道几何习题及解答	2011—03	58.00	89
俄罗斯初等数学问题集	2012—05	38.00	177
俄罗斯函数问题集	2011—03	38.00	103
俄罗斯组合分析问题集	2011—01	48.00	79
俄罗斯初等数学万题选——三角卷	2012—11	38.00	222
俄罗斯初等数学万题选——代数卷	2013—08	68.00	225
俄罗斯初等数学万题选——几何卷	2014—01	68.00	226
俄罗斯《量子》杂志数学征解问题100题选	2018—08	48.00	969
俄罗斯《量子》杂志数学征解问题又100题选	2018—08	48.00	970
俄罗斯《量子》杂志数学征解问题	2020—05	48.00	1138
463个俄罗斯几何老问题	2012—01	28.00	152
《量子》数学短文精粹	2018—09	38.00	972
用三角、解析几何等计算解来自俄罗斯的几何题	2019—11	88.00	1119
基谢廖夫平面几何	2022—01	48.00	1461
基谢廖夫立体几何	2023—04	48.00	1599
数学:代数、数学分析和几何(10—11年级)	2021—01	48.00	1250
立体几何.10—11年级	2022—01	58.00	1472
直观几何学:5—6年级	2022—04	58.00	1508
平面几何:9—11年级	2022—10	48.00	1571
谈谈素数	2011—03	18.00	91
平方和	2011—03	18.00	92
整数论	2011—05	38.00	120
从整数谈起	2015—10	28.00	538
数与多项式	2016—01	38.00	558
谈谈不定方程	2011—05	28.00	119
质数漫谈	2022—07	68.00	1529
解析不等式新论	2009—06	68.00	48
建立不等式的方法	2011—03	98.00	104
数学奥林匹克不等式研究(第2版)	2020—07	68.00	1181
不等式研究(第二辑)	2012—02	68.00	153
不等式的秘密(第一卷)(第2版)	2014—02	38.00	286
不等式的秘密(第二卷)	2014—01	38.00	268
初等不等式的证明方法	2010—06	38.00	123
初等不等式的证明方法(第二版)	2014—11	38.00	407
不等式·理论·方法(基础卷)	2015—07	38.00	496
不等式·理论·方法(经典不等式卷)	2015—07	38.00	497
不等式·理论·方法(特殊类型不等式卷)	2015—07	48.00	498
不等式探究	2016—03	38.00	582
不等式探秘	2017—01	88.00	689
四面体不等式	2017—01	68.00	715
数学奥林匹克中常见重要不等式	2017—09	38.00	845

书 名	出版时间	定 价	编号
三正弦不等式	2018—09	98.00	974
函数方程与不等式:解法与稳定性结果	2019—04	68.00	1058
数学不等式.第1卷,对称多项式不等式	2022—05	78.00	1455
数学不等式.第2卷,对称有理不等式与对称无理不等式	2022—05	88.00	1456
数学不等式.第3卷,循环不等式与非循环不等式	2022—05	88.00	1457
数学不等式.第4卷,Jensen不等式的扩展与加细	2022—05	88.00	1458
数学不等式.第5卷,创建不等式与解不等式的其他方法	2022—05	88.00	1459
同余理论	2012—05	38.00	163
[x]与{x}	2015—04	48.00	476
极值与最值.上卷	2015—06	28.00	486
极值与最值.中卷	2015—06	38.00	487
极值与最值.下卷	2015—06	28.00	488
整数的性质	2012—11	38.00	192
完全平方数及其应用	2015—08	78.00	506
多项式理论	2015—10	88.00	541
奇数、偶数、奇偶分析法	2018—01	98.00	876
不定方程及其应用.上	2018—12	58.00	992
不定方程及其应用.中	2019—01	78.00	993
不定方程及其应用.下	2019—02	98.00	994
Nesbitt不等式加强式的研究	2022—06	128.00	1527
最值定理与分析不等式	2023—02	78.00	1567
一类积分不等式	2023—02	88.00	1579
邦费罗尼不等式及概率应用	2023—05	58.00	1637
历届美国中学生数学竞赛试题及解答(第一卷)1950—1954	2014—07	18.00	277
历届美国中学生数学竞赛试题及解答(第二卷)1955—1959	2014—04	18.00	278
历届美国中学生数学竞赛试题及解答(第三卷)1960—1964	2014—06	18.00	279
历届美国中学生数学竞赛试题及解答(第四卷)1965—1969	2014—04	28.00	280
历届美国中学生数学竞赛试题及解答(第五卷)1970—1972	2014—06	18.00	281
历届美国中学生数学竞赛试题及解答(第六卷)1973—1980	2017—07	18.00	768
历届美国中学生数学竞赛试题及解答(第七卷)1981—1986	2015—01	18.00	424
历届美国中学生数学竞赛试题及解答(第八卷)1987—1990	2017—05	18.00	769
历届中国数学奥林匹克试题集(第3版)	2021—10	58.00	1440
历届加拿大数学奥林匹克试题集	2012—08	38.00	215
历届美国数学奥林匹克试题集:1972～2019	2020—04	88.00	1135
历届波兰数学竞赛试题集.第1卷,1949～1963	2015—03	18.00	453
历届波兰数学竞赛试题集.第2卷,1964～1976	2015—03	18.00	454
历届巴尔干数学奥林匹克试题集	2015—05	38.00	466
保加利亚数学奥林匹克	2014—10	38.00	393
圣彼得堡数学奥林匹克试题集	2015—01	38.00	429
匈牙利奥林匹克数学竞赛题解.第1卷	2016—05	28.00	593
匈牙利奥林匹克数学竞赛题解.第2卷	2016—05	28.00	594
历届美国数学邀请赛试题集(第2版)	2017—10	78.00	851
普林斯顿大学数学竞赛	2016—06	38.00	669
亚太地区数学奥林匹克竞赛题	2015—07	18.00	492
日本历届(初级)广中杯数学竞赛试题及解答.第1卷(2000～2007)	2016—05	28.00	641
日本历届(初级)广中杯数学竞赛试题及解答.第2卷(2008～2015)	2016—05	38.00	642
越南数学奥林匹克题选:1962—2009	2021—07	48.00	1370
360个数学竞赛问题	2016—08	58.00	677
奥数最佳实战题.上卷	2017—06	38.00	760
奥数最佳实战题.下卷	2017—05	58.00	761
哈尔滨市早期中学数学竞赛试题汇编	2016—07	28.00	672
全国高中数学联赛试题及解答:1981—2019(第4版)	2020—07	138.00	1176
2022年全国高中数学联合竞赛模拟题集	2022—06	30.00	1521

刘培杰数学工作室
已出版(即将出版)图书目录——初等数学

书　名	出版时间	定　价	编号
20 世纪 50 年代全国部分城市数学竞赛试题汇编	2017—07	28.00	797
国内外数学竞赛题及精解:2018~2019	2020—08	45.00	1192
国内外数学竞赛题及精解:2019~2020	2021—11	58.00	1439
许康华竞赛优学精选集.第一辑	2018—08	68.00	949
天问叶班数学问题征解 100 题. I ,2016—2018	2019—05	88.00	1075
天问叶班数学问题征解 100 题. II ,2017—2019	2020—07	98.00	1177
美国初中数学竞赛:AMC8 准备(共 6 卷)	2019—07	138.00	1089
美国高中数学竞赛:AMC10 准备(共 6 卷)	2019—08	158.00	1105
王连笑教你怎样学数学:高考选择题解题策略与客观题实用训练	2014—01	48.00	262
王连笑教你怎样学数学:高考数学高层次讲座	2015—02	48.00	432
高考数学的理论与实践	2009—08	38.00	53
高考数学核心题型解题方法与技巧	2010—01	28.00	86
高考思维新平台	2014—03	38.00	259
高考数学压轴题解题诀窍(上)(第 2 版)	2018—01	58.00	874
高考数学压轴题解题诀窍(下)(第 2 版)	2018—01	48.00	875
北京市五区文科数学三年高考模拟题详解:2013~2015	2015—08	48.00	500
北京市五区理科数学三年高考模拟题详解:2013~2015	2015—09	68.00	505
向量法巧解数学高考题	2009—08	28.00	54
高中数学课堂教学的实践与反思	2021—11	48.00	791
数学高考参考	2016—01	78.00	589
新课程标准高考数学解答题各种题型解法指导	2020—08	78.00	1196
全国及各省市高考数学试题审题要津与解法研究	2015—02	48.00	450
高中数学章节起始课的教学研究与案例设计	2019—05	28.00	1064
新课标高考数学——五年试题分章详解(2007~2011)(上、下)	2011—10	78.00	140,141
全国中考数学压轴题审题要津与解法研究	2013—04	78.00	248
新编全国及各省市中考数学压轴题审题要津与解法研究	2014—05	58.00	342
全国及各省市 5 年中考数学压轴题审题要津与解法研究(2015 版)	2015—04	58.00	462
中考数学专题总复习	2007—04	28.00	6
中考数学较难题常考题型解题方法与技巧	2016—09	48.00	681
中考数学难题常考题型解题方法与技巧	2016—09	48.00	682
中考数学中档题常考题型解题方法与技巧	2017—08	68.00	835
中考数学选择填空压轴好题妙解 365	2017—05	38.00	759
中考数学:三类重点考题的解法例析与习题	2020—04	48.00	1140
中小学数学的历史文化	2019—11	48.00	1124
初中平面几何百题多思创新解	2020—01	58.00	1125
初中数学中考备考	2020—01	58.00	1126
高考数学之九章演义	2019—08	68.00	1044
高考数学之难题谈笑间	2022—06	68.00	1519
化学可以这样学:高中化学知识方法智慧感悟疑难辨析	2019—07	58.00	1103
如何成为学习高手	2019—09	58.00	1107
高考数学:经典真题分类解析	2020—04	78.00	1134
高考数学解答题破解策略	2020—11	58.00	1221
从分析解题过程学解题:高考压轴题与竞赛题之关系探究	2020—08	88.00	1179
教学新思考:单元整体视角下的初中数学教学设计	2021—03	58.00	1278
思维再拓展:2020 年经典几何题的多解探究与思考	即将出版		1279
中考数学小压轴汇编初讲	2017—07	48.00	788
中考数学大压轴专题微言	2017—09	48.00	846
怎么解中考平面几何探索题	2019—06	48.00	1093
北京中考数学压轴题解题方法突破(第 8 版)	2022—11	78.00	1577
助你高考成功的数学解题智慧:知识是智慧的基础	2016—01	58.00	596
助你高考成功的数学解题智慧:错误是智慧的试金石	2016—04	58.00	643
助你高考成功的数学解题智慧:方法是智慧的推手	2016—04	68.00	657
高考数学奇思妙解	2016—04	38.00	610
高考数学解题策略	2016—05	48.00	670
数学解题泄天机(第 2 版)	2017—10	48.00	850

刘培杰数学工作室
已出版(即将出版)图书目录——初等数学

书　名	出版时间	定　价	编号
高考物理压轴题全解	2017—04	58.00	746
高中物理经典问题25讲	2017—05	28.00	764
高中物理教学讲义	2018—01	48.00	871
高中物理教学讲义:全模块	2022—03	98.00	1492
高中物理答疑解惑65篇	2021—11	48.00	1462
中学物理基础问题解析	2020—08	48.00	1183
初中数学、高中数学脱节知识补缺教材	2017—06	48.00	766
高考数学小题抢分必练	2017—10	48.00	834
高考数学核心素养解读	2017—09	38.00	839
高考数学客观题解题方法和技巧	2017—10	38.00	847
十年高考数学精品试题审题要津与解法研究	2021—10	98.00	1427
中国历届高考数学试题及解答.1949—1979	2018—01	38.00	877
历届中国高考数学试题及解答.第二卷,1980—1989	2018—10	28.00	975
历届中国高考数学试题及解答.第三卷,1990—1999	2018—10	48.00	976
数学文化与高考研究	2018—03	48.00	882
跟我学解高中数学题	2018—07	58.00	926
中学数学研究的方法及案例	2018—05	58.00	869
高考数学抢分技能	2018—07	68.00	934
高一新生常用数学方法和重要数学思想提升教材	2018—06	38.00	921
2018年高考数学真题研究	2019—01	68.00	1000
2019年高考数学真题研究	2020—05	88.00	1137
高考数学全国卷六道解答题常考题型解题诀窍:理科(全2册)	2019—07	78.00	1101
高考数学全国卷16道选择、填空题常考题型解题诀窍.理科	2018—09	88.00	971
高考数学全国卷16道选择、填空题常考题型解题诀窍.文科	2020—01	88.00	1123
高中数学一题多解	2019—06	58.00	1087
历届中国高考数学试题及解答:1917—1999	2021—08	98.00	1371
2000～2003年全国及各省市高考数学试题及解答	2022—05	88.00	1499
2004年全国及各省市高考数学试题及解答	2022—07	78.00	1500
突破高原:高中数学解题思维探究	2021—08	48.00	1375
高考数学中的"取值范围"	2021—10	48.00	1429
新课程标准高中数学各种题型解法大全.必修一分册	2021—06	58.00	1315
新课程标准高中数学各种题型解法大全.必修二分册	2022—01	68.00	1471
高中数学各种题型解法大全.选择性必修一分册	2022—06	68.00	1525
高中数学各种题型解法大全.选择性必修二分册	2023—01	58.00	1600
高中数学各种题型解法大全.选择性必修三分册	2023—04	48.00	1643
历届全国初中数学竞赛经典试题详解	2023—04	88.00	1624

书　名	出版时间	定　价	编号
新编640个世界著名数学智力趣题	2014—01	88.00	242
500个最新世界著名数学智力趣题	2008—06	48.00	3
400个最新世界著名数学最值问题	2008—09	48.00	36
500个世界著名数学征解问题	2009—06	48.00	52
400个中国最佳初等数学征解老问题	2010—01	48.00	60
500个俄罗斯数学经典老题	2011—01	28.00	81
1000个国外中学物理好题	2012—04	48.00	174
300个日本高考数学题	2012—05	38.00	142
700个早期日本高考数学试题	2017—02	88.00	752
500个前苏联早期高考数学试题及解答	2012—05	28.00	185
546个早期俄罗斯大学生数学竞赛题	2014—03	38.00	285
548个来自美苏的数学好问题	2014—11	28.00	396
20所苏联著名大学早期入学试题	2015—02	18.00	452
161道德国工科大学生必做的微分方程习题	2015—05	28.00	469
500个德国工科大学生必做的高数习题	2015—06	28.00	478
360个数学竞赛问题	2016—08	58.00	677
200个趣味数学故事	2018—02	48.00	857
470个数学奥林匹克中的最值问题	2018—10	88.00	985
德国讲义日本考题.微积分卷	2015—04	48.00	456
德国讲义日本考题.微分方程卷	2015—04	38.00	457
二十世纪中叶中、英、美、日、法、俄高考数学试题精选	2017—06	38.00	783

书　名	出版时间	定　价	编号
中国初等数学研究　2009 卷(第 1 辑)	2009—05	20.00	45
中国初等数学研究　2010 卷(第 2 辑)	2010—05	30.00	68
中国初等数学研究　2011 卷(第 3 辑)	2011—07	60.00	127
中国初等数学研究　2012 卷(第 4 辑)	2012—07	48.00	190
中国初等数学研究　2014 卷(第 5 辑)	2014—02	48.00	288
中国初等数学研究　2015 卷(第 6 辑)	2015—06	68.00	493
中国初等数学研究　2016 卷(第 7 辑)	2016—04	68.00	609
中国初等数学研究　2017 卷(第 8 辑)	2017—01	98.00	712
初等数学研究在中国.第 1 辑	2019—03	158.00	1024
初等数学研究在中国.第 2 辑	2019—10	158.00	1116
初等数学研究在中国.第 3 辑	2021—05	158.00	1306
初等数学研究在中国.第 4 辑	2022—06	158.00	1520
几何变换(Ⅰ)	2014—07	28.00	353
几何变换(Ⅱ)	2015—06	28.00	354
几何变换(Ⅲ)	2015—01	38.00	355
几何变换(Ⅳ)	2015—12	38.00	356
初等数论难题集(第一卷)	2009—05	68.00	44
初等数论难题集(第二卷)(上、下)	2011—02	128.00	82,83
数论概貌	2011—03	18.00	93
代数数论(第二版)	2013—08	58.00	94
代数多项式	2014—06	38.00	289
初等数论的知识与问题	2011—02	28.00	95
超越数论基础	2011—03	28.00	96
数论初等教程	2011—03	28.00	97
数论基础	2011—03	18.00	98
数论基础与维诺格拉多夫	2014—03	18.00	292
解析数论基础	2012—08	28.00	216
解析数论基础(第二版)	2014—01	48.00	287
解析数论问题集(第二版)(原版引进)	2014—05	88.00	343
解析数论问题集(第二版)(中译本)	2016—04	88.00	607
解析数论基础(潘承洞,潘承彪著)	2016—07	98.00	673
解析数论导引	2016—07	58.00	674
数论入门	2011—03	38.00	99
代数数论入门	2015—03	38.00	448
数论开篇	2012—07	28.00	194
解析数论引论	2011—03	48.00	100
Barban Davenport Halberstam 均值和	2009—01	40.00	33
基础数论	2011—03	28.00	101
初等数论 100 例	2011—05	18.00	122
初等数论经典例题	2012—07	18.00	204
最新世界各国数学奥林匹克中的初等数论试题(上、下)	2012—01	138.00	144,145
初等数论(Ⅰ)	2012—01	18.00	156
初等数论(Ⅱ)	2012—01	18.00	157
初等数论(Ⅲ)	2012—01	28.00	158

刘培杰数学工作室
已出版(即将出版)图书目录——初等数学

书 名	出版时间	定 价	编号
平面几何与数论中未解决的新老问题	2013—01	68.00	229
代数数论简史	2014—11	28.00	408
代数数论	2015—09	88.00	532
代数、数论及分析习题集	2016—11	98.00	695
数论导引提要及习题解答	2016—01	48.00	559
素数定理的初等证明.第2版	2016—09	48.00	686
数论中的模函数与狄利克雷级数(第二版)	2017—11	78.00	837
数论:数学导引	2018—01	68.00	849
范氏大代数	2019—02	98.00	1016
解析数学讲义.第一卷,导来式及微分、积分、级数	2019—04	88.00	1021
解析数学讲义.第二卷,关于几何的应用	2019—04	68.00	1022
解析数学讲义.第三卷,解析函数论	2019—04	78.00	1023
分析·组合·数论纵横谈	2019—04	58.00	1039
Hall代数:民国时期的中学数学课本:英文	2019—08	88.00	1106
基谢廖夫初等代数	2022—07	38.00	1531
数学精神巡礼	2019—01	58.00	731
数学眼光透视(第2版)	2017—06	78.00	732
数学思想领悟(第2版)	2018—01	68.00	733
数学方法溯源(第2版)	2018—08	68.00	734
数学解题引论	2017—05	58.00	735
数学史话览胜(第2版)	2017—01	48.00	736
数学应用展观(第2版)	2017—08	68.00	737
数学建模尝试	2018—04	48.00	738
数学竞赛采风	2018—01	68.00	739
数学测评探营	2019—05	58.00	740
数学技能操握	2018—03	48.00	741
数学欣赏拾趣	2018—02	48.00	742
从毕达哥拉斯到怀尔斯	2007—10	48.00	9
从迪利克雷到维斯卡尔迪	2008—01	48.00	21
从哥德巴赫到陈景润	2008—05	98.00	35
从庞加莱到佩雷尔曼	2011—08	138.00	136
博弈论精粹	2008—03	58.00	30
博弈论精粹.第二版(精装)	2015—01	88.00	461
数学 我爱你	2008—01	28.00	20
精神的圣徒 别样的人生——60位中国数学家成长的历程	2008—09	48.00	39
数学史概论	2009—06	78.00	50
数学史概论(精装)	2013—03	158.00	272
数学史选讲	2016—01	48.00	544
斐波那契数列	2010—02	28.00	65
数学拼盘和斐波那契魔方	2010—07	38.00	72
斐波那契数列欣赏(第2版)	2018—08	58.00	948
Fibonacci数列中的明珠	2018—08	58.00	928
数学的创造	2011—02	48.00	85
数学美与创造力	2016—01	48.00	595
数海拾贝	2016—01	48.00	590
数学中的美(第2版)	2019—04	68.00	1057
数论中的美学	2014—12	38.00	351

刘培杰数学工作室
已出版(即将出版)图书目录——初等数学

书　名	出版时间	定　价	编号
数学王者　科学巨人——高斯	2015—01	28.00	428
振兴祖国数学的圆梦之旅:中国初等数学研究史话	2015—06	98.00	490
二十世纪中国数学史料研究	2015—10	48.00	536
数字谜、数阵图与棋盘覆盖	2016—01	58.00	298
时间的形状	2016—01	38.00	556
数学发现的艺术:数学探索中的合情推理	2016—07	58.00	671
活跃在数学中的参数	2016—07	48.00	675
数海趣史	2021—05	98.00	1314
数学解题——靠数学思想给力(上)	2011—07	38.00	131
数学解题——靠数学思想给力(中)	2011—07	48.00	132
数学解题——靠数学思想给力(下)	2011—07	38.00	133
我怎样解题	2013—01	48.00	227
数学解题中的物理方法	2011—06	28.00	114
数学解题的特殊方法	2011—06	48.00	115
中学数学计算技巧(第2版)	2020—10	48.00	1220
中学数学证明方法	2012—01	58.00	117
数学趣题巧解	2012—03	28.00	128
高中数学教学通鉴	2015—05	58.00	479
和高中生漫谈:数学与哲学的故事	2014—08	28.00	369
算术问题集	2017—03	38.00	789
张教授讲数学	2018—07	38.00	933
陈永明实话实说数学教学	2020—04	68.00	1132
中学数学学科知识与教学能力	2020—06	58.00	1155
怎样把课讲好:大罕数学教学随笔	2022—03	58.00	1484
中国高考评价体系下高考数学探秘	2022—03	48.00	1487
自主招生考试中的参数方程问题	2015—01	28.00	435
自主招生考试中的极坐标问题	2015—04	28.00	463
近年全国重点大学自主招生数学试题全解及研究.华约卷	2015—02	38.00	441
近年全国重点大学自主招生数学试题全解及研究.北约卷	2016—05	38.00	619
自主招生数学解证宝典	2015—09	48.00	535
中国科学技术大学创新班数学真题解析	2022—03	48.00	1488
中国科学技术大学创新班物理真题解析	2022—03	58.00	1489
格点和面积	2012—07	18.00	191
射影几何趣谈	2012—04	28.00	175
斯潘纳尔引理——从一道加拿大数学奥林匹克试题谈起	2014—01	28.00	228
李普希兹条件——从几道近年高考数学试题谈起	2012—10	18.00	221
拉格朗日中值定理——从一道北京高考试题的解法谈起	2015—10	18.00	197
闵科夫斯基定理——从一道清华大学自主招生试题谈起	2014—01	28.00	198
哈尔测度——从一道冬令营试题的背景谈起	2012—08	28.00	202
切比雪夫逼近问题——从一道中国台北数学奥林匹克试题谈起	2013—04	38.00	238
伯恩斯坦多项式与贝齐尔曲面——从一道全国高中数学联赛试题谈起	2013—03	38.00	236
卡塔兰猜想——从一道普特南竞赛试题谈起	2013—06	18.00	256
麦卡锡函数和阿克曼函数——从一道前南斯拉夫数学奥林匹克试题谈起	2012—08	18.00	201
贝蒂定理与拉姆贝克莫斯尔定理——从一个拣石子游戏谈起	2012—08	18.00	217
皮亚诺曲线和豪斯道夫分球定理——从无限集谈起	2012—08	18.00	211
平面凸图形与凸多面体	2012—10	28.00	218
斯坦因豪斯问题——从一道二十五省市自治区中学数学竞赛试题谈起	2012—07	18.00	196

刘培杰数学工作室

已出版(即将出版)图书目录——初等数学

书 名	出版时间	定 价	编号
纽结理论中的亚历山大多项式与琼斯多项式——从一道北京市高一数学竞赛试题谈起	2012—07	28.00	195
原则与策略——从波利亚"解题表"谈起	2013—04	38.00	244
转化与化归——从三大尺规作图不能问题谈起	2012—08	28.00	214
代数几何中的贝祖定理(第一版)——从一道 IMO 试题的解法谈起	2013—08	18.00	193
成功连贯理论与约当块理论——从一道比利时数学竞赛试题谈起	2012—04	18.00	180
素数判定与大数分解	2014—08	18.00	199
置换多项式及其应用	2012—10	18.00	220
椭圆函数与模函数——从一道美国加州大学洛杉矶分校(UCLA)博士资格考题谈起	2012—10	28.00	219
差分方程的拉格朗日方法——从一道 2011 年全国高考理科试题的解法谈起	2012—08	28.00	200
力学在几何中的一些应用	2013—01	38.00	240
从根式解到伽罗华理论	2020—01	48.00	1121
康托洛维奇不等式——从一道全国高中联赛试题谈起	2013—03	28.00	337
西格尔引理——从一道第 18 届 IMO 试题的解法谈起	即将出版		
罗斯定理——从一道前苏联数学竞赛试题谈起	即将出版		
拉克斯定理和阿廷定理——从一道 IMO 试题的解法谈起	2014—01	58.00	246
毕卡大定理——从一道美国大学数学竞赛试题谈起	2014—07	18.00	350
贝齐尔曲线——从一道全国高中联赛试题谈起	即将出版		
拉格朗日乘子定理——从一道 2005 年全国高中联赛试题的高等数学解法谈起	2015—05	28.00	480
雅可比定理——从一道日本数学奥林匹克试题谈起	2013—04	48.00	249
李天岩—约克定理——从一道波兰数学竞赛试题谈起	2014—06	28.00	349
受控理论与初等不等式:一道 IMO 试题的解法谈起	2023—03	48.00	1601
布劳维不动点定理——从一道前苏联数学奥林匹克试题谈起	2014—01	38.00	273
伯恩赛德定理——从一道英国数学奥林匹克试题谈起	即将出版		
布查特-莫斯特定理——从一道上海市初中竞赛试题谈起	即将出版		
数论中的同余数问题——从一道普特南竞赛试题谈起	即将出版		
范·德蒙行列式——从一道美国数学奥林匹克试题谈起	即将出版		
中国剩余定理:总数法构建中国历史年表	2015—01	28.00	430
牛顿程序与方程求根——从一道全国高考试题解法谈起	即将出版		
库默尔定理——从一道 IMO 预选试题谈起	即将出版		
卢丁定理——从一道冬令营试题的解法谈起	即将出版		
沃斯滕霍姆定理——从一道 IMO 预选试题谈起	即将出版		
卡尔松不等式——从一道莫斯科数学奥林匹克试题谈起	即将出版		
信息论中的香农熵——从一道近年高考压轴题谈起	即将出版		
约当不等式——从一道希望杯竞赛试题谈起	即将出版		
拉比诺维奇定理	即将出版		
刘维尔定理——从一道《美国数学月刊》征解问题的解法谈起	即将出版		
卡塔兰恒等式与级数求和——从一道 IMO 试题的解法谈起	即将出版		
勒让德猜想与素数分布——从一道爱尔兰竞赛试题谈起	即将出版		
天平称重与信息论——从一道基辅市数学奥林匹克试题谈起	即将出版		
哈密尔顿—凯莱定理:从一道高中数学联赛试题的解法谈起	2014—09	18.00	376
艾思特曼定理——从一道 CMO 试题的解法谈起	即将出版		

书　　名	出版时间	定　价	编号
阿贝尔恒等式与经典不等式及应用	2018-06	98.00	923
迪利克雷除数问题	2018-07	48.00	930
幻方、幻立方与拉丁方	2019-08	48.00	1092
帕斯卡三角形	2014-03	18.00	294
蒲丰投针问题——从2009年清华大学的一道自主招生试题谈起	2014-01	38.00	295
斯图姆定理——从一道"华约"自主招生试题的解法谈起	2014-01	18.00	296
许瓦兹引理——从一道加利福尼亚大学伯克利分校数学系博士生试题谈起	2014-08	18.00	297
拉姆塞定理——从王诗宬院士的一个问题谈起	2016-04	48.00	299
坐标法	2013-12	28.00	332
数论三角形	2014-04	38.00	341
毕克定理	2014-07	18.00	352
数林掠影	2014-09	48.00	389
我们周围的概率	2014-10	38.00	390
凸函数最值定理:从一道华约自主招生题的解法谈起	2014-10	28.00	391
易学与数学奥林匹克	2014-10	38.00	392
生物数学趣谈	2015-01	18.00	409
反演	2015-01	28.00	420
因式分解与圆锥曲线	2015-01	18.00	426
轨迹	2015-01	28.00	427
面积原理:从常庚哲命的一道CMO试题的积分解法谈起	2015-01	48.00	431
形形色色的不动点定理:从一道28届IMO试题谈起	2015-01	38.00	439
柯西函数方程:从一道上海交大自主招生的试题谈起	2015-02	28.00	440
三角恒等式	2015-02	28.00	442
无理性判定:从一道2014年"北约"自主招生试题谈起	2015-01	38.00	443
数学归纳法	2015-03	18.00	451
极端原理与解题	2015-04	28.00	464
法雷级数	2014-08	18.00	367
摆线族	2015-01	38.00	438
函数方程及其解法	2015-05	38.00	470
含参数的方程和不等式	2012-09	28.00	213
希尔伯特第十问题	2016-01	38.00	543
无穷小量的求和	2016-01	28.00	545
切比雪夫多项式:从一道清华大学金秋营试题谈起	2016-01	38.00	583
泽肯多夫定理	2016-03	38.00	599
代数等式证题法	2016-01	28.00	600
三角等式证题法	2016-01	28.00	601
吴大任教授藏书中的一个因式分解公式:从一道美国数学邀请赛试题的解法谈起	2016-06	28.00	656
易卦——类万物的数学模型	2017-08	68.00	838
"不可思议"的数与数系可持续发展	2018-01	38.00	878
最短线	2018-01	38.00	879
数学在天文、地理、光学、机械力学中的一些应用	2023-03	88.00	1576
从阿基米德三角形谈起	2023-01	28.00	1578
幻方和魔方(第一卷)	2012-05	68.00	173
尘封的经典——初等数学经典文献选读(第一卷)	2012-07	48.00	205
尘封的经典——初等数学经典文献选读(第二卷)	2012-07	38.00	206
初级方程式论	2011-03	28.00	106
初等数学研究(Ⅰ)	2008-09	68.00	37
初等数学研究(Ⅱ)(上、下)	2009-05	118.00	46,47
初等数学专题研究	2022-10	68.00	1568

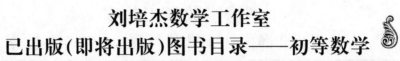

刘培杰数学工作室
已出版(即将出版)图书目录——初等数学

书　　名	出版时间	定　价	编号
趣味初等方程妙题集锦	2014—09	48.00	388
趣味初等数论选美与欣赏	2015—02	48.00	445
耕读笔记(上卷):一位农民数学爱好者的初数探索	2015—04	28.00	459
耕读笔记(中卷):一位农民数学爱好者的初数探索	2015—05	28.00	483
耕读笔记(下卷):一位农民数学爱好者的初数探索	2015—05	28.00	484
几何不等式研究与欣赏.上卷	2016—01	88.00	547
几何不等式研究与欣赏.下卷	2016—01	48.00	552
初等数列研究与欣赏·上	2016—01	48.00	570
初等数列研究与欣赏·下	2016—01	48.00	571
趣味初等函数研究与欣赏.上	2016—09	48.00	684
趣味初等函数研究与欣赏.下	2018—09	48.00	685
三角不等式研究与欣赏	2020—10	68.00	1197
新编平面解析几何解题方法研究与欣赏	2021—10	78.00	1426
火柴游戏(第2版)	2022—05	38.00	1493
智力解谜.第1卷	2017—07	38.00	613
智力解谜.第2卷	2017—07	38.00	614
故事智力	2016—07	48.00	615
名人们喜欢的智力问题	2020—01	48.00	616
数学大师的发现、创造与失误	2018—01	48.00	617
异曲同工	2018—09	48.00	618
数学的味道	2018—01	58.00	798
数学千字文	2018—10	68.00	977
数贝偶拾——高考数学题研究	2014—04	28.00	274
数贝偶拾——初等数学研究	2014—04	38.00	275
数贝偶拾——奥数题研究	2014—04	48.00	276
钱昌本教你快乐学数学(上)	2011—12	48.00	155
钱昌本教你快乐学数学(下)	2012—03	58.00	171
集合、函数与方程	2014—01	28.00	300
数列与不等式	2014—01	38.00	301
三角与平面向量	2014—01	28.00	302
平面解析几何	2014—01	38.00	303
立体几何与组合	2014—01	28.00	304
极限与导数、数学归纳法	2014—01	38.00	305
趣味数学	2014—03	28.00	306
教材教法	2014—04	68.00	307
自主招生	2014—05	58.00	308
高考压轴题(上)	2015—01	48.00	309
高考压轴题(下)	2014—10	68.00	310
从费马到怀尔斯——费马大定理的历史	2013—10	198.00	I
从庞加莱到佩雷尔曼——庞加莱猜想的历史	2013—10	298.00	II
从切比雪夫到爱尔特希(上)——素数定理的初等证明	2013—07	48.00	III
从切比雪夫到爱尔特希(下)——素数定理100年	2012—12	98.00	III
从高斯到盖尔方特——二次域的高斯猜想	2013—10	198.00	IV
从库默尔到朗兰兹——朗兰兹猜想的历史	2014—01	98.00	V
从比勃巴赫到德布朗斯——比勃巴赫猜想的历史	2014—02	298.00	VI
从麦比乌斯到陈省身——麦比乌斯变换与麦比乌斯带	2014—02	298.00	VII
从布尔到豪斯道夫——布尔方程与格论漫谈	2013—10	198.00	VIII
从开普勒到阿诺德——三体问题的历史	2014—05	298.00	IX
从华林到华罗庚——华林问题的历史	2013—10	298.00	X

刘培杰数学工作室
已出版(即将出版)图书目录——初等数学

书 名	出版时间	定 价	编号
美国高中数学竞赛五十讲.第1卷(英文)	2014—08	28.00	357
美国高中数学竞赛五十讲.第2卷(英文)	2014—08	28.00	358
美国高中数学竞赛五十讲.第3卷(英文)	2014—09	28.00	359
美国高中数学竞赛五十讲.第4卷(英文)	2014—09	28.00	360
美国高中数学竞赛五十讲.第5卷(英文)	2014—10	28.00	361
美国高中数学竞赛五十讲.第6卷(英文)	2014—11	28.00	362
美国高中数学竞赛五十讲.第7卷(英文)	2014—12	28.00	363
美国高中数学竞赛五十讲.第8卷(英文)	2015—01	28.00	364
美国高中数学竞赛五十讲.第9卷(英文)	2015—01	28.00	365
美国高中数学竞赛五十讲.第10卷(英文)	2015—02	38.00	366

书 名	出版时间	定 价	编号
三角函数(第2版)	2017—04	38.00	626
不等式	2014—01	38.00	312
数列	2014—01	38.00	313
方程(第2版)	2017—04	38.00	624
排列和组合	2014—01	28.00	315
极限与导数(第2版)	2016—04	38.00	635
向量(第2版)	2018—08	58.00	627
复数及其应用	2014—08	28.00	318
函数	2014—01	38.00	319
集合	2020—01	48.00	320
直线与平面	2014—01	28.00	321
立体几何(第2版)	2016—04	38.00	629
解三角形	即将出版		323
直线与圆(第2版)	2016—11	38.00	631
圆锥曲线(第2版)	2016—09	48.00	632
解题通法(一)	2014—07	38.00	326
解题通法(二)	2014—07	38.00	327
解题通法(三)	2014—05	38.00	328
概率与统计	2014—01	28.00	329
信息迁移与算法	即将出版		330

书 名	出版时间	定 价	编号
IMO 50 年.第1卷(1959—1963)	2014—11	28.00	377
IMO 50 年.第2卷(1964—1968)	2014—11	28.00	378
IMO 50 年.第3卷(1969—1973)	2014—09	28.00	379
IMO 50 年.第4卷(1974—1978)	2016—04	38.00	380
IMO 50 年.第5卷(1979—1984)	2015—04	38.00	381
IMO 50 年.第6卷(1985—1989)	2015—04	58.00	382
IMO 50 年.第7卷(1990—1994)	2016—01	48.00	383
IMO 50 年.第8卷(1995—1999)	2016—06	38.00	384
IMO 50 年.第9卷(2000—2004)	2015—04	58.00	385
IMO 50 年.第10卷(2005—2009)	2016—01	48.00	386
IMO 50 年.第11卷(2010—2015)	2017—03	48.00	646

刘培杰数学工作室
已出版(即将出版)图书目录——初等数学

书 名	出版时间	定 价	编号
数学反思(2006—2007)	2020—09	88.00	915
数学反思(2008—2009)	2019—01	68.00	917
数学反思(2010—2011)	2018—05	58.00	916
数学反思(2012—2013)	2019—01	58.00	918
数学反思(2014—2015)	2019—03	78.00	919
数学反思(2016—2017)	2021—03	58.00	1286
数学反思(2018—2019)	2023—01	88.00	1593
历届美国大学生数学竞赛试题集.第一卷(1938—1949)	2015—01	28.00	397
历届美国大学生数学竞赛试题集.第二卷(1950—1959)	2015—01	28.00	398
历届美国大学生数学竞赛试题集.第三卷(1960—1969)	2015—01	28.00	399
历届美国大学生数学竞赛试题集.第四卷(1970—1979)	2015—01	18.00	400
历届美国大学生数学竞赛试题集.第五卷(1980—1989)	2015—01	28.00	401
历届美国大学生数学竞赛试题集.第六卷(1990—1999)	2015—01	28.00	402
历届美国大学生数学竞赛试题集.第七卷(2000—2009)	2015—08	18.00	403
历届美国大学生数学竞赛试题集.第八卷(2010—2012)	2015—01	18.00	404
新课标高考数学创新题解题诀窍:总论	2014—09	28.00	372
新课标高考数学创新题解题诀窍:必修1~5分册	2014—08	38.00	373
新课标高考数学创新题解题诀窍:选修2—1,2—2,1—1,1—2分册	2014—09	38.00	374
新课标高考数学创新题解题诀窍:选修2—3,4—4,4—5分册	2014—09	18.00	375
全国重点大学自主招生英文数学试题全攻略:词汇卷	2015—07	48.00	410
全国重点大学自主招生英文数学试题全攻略:概念卷	2015—01	28.00	411
全国重点大学自主招生英文数学试题全攻略:文章选读卷(上)	2016—09	38.00	412
全国重点大学自主招生英文数学试题全攻略:文章选读卷(下)	2017—01	58.00	413
全国重点大学自主招生英文数学试题全攻略:试题卷	2015—07	38.00	414
全国重点大学自主招生英文数学试题全攻略:名著欣赏卷	2017—03	48.00	415
劳埃德数学趣题大全.题目卷.1:英文	2016—01	18.00	516
劳埃德数学趣题大全.题目卷.2:英文	2016—01	18.00	517
劳埃德数学趣题大全.题目卷.3:英文	2016—01	18.00	518
劳埃德数学趣题大全.题目卷.4:英文	2016—01	18.00	519
劳埃德数学趣题大全.题目卷.5:英文	2016—01	18.00	520
劳埃德数学趣题大全.答案卷:英文	2016—01	18.00	521
李成章教练奥数笔记.第1卷	2016—01	48.00	522
李成章教练奥数笔记.第2卷	2016—01	48.00	523
李成章教练奥数笔记.第3卷	2016—01	38.00	524
李成章教练奥数笔记.第4卷	2016—01	38.00	525
李成章教练奥数笔记.第5卷	2016—01	38.00	526
李成章教练奥数笔记.第6卷	2016—01	38.00	527
李成章教练奥数笔记.第7卷	2016—01	38.00	528
李成章教练奥数笔记.第8卷	2016—01	48.00	529
李成章教练奥数笔记.第9卷	2016—01	28.00	530

刘培杰数学工作室
已出版(即将出版)图书目录——初等数学

书　名	出版时间	定价	编号
第19~23届"希望杯"全国数学邀请赛试题审题要津详细评注(初一版)	2014—03	28.00	333
第19~23届"希望杯"全国数学邀请赛试题审题要津详细评注(初二、初三版)	2014—03	38.00	334
第19~23届"希望杯"全国数学邀请赛试题审题要津详细评注(高一版)	2014—03	28.00	335
第19~23届"希望杯"全国数学邀请赛试题审题要津详细评注(高二版)	2014—03	38.00	336
第19~25届"希望杯"全国数学邀请赛试题审题要津详细评注(初一版)	2015—01	38.00	416
第19~25届"希望杯"全国数学邀请赛试题审题要津详细评注(初二、初三版)	2015—01	58.00	417
第19~25届"希望杯"全国数学邀请赛试题审题要津详细评注(高一版)	2015—01	48.00	418
第19~25届"希望杯"全国数学邀请赛试题审题要津详细评注(高二版)	2015—01	48.00	419
物理奥林匹克竞赛大题典——力学卷	2014—11	48.00	405
物理奥林匹克竞赛大题典——热学卷	2014—04	28.00	339
物理奥林匹克竞赛大题典——电磁学卷	2015—07	48.00	406
物理奥林匹克竞赛大题典——光学与近代物理卷	2014—06	28.00	345
历届中国东南地区数学奥林匹克试题集(2004~2012)	2014—06	18.00	346
历届中国西部地区数学奥林匹克试题集(2001~2012)	2014—07	18.00	347
历届中国女子数学奥林匹克试题集(2002~2012)	2014—08	18.00	348
数学奥林匹克在中国	2014—06	98.00	344
数学奥林匹克问题集	2014—01	38.00	267
数学奥林匹克不等式散论	2010—06	38.00	124
数学奥林匹克不等式欣赏	2011—09	38.00	138
数学奥林匹克超级题库(初中卷上)	2010—01	58.00	66
数学奥林匹克不等式证明方法和技巧(上、下)	2011—08	158.00	134,135
他们学什么:原民主德国中学数学课本	2016—09	38.00	658
他们学什么:英国中学数学课本	2016—09	38.00	659
他们学什么:法国中学数学课本.1	2016—09	38.00	660
他们学什么:法国中学数学课本.2	2016—09	28.00	661
他们学什么:法国中学数学课本.3	2016—09	38.00	662
他们学什么:苏联中学数学课本	2016—09	28.00	679
高中数学题典——集合与简易逻辑·函数	2016—07	48.00	647
高中数学题典——导数	2016—07	48.00	648
高中数学题典——三角函数·平面向量	2016—07	48.00	649
高中数学题典——数列	2016—07	58.00	650
高中数学题典——不等式·推理与证明	2016—07	38.00	651
高中数学题典——立体几何	2016—07	48.00	652
高中数学题典——平面解析几何	2016—07	78.00	653
高中数学题典——计数原理·统计·概率·复数	2016—07	48.00	654
高中数学题典——算法·平面几何·初等数论·组合数学·其他	2016—07	68.00	655

刘培杰数学工作室

已出版(即将出版)图书目录——初等数学

书　名	出版时间	定价	编号
台湾地区奥林匹克数学竞赛试题.小学一年级	2017—03	38.00	722
台湾地区奥林匹克数学竞赛试题.小学二年级	2017—03	38.00	723
台湾地区奥林匹克数学竞赛试题.小学三年级	2017—03	38.00	724
台湾地区奥林匹克数学竞赛试题.小学四年级	2017—03	38.00	725
台湾地区奥林匹克数学竞赛试题.小学五年级	2017—03	38.00	726
台湾地区奥林匹克数学竞赛试题.小学六年级	2017—03	38.00	727
台湾地区奥林匹克数学竞赛试题.初中一年级	2017—03	38.00	728
台湾地区奥林匹克数学竞赛试题.初中二年级	2017—03	38.00	729
台湾地区奥林匹克数学竞赛试题.初中三年级	2017—03	28.00	730
不等式证题法	2017—04	28.00	747
平面几何培优教程	2019—08	88.00	748
奥数鼎级培优教程.高一分册	2018—09	88.00	749
奥数鼎级培优教程.高二分册.上	2018—04	68.00	750
奥数鼎级培优教程.高二分册.下	2018—04	68.00	751
高中数学竞赛冲刺宝典	2019—04	68.00	883
初中尖子生数学超级题典.实数	2017—07	58.00	792
初中尖子生数学超级题典.式、方程与不等式	2017—08	58.00	793
初中尖子生数学超级题典.圆、面积	2017—08	38.00	794
初中尖子生数学超级题典.函数、逻辑推理	2017—08	48.00	795
初中尖子生数学超级题典.角、线段、三角形与多边形	2017—07	58.00	796
数学王子——高斯	2018—01	48.00	858
坎坷奇星——阿贝尔	2018—01	48.00	859
闪烁奇星——伽罗瓦	2018—01	58.00	860
无穷统帅——康托尔	2018—01	48.00	861
科学公主——柯瓦列夫斯卡娅	2018—01	48.00	862
抽象代数之母——埃米·诺特	2018—01	48.00	863
电脑先驱——图灵	2018—01	58.00	864
昔日神童——维纳	2018—01	48.00	865
数坛怪侠——爱尔特希	2018—01	68.00	866
传奇数学家徐利治	2019—09	88.00	1110
当代世界中的数学.数学思想与数学基础	2019—01	38.00	892
当代世界中的数学.数学问题	2019—01	38.00	893
当代世界中的数学.应用数学与数学应用	2019—01	38.00	894
当代世界中的数学.数学王国的新疆域(一)	2019—01	38.00	895
当代世界中的数学.数学王国的新疆域(二)	2019—01	38.00	896
当代世界中的数学.数林撷英(一)	2019—01	38.00	897
当代世界中的数学.数林撷英(二)	2019—01	48.00	898
当代世界中的数学.数学之路	2019—01	38.00	899

刘培杰数学工作室
已出版(即将出版)图书目录——初等数学

书　名	出版时间	定　价	编号
105 个代数问题:来自 AwesomeMath 夏季课程	2019—02	58.00	956
106 个几何问题:来自 AwesomeMath 夏季课程	2020—07	58.00	957
107 个几何问题:来自 AwesomeMath 全年课程	2020—07	58.00	958
108 个代数问题:来自 AwesomeMath 全年课程	2019—01	68.00	959
109 个不等式:来自 AwesomeMath 夏季课程	2019—04	58.00	960
国际数学奥林匹克中的 110 个几何问题	即将出版		961
111 个代数和数论问题	2019—05	58.00	962
112 个组合问题:来自 AwesomeMath 夏季课程	2019—05	58.00	963
113 个几何不等式:来自 AwesomeMath 夏季课程	2020—08	58.00	964
114 个指数和对数问题:来自 AwesomeMath 夏季课程	2019—09	48.00	965
115 个三角问题:来自 AwesomeMath 夏季课程	2019—09	58.00	966
116 个代数不等式:来自 AwesomeMath 全年课程	2019—04	58.00	967
117 个多项式问题:来自 AwesomeMath 夏季课程	2021—09	58.00	1409
118 个数学竞赛不等式	2022—08	78.00	1526
紫色彗星国际数学竞赛试题	2019—02	58.00	999
数学竞赛中的数学:为数学爱好者、父母、教师和教练准备的丰富资源.第一部	2020—04	58.00	1141
数学竞赛中的数学:为数学爱好者、父母、教师和教练准备的丰富资源.第二部	2020—07	48.00	1142
和与积	2020—10	38.00	1219
数论:概念和问题	2020—12	68.00	1257
初等数学问题研究	2021—03	48.00	1270
数学奥林匹克中的欧几里得几何	2021—10	68.00	1413
数学奥林匹克题解新编	2022—01	58.00	1430
图论入门	2022—09	58.00	1554
澳大利亚中学数学竞赛试题及解答(初级卷)1978～1984	2019—02	28.00	1002
澳大利亚中学数学竞赛试题及解答(初级卷)1985～1991	2019—02	28.00	1003
澳大利亚中学数学竞赛试题及解答(初级卷)1992～1998	2019—02	28.00	1004
澳大利亚中学数学竞赛试题及解答(初级卷)1999～2005	2019—02	28.00	1005
澳大利亚中学数学竞赛试题及解答(中级卷)1978～1984	2019—03	28.00	1006
澳大利亚中学数学竞赛试题及解答(中级卷)1985～1991	2019—03	28.00	1007
澳大利亚中学数学竞赛试题及解答(中级卷)1992～1998	2019—03	28.00	1008
澳大利亚中学数学竞赛试题及解答(中级卷)1999～2005	2019—03	28.00	1009
澳大利亚中学数学竞赛试题及解答(高级卷)1978～1984	2019—05	28.00	1010
澳大利亚中学数学竞赛试题及解答(高级卷)1985～1991	2019—05	28.00	1011
澳大利亚中学数学竞赛试题及解答(高级卷)1992～1998	2019—05	28.00	1012
澳大利亚中学数学竞赛试题及解答(高级卷)1999～2005	2019—05	28.00	1013
天才中小学生智力测验题.第一卷	2019—03	38.00	1026
天才中小学生智力测验题.第二卷	2019—03	38.00	1027
天才中小学生智力测验题.第三卷	2019—03	38.00	1028
天才中小学生智力测验题.第四卷	2019—03	38.00	1029
天才中小学生智力测验题.第五卷	2019—03	38.00	1030
天才中小学生智力测验题.第六卷	2019—03	38.00	1031
天才中小学生智力测验题.第七卷	2019—03	38.00	1032
天才中小学生智力测验题.第八卷	2019—03	38.00	1033
天才中小学生智力测验题.第九卷	2019—03	38.00	1034
天才中小学生智力测验题.第十卷	2019—03	38.00	1035
天才中小学生智力测验题.第十一卷	2019—03	38.00	1036
天才中小学生智力测验题.第十二卷	2019—03	38.00	1037
天才中小学生智力测验题.第十三卷	2019—03	38.00	1038

刘培杰数学工作室
已出版(即将出版)图书目录——初等数学

书　名	出版时间	定　价	编号
重点大学自主招生数学备考全书:函数	2020-05	48.00	1047
重点大学自主招生数学备考全书:导数	2020-08	48.00	1048
重点大学自主招生数学备考全书:数列与不等式	2019-10	78.00	1049
重点大学自主招生数学备考全书:三角函数与平面向量	2020-08	68.00	1050
重点大学自主招生数学备考全书:平面解析几何	2020-07	58.00	1051
重点大学自主招生数学备考全书:立体几何与平面几何	2019-08	48.00	1052
重点大学自主招生数学备考全书:排列组合·概率统计·复数	2019-09	48.00	1053
重点大学自主招生数学备考全书:初等数论与组合数学	2019-08	48.00	1054
重点大学自主招生数学备考全书:重点大学自主招生真题.上	2019-04	68.00	1055
重点大学自主招生数学备考全书:重点大学自主招生真题.下	2019-04	58.00	1056
高中数学竞赛培训教程:平面几何问题的求解方法与策略.上	2018-05	68.00	906
高中数学竞赛培训教程:平面几何问题的求解方法与策略.下	2018-06	78.00	907
高中数学竞赛培训教程:整除与同余以及不定方程	2018-01	88.00	908
高中数学竞赛培训教程:组合计数与组合极值	2018-04	48.00	909
高中数学竞赛培训教程:初等代数	2019-04	78.00	1042
高中数学讲座:数学竞赛基础教程(第一册)	2019-06	48.00	1094
高中数学讲座:数学竞赛基础教程(第二册)	即将出版		1095
高中数学讲座:数学竞赛基础教程(第三册)	即将出版		1096
高中数学讲座:数学竞赛基础教程(第四册)	即将出版		1097
新编中学数学解题方法1000招丛书.实数(初中版)	2022-05	58.00	1291
新编中学数学解题方法1000招丛书.式(初中版)	2022-05	48.00	1292
新编中学数学解题方法1000招丛书.方程与不等式(初中版)	2021-04	58.00	1293
新编中学数学解题方法1000招丛书.函数(初中版)	2022-05	38.00	1294
新编中学数学解题方法1000招丛书.角(初中版)	2022-05	48.00	1295
新编中学数学解题方法1000招丛书.线段(初中版)	2022-05	48.00	1296
新编中学数学解题方法1000招丛书.三角形与多边形(初中版)	2021-04	48.00	1297
新编中学数学解题方法1000招丛书.圆(初中版)	2022-05	48.00	1298
新编中学数学解题方法1000招丛书.面积(初中版)	2021-07	28.00	1299
新编中学数学解题方法1000招丛书.逻辑推理(初中版)	2022-06	48.00	1300
高中数学题典精编.第一辑.函数	2022-01	58.00	1444
高中数学题典精编.第一辑.导数	2022-01	68.00	1445
高中数学题典精编.第一辑.三角函数·平面向量	2022-01	68.00	1446
高中数学题典精编.第一辑.数列	2022-01	58.00	1447
高中数学题典精编.第一辑.不等式·推理与证明	2022-01	58.00	1448
高中数学题典精编.第一辑.立体几何	2022-01	58.00	1449
高中数学题典精编.第一辑.平面解析几何	2022-01	68.00	1450
高中数学题典精编.第一辑.统计·概率·平面几何	2022-01	58.00	1451
高中数学题典精编.第一辑.初等数论·组合数学·数学文化·解题方法	2022-01	58.00	1452
历届全国初中数学竞赛试题分类解析.初等代数	2022-09	98.00	1555
历届全国初中数学竞赛试题分类解析.初等数论	2022-09	48.00	1556
历届全国初中数学竞赛试题分类解析.平面几何	2022-09	38.00	1557
历届全国初中数学竞赛试题分类解析.组合	2022-09	38.00	1558

联系地址:哈尔滨市南岗区复华四道街10号　哈尔滨工业大学出版社刘培杰数学工作室
网　址:http://lpj.hit.edu.cn/
邮　编:150006
联系电话:0451—86281378　13904613167
E-mail:lpj1378@163.com